中国职业技术教育学会科研项目优秀成果
The Excellent Achievements in Scientific Research Project of The Chinese Society Vocational and Technical Education
高等职业教育数控技术专业“双证课程”培养方案规划教材

数控铣削加工工艺编程与操作

高等职业技术教育研究会 审定
霍苏萍 刘岩 主编
赵鹏喜 副主编

Machining Process, Programming and Operation of NC Milling

人民邮电出版社
北京

图书在版编目（CIP）数据

数控铣削加工工艺编程与操作 / 霍苏萍，刘岩主编.
北京：人民邮电出版社，2009.5（2017.1 重印）
中国职业技术教育学会科研项目优秀成果. 高等职业教育数控技术专业“双证课程”培养方案规划教材
ISBN 978-7-115-19717-7

Ⅰ. 数… Ⅱ. ①霍…②刘… Ⅲ. ①数控机床：铣床－金属切削－加工－高等学校：技术学校－教材②数控机床：铣床－金属切削－程序设计－高等学校：技术学校－教材 Ⅳ. TG547

中国版本图书馆CIP数据核字（2009）第025914号

内 容 提 要

本书以培养学生的数控铣削零件加工技能为核心，以国家职业标准中级数控铣工考核要求为基本依据，以工作过程为导向，以项目为载体，以 FANUC 数控系统为主、SIEMENS 数控系统为辅，详细介绍了数控铣削加工工艺设计、程序编制，数控铣床、加工中心操作加工等内容。

本书项目主要来源于企业的典型案例。共包含 8 个项目，每个项目由项目导入、相关知识、项目实施、拓展知识、习题等 5 部分组成。

本书可作为高等职业院校、高等专科院校、成人高校及本科院校举办的二级职业技术学院数控技术、模具设计与制造、机电一体化技术、机械制造及自动化类等专业的教学用书，也可供有关技术人员、数控机床编程与操作人员参考、培训之用。

中国职业技术教育学会科研项目优秀成果
高等职业教育数控技术专业“双证课程”培养方案规划教材

数控铣削加工工艺 编程与操作

◆ 审　　定　高等职业技术教育研究会
主　　编　霍苏萍　刘　岩
副 主 编　赵鹏喜
责任编辑　李育民

◆ 人民邮电出版社出版发行　　北京市丰台区成寿寺路 11 号
邮编　100164　　电子邮件　315@ptpress.com.cn
网址　http://www.ptpress.com.cn
大厂聚鑫印刷有限责任公司印刷

◆ 开本：787×1092　1/16
印张：14.75　　2009 年 5 月第 1 版
字数：360 千字　　2017 年 1 月河北第 9 次印刷

ISBN 978-7-115-19717-7/TN

定价：24.00 元

读者服务热线：(010)81055256　印装质量热线：(010)81055316
反盗版热线：(010)81055315

职业教育与职业资格证书推进策略与“双证课程”的研究与实践课题组

组　长：

俞克新

副组长：

李维利　张宝忠　许　远　潘春燕

成　员：

林　平　周　虹　钟　健　赵　宇　李秀忠　冯建东　散晓燕　安宗权
黄军辉　赵　波　邓晓阳　牛宝林　吴新佳　韩志国　周明虎　顾　晔
吴晓苏　赵慧君　潘新文　李育民

课题鉴定专家：

李怀康　邓泽民　吕景泉　陈　敏　于洪文

高等职业教育数控技术专业“双证课程”培养方案规划教材编委会

丛书出版前言

职业教育是现代国民教育体系的重要组成部分，在实施科教兴国战略和人才强国战略中具有特殊的重要地位。党中央、国务院高度重视发展职业教育，提出要全面贯彻党的教育方针，以服务为宗旨，以就业为导向，走产学结合的发展道路，为社会主义现代化建设培养千百万高素质技能型专门人才。因此，以就业为导向是我国职业教育今后发展的主旋律。推行“双证制度”是落实职业教育“就业导向”的一个重要措施，教育部《关于全面提高高等职业教育教学质量的若干意见》（教高［2006］16号）中也明确提出，要推行“双证书”制度，强化学生职业能力的培养，使有职业资格证书专业的毕业生取得“双证书”。但是，由于基于“双证书”的专业解决方案、课程资源匮乏，“双证课程”不能融入教学计划，或者现有的教学计划还不能按照职业能力形成系统化的课程，因此，“双证书”制度的推行遇到了一定的困难。

为配合各高职院校积极实施“双证书”制度工作，推进示范校建设，中国高等职业技术教育研究会和人民邮电出版社在广泛调研的基础上，联合向中国职业技术教育学会申报了职业教育与职业资格证书推进策略与“双证课程”的研究与实践课题（中国职业技术教育学会科研规划项目，立项编号225753）。此课题拟将职业教育的专业人才培养方案与职业资格认证紧密结合起来，使每个专业课程设置嵌入一个对应的证书，拟为一般高职院校提供一个可以参照的“双证课程”专业人才培养方案。该课题研究的对象包括数控加工操作、数控设备维修、模具设计与制造、机电一体化技术、汽车制造与装配技术、汽车检测与维修技术等多个专业。

该课题由教育部的权威专家牵头，邀请了中国职教界、人力资源和社会保障部及有关行业的专家，以及全国50多所高职高专机电类专业教学改革领先的学校，一起进行课题研究，目前已召开多次研讨会，将课题涉及的每个专业的人才培养方案按照“专业人才定位—对应职业资格证书—职业标准解读与工作过程分析—专业核心技能—专业人才培养方案—课程开发方案”的过程开发。即首先对各专业的工作岗位进行分析和分类，按照相应岗位职业资格证书的要求提取典型工作任务、典型产品或服务，进而分析得出专业核心技能、岗位核心技能，再将这些核心技能进行分解，进而推出各专业的专业核心课程与双证课程，最后开发出各专业的人才培养方案。

根据以上研究成果，课题组对专业课程对应的教材也做了全面系统的研究，拟开发的教材具有以下鲜明特色。

1. 注重专业整体策划。本套教材是根据课题的研究成果——专业人才培养方案开发的，每个专业各门课程的教材内容既相互独立、又有机衔接，整套教材具有一定的系统性与完整性。

2. 融通学历证书与职业资格证书。本套教材将各专业对应的职业资格证书的知识和能力要求都嵌入到各双证教材中，使学生在获得学历文凭的同时获得相关的国家职业资格证书。

3. 紧密结合当前教学改革趋势。本套教材紧扣教学改革的最新趋势，专业核心课程、“双证课程”按照工作过程导向及项目教学的思路编写，较好地满足了当前各高职高专院校的需求。

为方便教学，我们免费为选用本套教材的老师提供相关专业的整体教学方案及相关教学资源。

经过近两年的课题研究与探索，本套教材终于正式出版了，我们希望通过本套教材，为各高职高专院校提供一个可实施的基于双证书的专业教学方案，也热切盼望各位关心高等职业教育的读者能够对本套教材的不当之处给予批评指正，提出修改意见，并积极与我们联系，共同探讨教学改革和教材编写等相关问题。来信请发至 panchunyan@ptpress.com.cn。

前言

数控铣削零件加工工艺编程与操作是数控工艺员、编程员、数控加工设备操作工的典型工作任务，是数控技术高技能人才必须掌握的技能。

本书以培养学生的数控铣削零件加工技能为核心，以国家职业标准中级数控铣工考核要求为基本依据，以工作过程为导向，以典型零件为载体，采用项目教学的方式组织内容，以 FANUC 数控系统为主、SIEMENS 数控系统为辅，详细介绍了数控铣削加工工艺设计、程序编制、数控铣床、加工中心操作加工等内容。

本书项目主要来源于企业的典型案例。共包含 8 个项目，每个项目由项目导入、相关知识、项目实施、拓展知识、习题 5 部分组成。项目一以平面槽形凸轮为例学习数控铣削加工的工艺基本知识和方法；项目二～项目五分别以平面凸轮廓、型腔、孔系和曲面要素等典型零件为例，学习零件数控铣削加工的工艺设计与程序编制的方法；项目六～项目八主要学习数控铣床与加工中心的基本操作方法。通过 8 个项目，由简单到复杂、由单一到综合，由工艺设计、程序编制到机床操作加工的学习和训练，学生不仅能够掌握数控编程知识，而且能够掌握完成零件数控加工工艺设计、程序编制和机床加工的方法，达到中级数控铣工、加工中心操作工的水平。

本书的参考学时为 48 学时，建议采用理论实践一体化教学模式，各项目的参考学时见下表。

项　目	课 程 内 容	学　时
	绪论	4
项目一	数控铣削加工工艺分析	4
项目二	平面凸轮廓零件的工艺及程序编制	12
项目三	型腔类零件的加工工艺及程序编制	8
项目四	孔系零件的加工工艺及程序编制	8
项目五	曲面铣削加工工艺及程序编制	2
项目六	数控铣床（加工中心）的界面操作	2
项目七	数控铣床及加工中心刀具参数输入	4
项目八	数控铣床（加工中心）程序编辑、管理与运行	4
学 时 总 计		48

本书由霍苏萍、刘岩担任主编，赵鹏喜担任副主编。霍苏萍负责全书的统稿和定稿工作，并编写绪论、项目一～项目三，赵丽娟编写项目四，刘岩、赵鹏喜共同编写项目五～项目八。在编写过程中，得到了孙云浩、张竖勋、权欢欢、田子欣和三门峡宏达电器公司工程师孙贵华的大力支持和帮助，在此表示诚挚的谢意！

由于时间仓促，编者水平和经验有限，书中难免有欠妥和错误之处，恳请读者批评指正。

编者

2009 年 1 月

目录

绪论

一、数控铣床及加工中心认识

（一）数控铣床的分类及加工对象

1．数控铣床的分类

数控铣床是主要采用铣削方式加工工件的数控机床。其加工功能很强，能完成各种平面、沟槽、螺旋槽、成形表面、平面曲线、空间曲线等复杂型面的加工。配上相应的刀具后，数控铣床还可以用来对零件进行钻、扩、铰、锪孔和镗孔加工及攻螺纹等。通常数控铣床按机床主轴的布置形式及机床的布局特点进行分类。

（1）立式数控铣床

立式数控铣床的主轴轴线垂直于水平面，如图 0-1（a）所示。立式数控铣床中又以 3 坐标（X，Y，Z）联动居多，可以附加数控回转工作台、增加靠模装置等来扩展数控立式铣床的功能、加工范围，进一步提高生产效率。此外，还有机床主轴可以绕 X、Y、Z 坐标轴中的其中一个或两个轴作数控摆角运动的 4 坐标和 5 坐标数控立铣。

（a）立式数控铣床　　（b）卧式数控铣床

图 0-1　数控铣床主轴布局形式简图

（2）卧式数控铣床

卧式数控铣床的主轴轴线平行于水平面，如图 0-1（b）所示。卧式数控铣床主要用来加工零件侧面的轮廓。为了扩充其功能和扩大加工范围，通常采用增加数控转盘来实现 4 坐标、5 坐标加工。这样既可以加工工件侧面上的连续回转轮廓，又可以实现在一次安装中通过转盘改变工位，进行“4 面加工”。卧式数控铣床主要适用于箱体类机械零件的加工。

（3）立、卧两用数控铣床

立、卧两用数控铣床指一台机床上有立式和卧式 2 个主轴，或者主轴可作 90°旋转的数控铣床，能达到在一台机床上既可以进行立式加工，又可以进行卧式加工，同时具备立式、卧式数控铣床的功能，其使用范围更广、功能更全、选择加工对象的余地更大。立、卧两用数控铣床主要用于箱体类零件以及各类模具的加工。图 0-2 所示为具有立式和卧式 2 个主轴的立、卧两用数控铣床。

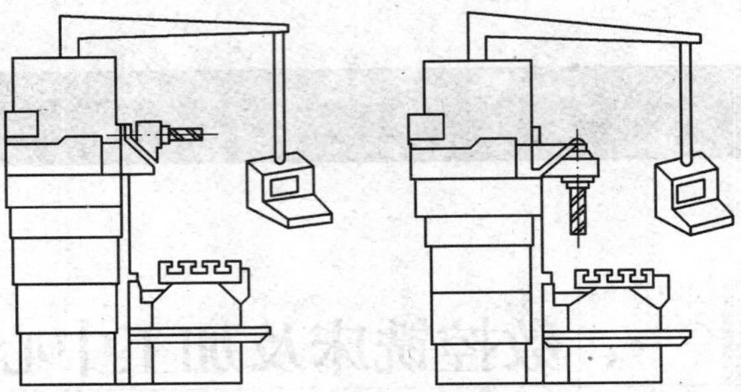

（a）卧式加工状态　（b）立式加工状态

图 0-2　立卧两用数控铣床

（4）龙门数控铣床（数控龙门镗铣床）

对于大尺寸的数控铣床，一般采用对称的双立柱结构，保证机床的整体刚性和强度，即数控龙门铣床。龙门式数控铣床主轴固定于龙门架上。龙门式数控铣床主要用于大型机械零件及大型模具的各种平面、曲面和孔的加工。在配置直角铣头的情况下，可以在工件一次装夹中分别对 5 个面进行加工。对于单件小批量生产的复杂、大型零件和框架结构零件，能自动、高效、高精度地完成上述各种加工。图 0-3 所示为龙门式数控镗铣床的典型结构及铣头附件。龙门数控铣床有工作台移动和龙门架移动 2 种形式。

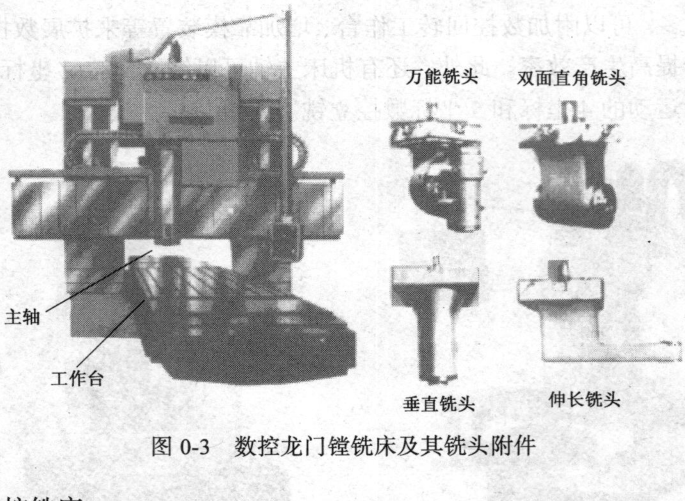

图 0-3　数控龙门镗铣床及其铣头附件

（5）万能式数控铣床

万能式数控铣床的主轴可以旋转 90°或工作台带着工件旋转 90°，一次装夹后可以完成对工件 5 个表面的加工。

2. 数控铣床的加工对象

数控铣削加工是机械加工中最常用的加工方法之一，它主要包括平面铣削和轮廓铣削，也可以对零件进行钻、扩、铰、镗、锪加工及螺纹加工等。数控铣床主要用于加工各种材料如黑色金属、有色金属及非金属的平面轮廓零件、空间曲面零件和孔类零件等的加工。

（1）平面轮廓类零件

平面轮廓类零件是指零件的各个加工单元面均是平面，或可以展开为平面，如图 0-4 所示。这类零件的数控铣削相对比较简单，一般只用数控铣床的两坐标联动就可以加工出来。例如一般的凸轮类零件都属于此类工件。目前数控铣床加工的多数零件属于平面类零件。

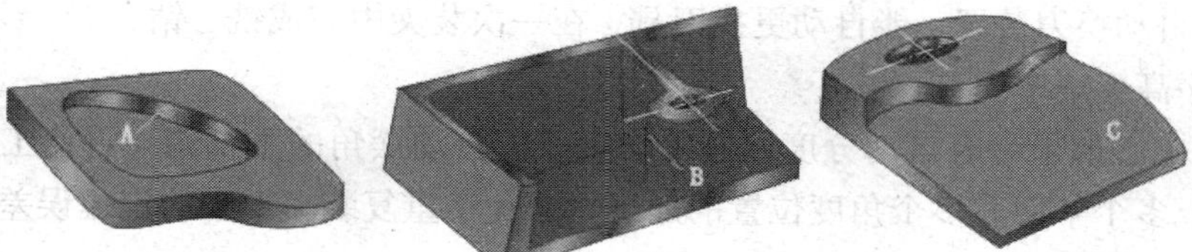

（a）　（b）　（c）

图 0-4　平面类零件

（2）变斜角类零件

变斜角类零件是指加工面与水平面的夹角呈连续变化的零件，其加工面不能展开为平面。例如飞机上的整体梁、框、缘条、肋筋等。这类零件的加工，一般要采用多坐标联动的数控铣床加工，也可以在 3 坐标数控铣床上通过两轴半联动近似加工，但精度稍差。

（3）空间曲面类零件

加工面为空间曲面的零件称为曲面类零件，如图 0-5 所示，例如叶片、螺旋桨等。曲面类零件，其加工面不但不能展开为平面，加工过程中，从理论上讲，铣刀与加工面始终为点接触。这类零件在数控铣床的加工中也较为常见，通常利用 3 坐标数控铣床通过两轴联动、第 3 轴周期性移动的方式来加工。若用功能更好的 3 坐标联动数控铣床，还能加工形状更加复杂的空间曲面。当曲面复杂，且通道狭窄，会伤及毗邻表面时，就需要 4 坐标或 5 坐标数控铣床，通过刀具相对工件的摆动来加工。

图 0-5　曲面类零件

（4）孔类零件

孔类零件一般都有多组不同类型的孔，如箱体、泵体类零件。由于孔的位置精度要求较高，特别适合在数控铣床和加工中心上加工。通过特定的孔加工功能指令进行一系列的孔的加工，如钻孔、扩孔、铰孔、锪孔、镗孔、攻螺纹孔等。

（二）加工中心的分类及加工对象

加工中心（Machining Center，MC），是一种配备有刀库，并能自动更换刀具，对工件进行多工序加工的数控机床。

加工中心是在数控铣床的基础上发展起来的。早期的加工中心就是指配有自动换刀装置和刀库并能在加工过程中实现自动换刀的数控镗铣床。所以它和数控铣床有很多相似之处，不过它的结构和控制系统功能都比数控铣床复杂得多。加工中心的综合加工能力较强，主要用于箱体类零件和复杂曲面零件的加工，因为加工中心具有多种换刀功能及自动工作台交换装置（APC），故工件经一次装夹后，可以自动地实现零件的铣、钻、镗、铰、攻螺纹等多工序的加工。加工中心加工精度、自动化程度和工作效率较高，就中等加工难度的批量工件而言，其效率是普通设备的5～10倍，特别是对形状较复杂、精度要求高的单件加工或中小批量多品种生产更为适用。

1. 加工中心的特点

① 具有自动换刀装置。能自动更换刀具，在一次装夹中完成铣、钻、扩、铰、镗、攻螺纹等加工，工序高度集中。

② 加工中心如果带有自动分度回转工作台或能自动摆角的主轴箱，可使工件在一次装夹后，自动完成多个平面和多个角度位置的加工，避免了重复装夹带来的定位误差，实现高精度定位和加工。

③ 许多加工中心带有自动交换工作台。一个工件在加工的同时，另一个工作台可以实现工件的装卸，大大缩短辅助时间，提高加工效率。

2. 加工中心的分类

加工中心的分类方法很多，按主轴在加工时的空间位置可分为立式加工中心、卧式加工中心、龙门式加工中心和五轴加工中心等。

（1）立式加工中心

立式加工中心的主轴处于垂直位置，如图0-6所示。立式加工中心能完成铣削、镗削、钻削、攻螺纹、切削螺纹等工序。立式加工中心装夹工件方便、便于操作、易于观察加工情况、调试程序容易、应用广泛。但受立柱高度及换刀装置的限制，不能加工太高的零件；在加工型腔或下凹的型面时切屑不易排除，严重时会损坏刀具，破坏已加工表面，影响加工的顺利进行。立式加工中心的结构简单、占地面积小、价格相对较低，故适宜加工高度方向尺寸相对较小的盘套板类零件。

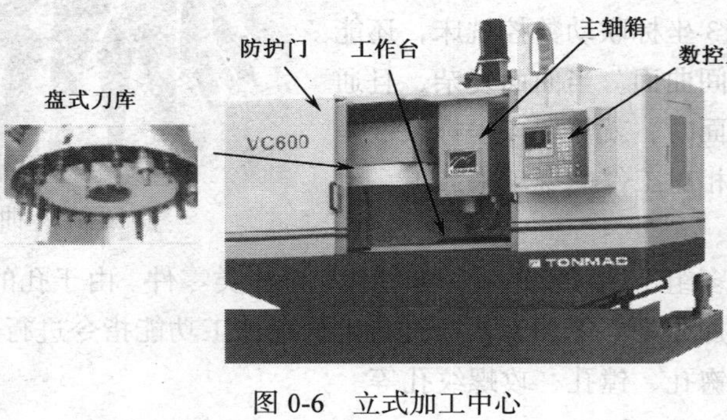

图0-6 立式加工中心

（2）卧式加工中心

卧式加工中心的主轴处于水平位置，通常都带有自动分度的回转工作台，一般具有3～5个运动坐标，在一次装夹后，可以完成除安装面和顶面以外的其余4个表面的加工，如图0-7所示。较适于加工箱体类零件，特别是对箱体类零件上的一些孔和型腔有位置公差要求，以及孔和型腔与基准面（底面）有严格尺寸精度要求的零件加工。与立式加工中心相比较，卧式加工中心的结构复杂、占地面积大、价格也较高；在调试程序及试切时不宜观察、加工时不便监视、零件装夹和测量不方便；但加工时排屑容易，对加工有利。

图 0-7 卧式加工中心

（3）龙门式加工中心

龙门式加工中心的形状与龙门数控铣床相似，主轴多为垂直设置，除自动换刀装置外，还带有可更换的主轴头附件。其数控装置的功能比较齐全，能够一机多用，适用于大型和形状复杂的零件加工。

（4）五轴加工中心

五轴加工中心也称万能加工中心，具有立式加工中心和卧式加工中心的功能。用五轴加工中心加工，工件一次安装后能完成除安装面以外的其余 5 个面的加工，同时可有效避免刀具干涉，有效地扩大工艺范围。

另外，按运动坐标数和同时控制的坐标数的不同可以分为三轴联动、4 坐标三轴联动、四轴联动、五轴联动等。同时可控轴数越多，加工中心的加工和适用能力越强。一般的加工中心为三轴联动，三轴联动以上的为高档加工中心。

按工作台数量和功能分类，加工中心可分为单工作台加工中心、双工作台加工中心和多工作台加工中心。这里不作详细说明。

3. 加工中心的加工对象

加工中心的加工工艺有着许多普通机床无法比拟的优点，但加工中心的价格较高，一次性投入较大，零件的加工成本就随之升高。所以，要从零件的形状、精度要求、周期性等方面综合考虑，从而决定是否适合用加工中心加工。一般来说，加工中心适合精密、复杂零件加工，周期性重复投产零件加工，多工位、多工序集中的零件加工，具有适当批量的零件加工等。

（1）既需要加工平面又需要加工孔系的零件

既需要加工平面又需要加工孔系的零件是加工中心的首选加工对象。利用加工中心的自动换刀功能，使这类零件在一次装夹后就能完成平面的铣削和孔系的加工。节约了装夹和换刀的时间，零件的生产效率和加工精度都得以提高。这类零件常见的有箱体类零件和盘、套、板类零件，如图 0-8 所示。

图 0-8　箱体类零件

（2）要求多工位加工的零件

这类零件一般外形不规则，且大多要点、线、面多工位混合加工。若采用普通机床，只能分成好几个工序加工，工装较多，时间较长。利用加工中心擅长多工位点、线、面混合加工的特点，可用较短的时间完成大部分甚至全部工序。

（3）结构形状复杂的零件

结构形状复杂的零件其加工面是由复杂曲线、曲面组成的。通常需要多坐标联动加工，在普通机床上一般无法完成，选择加工中心加工这类零件是最好的方法。典型的零件有凸轮类零件、整体叶轮类零件和模具类零件，图 0-9 所示为模具类零件示意图。

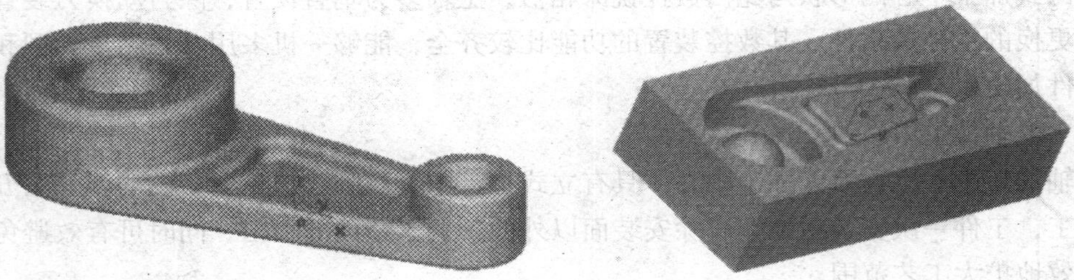

（a）连杆　　（b）连杆凹模

图 0-9　模具类零件

（4）加工精度要求较高的中小批量零件

加工中心具有加工精度高、尺寸稳定的特点。对加工精度要求较高的中小批量零件选择加工中心加工，容易获得要求的尺寸精度和形状位置精度，并可得到很好的互换性。

（5）周期性投产的零件

当用加工中心加工零件时，花在工艺准备和程序编制上的时间占了整个工时的很大比例。对于周期性生产的零件，可以反复使用第一次的工艺参数和程序，大大缩短生产周期。

（6）需要频繁改型的零件

需要频繁改型的零件通常是新产品试制中的零件，需要反复试验和改进。使用加工中心加工时，只需要修改相应的程序及适当调整一些参数，就可以加工出不同的零件形状，缩短试制周期，节省试制经费。

（三）数控铣床及加工中心基本构成及各部分作用

1. 数控机床的工作过程

数控机床的工作过程如图 0-10 所示。

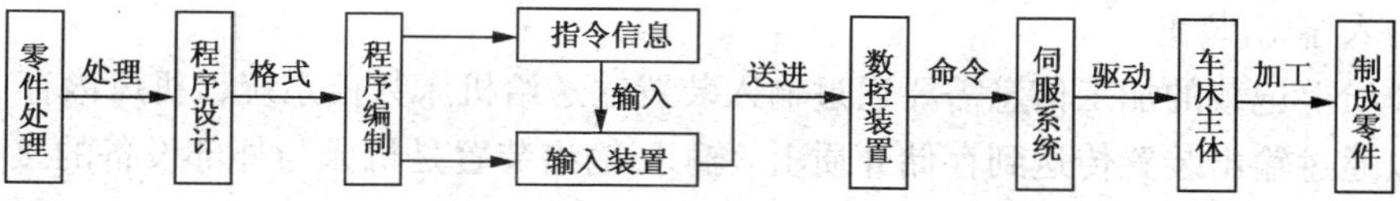

图 0-10 数控铣床的工作过程

① 根据零件加工图样进行工艺分析，确定加工方案、工艺参数和位移数据。

② 用规定的程序代码和格式规则编写零件加工程序单；或用自动编程软件进行 CAD/CAM 工作，直接生成零件的加工程序文件。

③ 将加工程序的内容以代码形式完整记录在信息介质（如穿孔带或磁带）上。

④ 通过阅读机把信息介质上的代码转变为电信号，并输送给数控装置。由手工编写的程序，可以通过数控机床的操作面板输入；由编程软件生成的程序，通过计算机的串行通信接口直接传输到数控机床的数控单元（MCU）。

⑤ 数控装置将所接受的信号进行一系列处理后，再将处理结果以脉冲信号形式向伺服系统发出执行的命令。

⑥ 伺服系统接到执行的信息指令后，立即驱动机床进给机构，严格按照指令的要求进行位移，使机床自动完成相应零件的加工。

2. 数控机床的组成及各部分作用

数控铣床是由数控程序及存储介质、输入/输出装置、计算机数控装置、伺服系统、机床本体组成的，如图 0-11 所示。

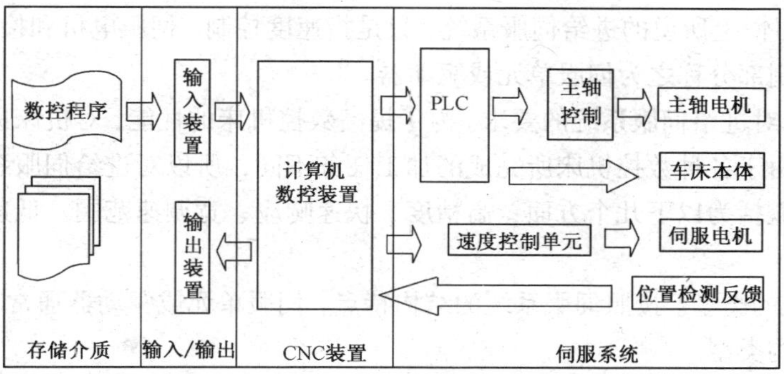

图 0-11 CNC 系统图

（1）数控程序及存储介质

数控程序是数控机床自动加工零件的工作指令。在对加工零件进行工艺分析的基础上确定：零件坐标系在机床坐标系上的相对位置、刀具与零件相对运动的尺寸参数、零件加工的工艺路线或加工顺序、切削加工的工艺参数，以及辅助装置的动作等。这样得到零件的所有运动、尺寸、工艺参数等加工信息，然后用标准的文字、数字和符号组成的数控代码，按规定的方法和格式，编制零件加工的数控程序单。编制程序的工作可由人工进行，或者在数控机床以外用自动编程计算机系统来完成，比较先进的数控机床可以在数控装置上直接编程。程序必须存储在某种存储介质中，如纸带、磁带或磁盘等。采用哪一种存储载体，取决于数控装置的设计类型。

（2）输入/输出装置

存储介质上记载的加工信息需要通过输入装置输送给机床数控系统，机床内存中的零件加工程序可以通过输出装置传送到存储介质上。输入/输出装置是机床与外部设备的接口，目前输入装置主要有纸带阅读机、软盘驱动器、RS232C 串行通信口、MDI 方式等。

（3）CNC 装置的数控系统

CNC 装置是数控加工中的专用计算机，除具有一般计算机结构外，还有与数控机床功能相关的功能模块结构和接口单元。CNC 装置由硬件和软件组成，软件在硬件的支持下运行，离开软件，硬件便无法工作，两者缺一不可。

CNC 装置的硬件主要由中央处理单元、各类存储器、输入/输出接口、位置控制，以及其他各类接口组成。各组成部分的作用如下。

① 中央处理单元（CPU）：实施对整个系统的运算、控制和管理。

② 存储器：用来储存系统软件、零件加工程序，以及运算的中间结果等。

③ 位置控制：主要完成对主轴驱动的控制，以便完成速度控制；通过伺服系统对坐标轴的运动实施控制。

④ 输入/输出接口：主要用来交换数控装置和外部之间的往来信息。

⑤ MDI/CRT 接口：完成手动数据输入并将信息显示在 CRT 上。

（4）数控机床的进给伺服系统

数控机床的进给传动系统常用伺服进给系统来工作，数控机床伺服系统是以机床移动部件的位置和速度为控制量的自动控制系统，又称随动系统、拖动系统或伺服系统。

机床进给伺服系统，一般由位置控制、速度控制、伺服电机、检测部件及机械传动机构 5 大部分组成。但习惯上所说的进给伺服系统，只是指速度控制、伺服电机和检测部件 3 个部分，而且，将速度控制部分称之为伺服单元或驱动器。

① 数控机床对进给伺服系统的要求。为了提高数控机床的性能，对机床进给伺服系统提出了很高的要求。由于各种数控机床所完成的加工任务不同，所以对进给伺服系统的要求也不尽相同，但大致可概括为以下几个方面：高精度、快速响应、宽调速范围、低速大转矩、好的稳定性。

② 伺服系统的类型。按照伺服系统的结构特点，伺服单元或驱动器通常有开环、闭环、半闭环 3 种基本结构类型。

a. 开环进给伺服系统。开环伺服机构，即无位置反馈的系统，由步进电机驱动线路和步进电机组成。如图 0-12 所示，每一脉冲信号使步进电机转动一定的角度，通过滚珠丝杠推动工作台移动一定的距离。这种伺服机构比较简单、工作稳定、操作方法容易掌握，但精度和速度的提高受到限制。如果负荷突变（如切深突增），或者脉冲频率突变（如加速、减速），则数控运动部件有可能发生“失步”现象，即丢失一定数目的进给指令脉冲，从而造成进给运动的速度和行程误差。故该类控制方式，仅限于精度不高、轻载负载变化不大的经济型中、小数控机床的进给传动。

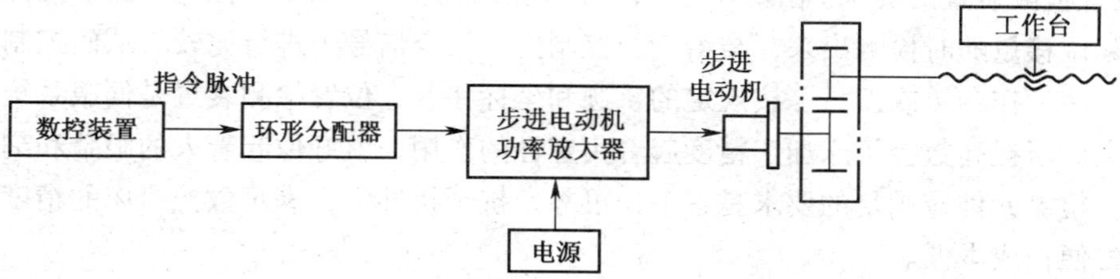

图 0-12　开环控制伺服驱动示意图

b. 半闭环进给伺服系统。在机床中应用得最为广泛的是半闭环结构。半闭环伺服机构是由比较线路、伺服放大线路、伺服电机、速度检测器和位置检测器组成的，如图 0-13 所示。位置检测器装在丝杠或伺服电机端部，利用丝杠的回转角度间接测出工作台的位置。常用的伺服电机有宽调速直流电动机、宽调速交流电动机和电液伺服电机。位置检测器有旋转变压器、光电式脉冲发生器和圆光栅等。这种伺服机构所能达到的精度、速度和动态特性优于开环伺服机构，为大多数中、小型数控机床所采用。这是由于它的环路中非线性因素少，容易整定，可以比较方便地通过补偿来提高位置控制精度，而且电气控制部分与执行机械相对独立，系统通用性强。

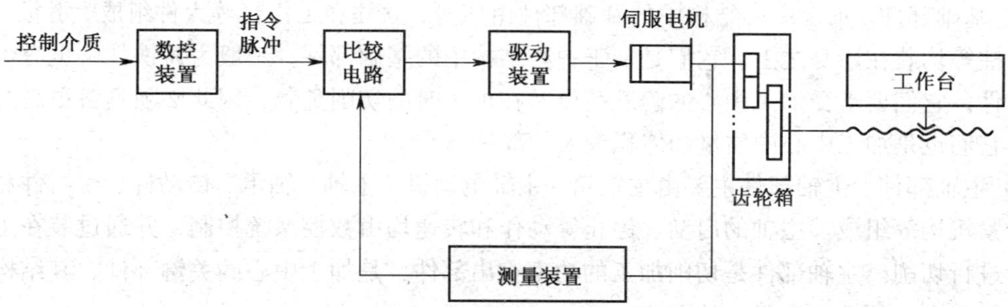

图 0-13　半闭环控制伺服驱动示意图

c. 闭环进给伺服系统。闭环伺服机构的工作原理和组成与半闭环伺服机构相同，只是位置检测器安装在工作台上，可直接测出工作台的实际位置，故反馈精度高于半闭环控制，如图 0-14 所示，但掌握调试的难度较大，常用于高精度和大型数控机床。闭环伺服机构所用伺服电机与半闭环相同，位置检测器则用长光栅、长感应同步器或长磁栅。一般来说，只在具备传动部件精密度高、性能稳定、使用过程温差变化不大的高精度数控机床上才使用全闭环伺服系统。

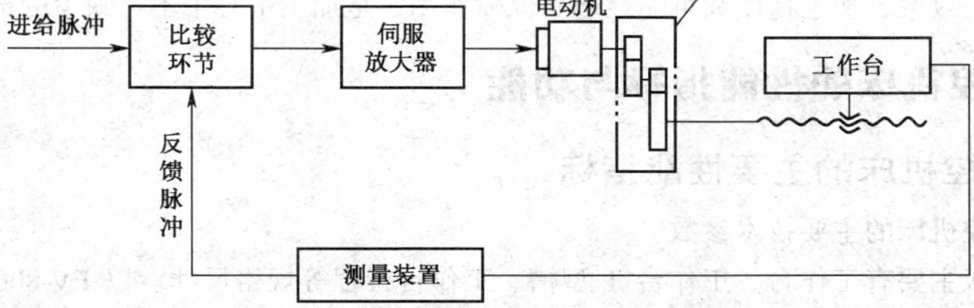

图 0-14　闭环控制伺服驱动示意图

（5）数控机床的位置检测装置

① 位置检测装置的要求。在闭环与半闭环伺服系统中，必须利用位置检测装置把机床运动部件的实际位移量随时检测出来，与给定的控制值（指令信号）进行比较，从而控制驱动系统正确运转，使工作台（或刀具）按规定的轨迹和坐标移动，位置检测装置是伺服系统的重要组成部分，它对于提高数控机床加工精度起着决定性的作用，就好像起着人的眼睛和刻度盘的作用。为此，检测元件应满足的要求是：工作可靠，抗干扰性强；满足数控机床的精度和速度要求；维护方便；成本低。

② 位置检测装置的分类。不同类型的数控机床对于检测系统的精度与速度有不同的要求，一般来说，大型数控机床以满足速度要求为主，而中小型和高精度数控机床以满足精度要求为主。

（6）机床本体

机床本体是加工运动的实际机械部件，主要包括：主运动部件（如主轴部件、变速箱等）、进给运动部件（如丝杠、工作台、刀架等）、支承部件（如床身、立柱等）和电气柜等，还有冷却、润滑、转位部件（如夹紧、换刀机械手等辅助装置）。

数控机床本体通过专门设计，各个部位的性能都比普通机床优越，如结构刚性好，能适应高速和强力机削需要；精度高，可靠性好，能适应精密加工和长时间连续工作等。

这里以立式加工中心为例进行说明，如图 0-6 所示。

① 基础部件。加工中心结构中的基础部件由床身、立柱和工作台等大件组成，滑板、工作台、立柱等均装在床身之上。它们是加工中心结构中的基础部件。一般为铸铁件，也有焊接的钢结构件，它们要承受加工中心的静载荷以及在加工时的切削负载，因此必须具备更高的静动刚度，它们也是加工中心中质量和体积最大的部件。

② 主轴部件。主轴部件主要由主轴箱、主轴电动机、主轴、轴承、传动件、密封件和刀具自动卡紧机构等组成。主轴的启动、停止等动作和转速均由数控系统控制，并通过装在主轴上的刀具进行切削。主轴部件是切削加工的功率输出部件，是加工中心的关键部件，其结构的好坏，对加工中心的性能有很大的影响。

③ 进给系统。进给系统中采用滚珠丝杠代替滑动丝杠，另外，采用滚珠丝杠副反向间隙补偿，消除了进给传动系统的间隙。也有的机床采用无间隙传动副。

④ 自动换刀装置（ATC）。加工中心与一般数控机床的显著区别是具有对零件进行多工序加工的能力，有一套自动换刀装置。加工中心的刀库类型有盘式刀库和链式刀库。

⑤ 电气柜。电气柜装在机床右后部。内有数控系统、主轴伺服驱动器及 X、Y、Z 轴伺服驱动器，以及机床各种电源装置、电气控制元件。

⑥ 辅助系统。它包括润滑、冷却、排屑、防护、液压等，虽不直接参与切削运动，但对加工中心的加工效率、加工精度和可靠性起到保障作用，是加工中心中不可缺少的部分。

（四）数控机床的性能指标与功能

1. 数控机床的主要性能指标

（1）数控机床的主要技术参数

数控铣床主要有工作台、工作台 T 型槽、工作台行程等规格尺寸。以 FV-800 立式加工中心为例，其主要技术参数见表 0-1。

表 0-1　　FV-800 立式加工中心主要技术参数

项　目	主 要 内 容	技 术 规 格
行程	X 轴行程	800 mm
	Y 轴行程	500 mm
	Z 轴行程	505 mm
	主轴下端距工作台面距离	100～605 mm
	主轴中心至立柱轨道面距离	480 mm
	工作台面至地面距离	900 mm
	工作台面中心至立柱轨道面距离	255～755 mm
工作台	工作台面积	425 mm × 950 mm
	工作台最大载荷	5 000 N
	T 型槽（宽×槽数×间距）	18 mm×3×100 mm
主轴	主轴转速	50～8 000 r/min
	主轴孔锥度	7:24
	主轴直径	ϕ70 mm
	主轴电机功率	9 kW
进给	X 轴快速进给	24 mm/min
	Y 轴快速进给	24 mm/min
	Z 轴快速进给	15 mm/min
自动换刀	刀具数量	24 把
	刀柄螺栓	BT—40(45)
	最大刀具质量	7 kg
	最大刀具长度	250 mm
	最大刀具直径（相邻两刀）	ϕ80 mm
	最大刀具直径	ϕ150 mm
	换刀时间（刀对刀）	4 s
	换刀时间（点对点）	7.5 s
其他参数	占地面积（长 × 宽）	2 435 mm × 2 178 mm
	机器质量	5 000 kg
	最大机器高度	2 735 mm
	电力容量	15 kVA
	气压压力	0.6～0.8 MPa

（2）数控机床的运动指标

数控机床主轴采用直流或交流伺服电动机驱动，选用高速精密轴承支撑，保证主轴具有较宽范围和较高回转精度，以及较高的刚度和抗震性。现代数控机床的主轴普遍达到 5 000～10 000 r/min，甚至更高的转速。主轴转速可以通过操作面板上的“主轴转速倍率”开关直接改变，其调节范围为 50%～120%，每挡间隔为 5%～10%。

（3）数控机床的精度指标

① 脉冲当量（分辨率）。脉冲当量是影响数控机床加工精度和表面质量的主要因素，因而是数控机床的重要精度指标。普通数控机床的精度指标是 0.001 mm，经济型数控机床的精度指标为 0.01 mm，精密或超精密数控机床的精度指标为 0.001～0.000 1 mm。

② 定位精度。定位精度是指数控机床工作台等移动部件所达到的实际位置的精度，实际位置与指令位置的差值为定位误差。引起定位误差的因素包括伺服系统、检测系统、进给系统误差，以及运动部件的几何误差。定位误差将直接影响零件加工的精度，一般数控机床的定位精度为 0.001～0.018 mm。

③ 重复定位精度。重复定位精度是指在相同的条件下，采用相同的操作方法，重复进行同一动作时得到的一致性程度。一般数控机床的重复定位精度为 0.008 mm。

（4）刀具系统

数控机床的刀具系统包括刀架工位数、刀具孔直径、刀杆尺寸、换刀时间等各项内容。加工中心刀库的容量与换刀时间直接影响着生产效率。通常数控车床的刀台容量为 4～8 刀位，中小型加工中心的刀库容量为 16～60 把，大型加工中心的刀库容量为 100 把以上。

（5）其他指标

除了以上性能指标外，还有主轴变频电动机、进给伺服电动机的规格型号和功率等电气指标，冷却系统指标，数控机床外形尺寸、机床重量等。

2. 数控机床的主要功能

（1）可控轴数与联动轴数

可控轴数是指数控系统最多可以控制的坐标轴数目。包括移动轴和回转轴。

（2）插补功能

所谓插补，就是在工件轮廓的某起始点和终止点之间进行“数据密化”，并求取中间点的过程。插补功能是指数控机床能够实现的线性加工能力。

（3）进给功能

数控系统的进给功能包括快速进给、切削进给、手动连续进给、点动进给、进给倍率修调、自动加减速等功能。

（4）主轴功能

数控系统的主轴功能包括恒转速控制、主轴定向停止、主轴转速修调等。

（5）刀具补偿功能

刀具补偿功能包括刀具位置补偿、刀具半径补偿和刀具长度补偿。

（6）操作功能

数控机床通常有单程序段执行、跳段执行、试运行、图形模拟、机械锁住、暂停和急停等功能。有的还有软件操作功能。

（7）程序管理功能

数控系统的程序管理功能是指对加工程序的检索、编辑、修改、插入、删除、更名和程序的存储、通信等功能。

（8）图形显示功能

一般的数控系统都具有 CRT 显示，可以显示字符和图形、人机对话、自诊断等，具有刀具轨迹的动态显示。

（9）辅助编程功能

除基本的编辑功能外，数控系统通常还具有固定循环、镜像、图形缩放、子程序、宏程序、坐标系旋转、极坐标等编程功能。

（10）自诊断报警功能

现代数控系统具有人工智能的故障诊断系统，可以用来实现对整个加工过程的监视，诊断数控系统的故障，并及时报警。

（11）通信功能

数控系统一般都配有 RS—232C 或 RS—422 远距离串行接口，可以按照用户的格式要求，与同一级计算机进行多种数据交换。现代数控系统大都具有制造自动化协议（MAP）接口，并采用光缆通信，提高数据传送的速度和可靠性。

（五）加工中心的加工及编程特点

1. 加工中心的加工特点

加工中心是带有刀库和自动换刀装置的数控机床，具有数控镗、铣、钻床的综合功能。与其他数控机床相比，具有以下特点。

① 加工工件复杂，工艺流程很长时，能排除工艺流程中的人为干扰因素，具有较高的生产效率和质量稳定性。

② 由于工序集中和具有自动换刀装置，工件在一次装夹后能完成有精度要求的铣、钻、镗、扩、铰、攻丝等复合加工。

③ 在具有自动交换工作台时，一个工件在加工时，另一个工作台可以实现工件的装夹，从而大大缩短辅助时间，提高加工效率。

④ 刀具容量越大，加工范围越广，加工的柔性化程度越高。

2. 加工中心程序的编制特点

一般使用加工中心加工的工件形状复杂、工序多，使用的刀具种类也多，往往一次装夹后要完成从粗加工、半精加工到精加工的全部过程，因此程序比较复杂。在编程时要考虑下述问题。

① 仔细地对图纸进行分析，确定合理的工艺路线。

② 刀具的尺寸规格要选好，并将测出的实际尺寸填入刀具卡。

③ 确定合理的切削用量。主要是主轴转速、背吃刀量、进给速度等。

④ 应留有足够的自动换刀空间，以避免与工件或夹具碰撞。换刀位置建议设置在机床原点。

⑤ 为便于检查和调试程序，可将各工步的加工内容安排到不同的子程序中，而主程序主要完成换刀和子程序的调用。这样程序简单而且清晰。

对编好的程序要进行校验和试运行，注意刀具、夹具或工件之间是否有干涉。在检查 M、S、T 功能时，可以在 Z 轴锁定状态下进行。

二、数控编程基础

（一）数控铣削加工坐标系建立

1. 标准坐标系及运动方向命名原则

在数控编程时，为了描述机床的运动，简化程序编制的方法及保证记录数据的互换性，数控机床的坐标系和运动方向均已标准化。目前，国际标准化组织已经统一了标准坐标系，原机械工业部也颁布了 JB3051—82《数字控制机床坐标和运动方向的命名》标准，对数控机床的坐标和运动方向作了明文规定。

（1）机床相对运动的规定

为了使编程人员在不考虑机床上工件与刀具具体运动的情况下，就可以依据零件图样，确定机床的加工过程，特规定：永远假定刀具相对于静止的工件坐标系而运动。

（2）坐标系的规定

在数控机床上加工零件，机床的动作是由数控系统发出指令来控制的，为了确定机床上运动的位移和运动的方向，需要坐标系来实现，这个坐标系叫标准坐标系，也称为机床坐标系。

数控机床上的坐标系采用右手笛卡儿直角坐标系，如图 0-15（a）所示。伸出右手的大拇指、食指和中指，并互为 90°，大拇指的指向为 *X* 坐标的正方向，食指的指向为 *Y* 坐标的正方向，中指的指向为 *Z* 坐标的正方向。

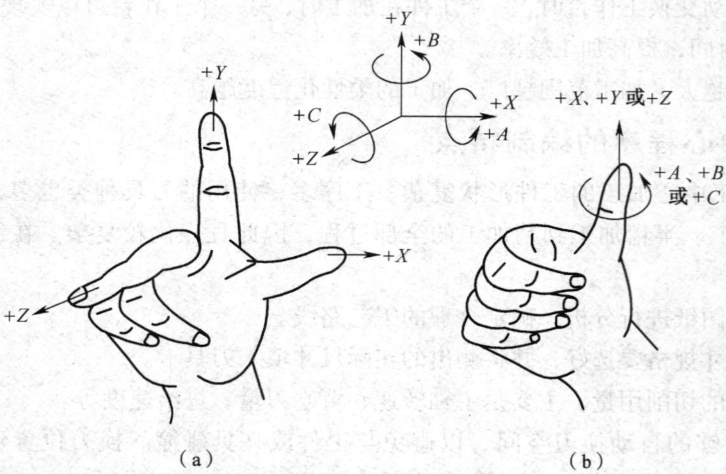

图 0-15 右手笛卡儿直角坐标系

围绕 *X*、*Y*、*Z* 坐标旋转的旋转坐标分别用 *A*、*B*、*C* 表示，根据右手螺旋定则，大拇指的指向为 *X*、*Y*、*Z* 坐标中任意轴的正向，则其余四指的旋转方向即为旋转坐标 *A*、*B*、*C* 的正向，如图 0-15（b）所示。

（3）运动方向的规定

JB3051—82 中规定：机床某一部件运动的正方向是增大刀具与工件之间距离的方向。

① Z 坐标。Z 坐标的运动由传递切削力的主轴决定，即平行主轴轴线的坐标轴为 Z 坐标。若有多根主轴，则选垂直于工件装夹面的主轴为主要主轴，Z 坐标则平行于该主轴轴线。若机床无主轴，则规定垂直于工件装夹平面的方向为 Z 坐标。

Z 坐标的正向为刀具离开工件的方向。如立式铣床，主轴箱的上、下或主轴本身的上、下即可定为 Z 轴，且是向上为正；若主轴不能上下动作，则工作台的上、下便为 Z 轴，此时工作台向下运动的方向定为正向。

② X 坐标。X 坐标平行于工件的装夹面，一般是水平的。这是刀具或工件定位平面内运动的主要坐标。对于工件旋转的机床（如车床、磨床等），X 坐标的方向在工件的径向上，且平行于横向拖板。刀具离开工件旋转中心的方向为 X 坐标的正方向，如图 0-16（a）所示。对于刀具旋转的机床（如铣床、镗床、钻床等），X 运动的正方向指向右，如图 0-16（b）所示。

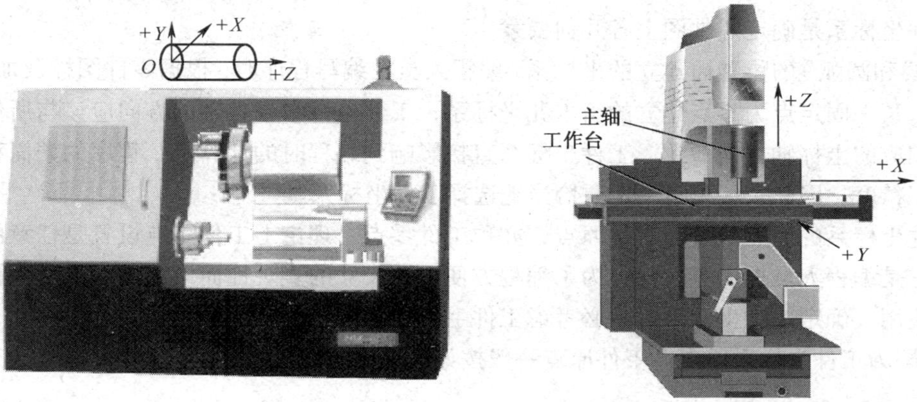

(a) 数控车床的坐标系　　(b) 立式数控铣床的坐标系

图 0-16　机床坐标系

③ Y 坐标。Y 坐标轴垂直于 X、Z 坐标轴。Y 坐标的正方向根据 X 和 Z 坐标的正方向，按照右手笛卡儿直角坐标系来确定。

④ 旋转运动 A、B 和 C。A、B 和 C 相应地表示其回转轴线平行于 X、Y 和 Z 坐标的旋转运动。A、B 和 C 的正方向利用右手螺旋定则根据 X、Y 和 Z 坐标的正方向确定。

⑤ 附加坐标系。如果在基本的直角坐标轴 X、Y、Z 之外，还有轴线平行于 X、Y、Z 的其他坐标，则将附加的直角坐标系指定为 U、V、W 和 P、Q、R。

2. 机床坐标系、机床原点与机床参考点

（1）机床原点

机床原点又称机械原点，是机床坐标系的原点。该点是机床上设置的一个固定点，它在机床装配、调试时就已确定下来，是数控机床进行加工运动的基准参考点。

数控铣床的机床原点一般取在 X、Y、Z 坐标的正方向极限位置上，如图 0-17 所示。

（2）机床参考点

机床参考点是机床制造商在机床上用行程开关设置的一个物理位置，与机床原点的相对位置是固定的，用于对机床运动进行检测和控制。机床参考点的位置是由机床制造厂家在每个进给轴上用限位开关精确测量、调整好的，坐标值已输入数控系统中。因此参考点相对机床原点的坐标是一个已知数。

通常在数控铣床上机床原点和机床参考点是重合的。加工中心的参考点一般为机床的自动换刀位置。

数控机床开机时，必须先确定机床原点，而确定机床原点的运动就是刀架返回参考点的操作，这样通过确认参考点，就确定了机床原点。只有机床参考点被确认后，刀具（或工作台）移动才有基准。

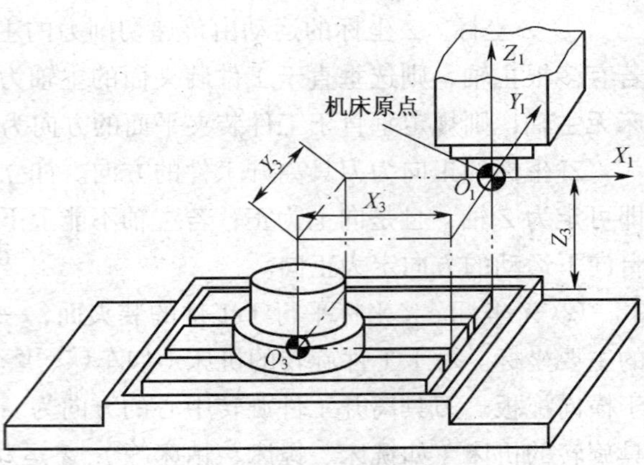

图 0-17　铣床的机床原点

3. 工件坐标系

（1）工件坐标系概述

工件坐标系是确定零件图上各几何要素（点、直线和圆弧）的位置而建立的坐标系，编程人员在编写程序时，根据零件图样及加工工艺，以工件上某一固定点为零点建立的笛卡儿坐标系，工件坐标系中各轴的方向应该与所使用的数控机床相应的坐标轴方向一致。工件坐标系直接影响到编程时的计算量、程序的繁简程度及零件的加工精度，因此，编程时一定要恰当地选择工件坐标系。

工件坐标系的原点位置为工件原点，亦称工件零点。理论上工件零点设置是任意的，但实际上，它是编程人员根据零件特点为了编程方便以及尺寸的直观性而设定的。工件坐标系一般供编程使用，确定工件坐标系时不必考虑工件毛坯在机床上的实际装夹位置。如图 0-18 所示，其中 O_2 即为工件坐标系原点。工件原点一般按如下原则选取。

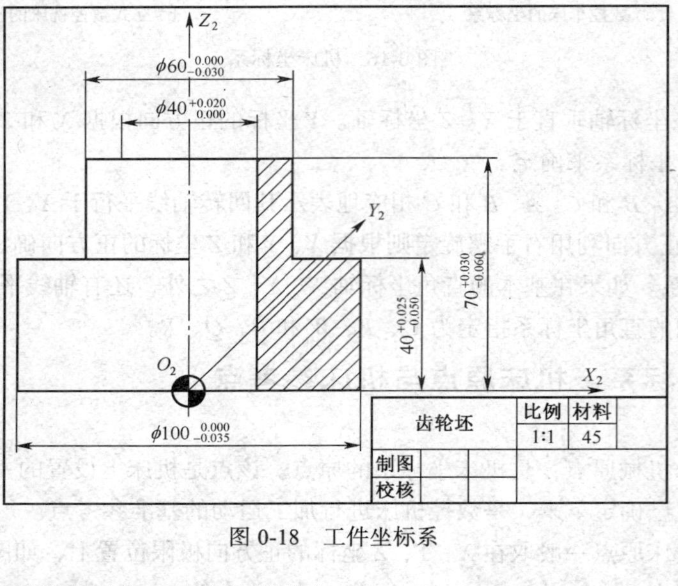

图 0-18　工件坐标系

① 工件原点尽可能选择在工艺定位基准上。

② 工件原点应选在工件图样的尺寸基准上，这样可以直接用图纸标注的尺寸，作为编程点的坐标值，减少数据换算的工作量。

③ 尽量选在精度较高的工件表面上，以提高被加工零件的加工精度。

④ 对于对称零件，工件原点最好选在对称中心上；对于一般零件，工件零点设在工件轮廓

某一角上。能使工件方便地装夹、测量和检验。

⑤ Z 轴方向上零点一般设在工件表面。

⑥ 对于卧式加工中心最好把工件原点设在回转中心上。

⑦ 编程时，应将刀具起点和程序原点设在同一处，这样可以简化程序，便于计算。

（2）工件坐标系的设定方法

在加工过程中，工件各尺寸的坐标值都是相对于工件原点而言的，数控机床是按照工件装夹好后所确定的工件原点位置和程序要求进行加工的。所以，对于加工人员来说，当工件在机床工作台上装夹固定后，在调试程序和加工前，首先要建立工件坐标系，这样数控机床才能按照准确的加工坐标系位置开始加工。

工件坐标系是指以确定的工件原点为基准所建立的坐标系。铣床及加工中心上可以用 G92 指令指定或用 G54～G59 指令调用的 2 种方法设定。

① 工件坐标系设定指令 G92。

指令格式：G92　X_ Y_ Z_;

② 工件坐标系选择指令 G54～G59。

③ G92 与 G54～G59 的区别。G92 指令与 G54～G59 指令都是用于设定工件加工坐标系的，但在使用中是有区别的。G92 指令是通过程序来设定、选用加工坐标系的，执行该指令时当前刀具应在指定的位置。

（二）数控铣削编程基本知识

1. 数控编程的内容及方法

数控编程是数控加工的重要步骤。用数控机床对零件进行加工时，首先对零件进行加工工艺分析，以确定加工方法、加工工艺路线，正确地选择数控机床加工刀具和装夹方法。然后，按照加工工艺要求，根据所用数控机床规定的指令代码及程序格式，将刀具的运动轨迹、位移量、切削参数（主轴转速、进给量、吃刀深度等）以及辅助功能（换刀、主轴正反转、切削液开关等）编写成加工程序单，传送或输入到数控装置中，从而指挥机床加工零件。

（1）数控编程的内容

数控程序的编制一般包括如下内容。

① 分析零件图样，制定工艺方案。编程人员首先要根据零件图，分析零件的材料、形状、尺寸、精度及毛坯形状和热处理要求等，明确加工的内容和要求，选择合适的数控机床，拟定零件加工方案，确定加工顺序、走刀路线、装夹方法、刀具及合理的切削用量等。并结合所用数控机床的规格、性能、数控系统的功能等，充分发挥机床的效能。加工路线尽可能短，要正确选择对刀点、换刀点，减少换刀次数，提高加工效率。

② 数值计算。在确定了工艺方案后，就需要根据零件的几何尺寸、加工路线等，计算刀具中心运动轨迹，以获得刀位数据。数控系统一般均具有直线插补与圆弧插补功能，对于加工由圆弧和直线组成的较简单的平面零件，只需要计算出零件轮廓上相邻几何元素交点或切点的坐标值，得出各几何元素的起点、终点、圆弧的圆心坐标值等，就能满足编程要求。当零件的几何形状与控制系统的插补功能不一致时，就需要进行较复杂的数值计算，一般需要使用计算机辅助计算，否则难以完成。

③ 编写零件加工程序。在完成上述工艺处理及数值计算工作后，编程人员根据使用数控系统规定的功能指令代码及程序段格式，逐段编写零件加工程序。此外，还应填写有关的工艺文件，如数控加工工序卡片、数控刀具卡片、工件安装和零点设定卡片等。

④ 制备控制介质。将编写的零件加工程序内容记录在控制介质（如穿孔纸带）上，作为数控装置的输入信息，通过程序的手工输入或通信传输的方式输入到数控系统。

⑤ 程序校验和首件试切。在正式加工之前，必须对程序进行校验和首件试切。通常可采用机床空运行的功能，来检查机床动作和运动轨迹的正确性，以检验程序。在具有 CRT 图形模拟显示功能的数控机床上，可通过显示走刀轨迹或模拟刀具对工件的切削过程，对程序进行检查。但这些方法只能检验出运动是否正确，不能检验被加工零件的加工精度。因此，要进行零件的首件试切。当发现有加工误差时，分析误差产生的原因，采取尺寸补偿措施，加以修正。

数控编程的内容和步骤可用图 0-19 所示的框图表示。

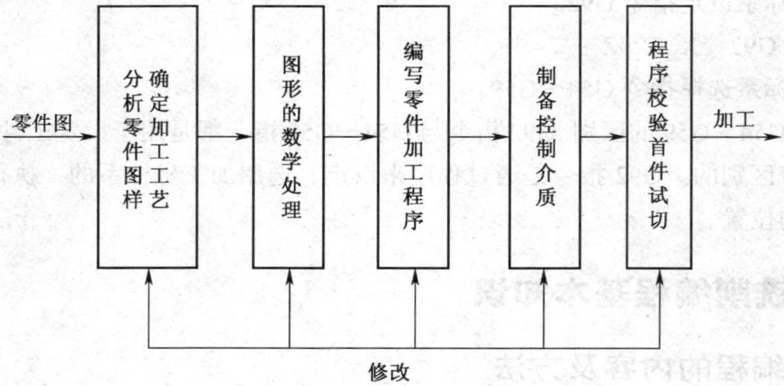

图 0-19 数控编程的内容和步骤

（2）数控编程的方法

数控程序的编制方法一般有手工编程和自动编程两种。

① 手工编程。手工编程就是从分析零件图样、制定工艺方案、图形的数学处理、编写零件加工程序单、制备控制介质到程序的校验等主要由人工完成的编程过程。对于加工形状简单、计算量不大、程序段不多的零件，采用手工编程即可实现，而且经济、及时。因此，对于点位加工或由直线与圆弧组成的轮廓加工中，手工编程仍广泛应用。但对于形状复杂的零件，特别是具有非圆曲线、列表曲线及曲面组成的零件，用手工编程就有一定困难，计算相当烦琐，且容易出错，有时甚至无法编程，必须采用自动编程的方法。

② 自动编程。自动编程是指在编程过程中，除了分析零件图样和制定工艺方案由人工进行外，其余工作均由计算机辅助完成。采用计算机自动编程时，数学处理、编写程序、检验程序等工作是由计算机自动完成的，由于计算机可自动绘制出刀具中心的运动轨迹，使编程人员可及时检查程序是否正确，需要时可及时修改，以获得正确的程序。又由于计算机自动编程代替程序编制人员完成了繁琐的数值计算，可提高编程效率，解决手工编程无法解决的许多复杂零件的编程难题。因而，自动编程的特点就在于编程工作效率高，可解决复杂形状零件的编程难题。

根据输入方式的不同，可将自动编程分为图形数控自动编程、语言数控自动编程和语音数控自动编程等。图形数控自动编程是指将零件的图形信息直接输入计算机，通过自动编程软件的处理，得到数控加工程序。目前，图形数控自动编程是使用最为广泛的自动编程方式。

2. 数控程序的结构与格式

为了满足设计、制造、维修和普及的需要，在输入代码、坐标系统、加工指令、辅助功能及程序格式等方面，国际上已形成了由国际标准化组织（ISO）和美国电子工程协会（EIA）分别制定的两种标准。我国根据 ISO 标准制定了《数字控制机床用的七单位编码字符》（JB3050—82）、《数字控制坐标和运动方向的命名》（JB3051—82）、《数字控制机床穿孔带程序段格式中的准备功能 G 和辅助功能 M 代码》（JB3208—83）。但是由于各个数控机床生产厂家所用的标准尚未完全统一，其所用的代码、指令及其含义不完全相同，因此，在数控编程时必须按所用数控机床编程手册中的规定进行。目前，数控系统中常用的代码有 ISO 代码和 EIA 代码。

（1）数控加工程序的组成结构

图 0-20 所示为零件图样的加工程序，加工深度为 5 mm。

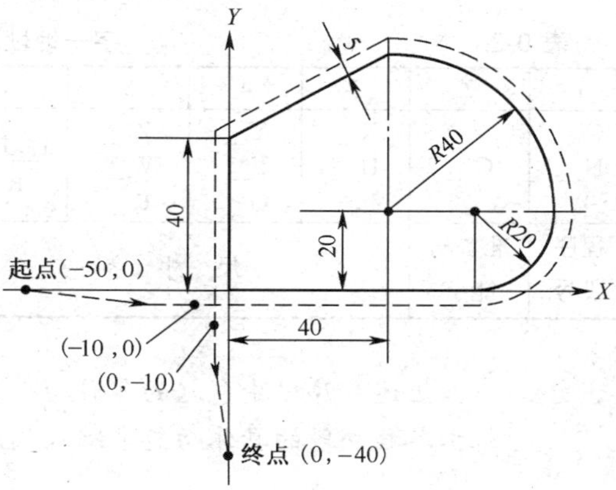

图 0-20 零件图样

```
O0010                                   程序号
N0010  G54 G90 G01 Z40 F2000;
N0020  M03 S500;
N0030  G00 X-50 Y0;
N0040  G01 Z-5 F100;
N0050  G01 G42 X-10 Y0 D01;
N0060  G01 X60 Y0;
N0070  G03 X80 Y20 R20;
N0080  G03 X40 Y60 R40;
N0090  G01 X0 Y40;
N00100  G01 X0 Y-10;
N00110  G01 G40 X0 Y-40;
N00120  G01 Z40 F2000;
N00130  M05;
N00140  M30;                            程序结束
```

由上述程序可得下列结果。

每一个程序都是由程序号、程序内容和程序结束 3 部分组成。程序内容则由若干程序段组成，程序段由若干字组成，每个字又由字母和数字组成。字组成程序段，程序段组成程序。

① 程序号。程序号为程序的开始部分，为了区别存储器中的程序，每个程序都要有程序编号。在编号前采用程序编号地址符，不同的数控系统，程序地址符有所不同，如在 FANUC 系统中，采用英文字母“O”作为程序编号地址，而其他系统有的采用“P”、“%”等。

② 程序内容。程序内容是整个程序的核心，由许多程序段组成，每个程序段由一个或多个指令组成，表示数控机床要完成的全部动作。

③ 程序结束。以程序结束指令 M02 或 M30 作为整个程序结束的符号，来结束整个程序。

（2）程序段格式

零件的加工程序是由程序段组成。程序段格式是指一个程序段中字、字符、数据的书写规则，通常有字—地址可变程序段格式、使用分隔符的程序段格式和固定程序段格式，最常用的为字—地址可变程序段格式。

字—地址可变程序段格式由程序段号、程序字和程序段结束符组成。

字—地址可变程序段格式如表 0-2 所示。

表 0-2　　字—地址可变程序段格式

1	2	3	4	5	6	7	8	9	10
N__	G__	X__ U__ P__	Y__ V__ Q__	Z__ W__ R__	I__J__K R__	F__	S__	T__	M__
程序段号	准备功能字	尺寸字				进给功能字	主轴功能字	刀具功能字	辅助功能字

注意　上述程序段中包括的各种指令并非在加工程序的每个程序段中都必须有，而是根据各程序段的具体功能来编入相应的指令。

例如：N20 G01 X35 Y-46 F100。

① 程序段号：用以识别程序段的编号，位于程序段之首，由地址码 N 和后面的若干位数字组成。例如，N20 表示该程序段的号为 20。

数控机床加工时，数控系统是按照程序段的先后顺序执行的，与程序段号的大小无关，程序段号只起一个标记的作用，以便于程序的校对和检索修改。

② 程序字：程序字通常由地址符、数字和符号组成，字的功能类别由地址符决定，字的排列顺序要求不太严格，数据的位数可多可少，不需要的字以及上一程序段相同的程序字可以省略不写。地址符的含义见表 0-3。

表 0-3　　程序字及地址符的意义及说明

程序字	地址符	意义	说明
程序号	O、P、%	用于指定程序的编号	主程序编号，子程序编号
程序段号	N	又称顺序号，是程序段的名称	由地址码 N 和后面的若干位数字组成
准备功能字	G	用于控制系统动作方式的指令	用地址符 G 和两位数字表示，从 G00～G99 共 100 种。G 功能是使数控机床做好某种操作准备的指令，如 G01 表示直线插补运动
尺寸字	X、Y、Z、U、V、W、R、A、B、C、I、J、K	用于确定加工时刀具运动的坐标位置	X、Y、Z 用于确定终点的直线坐标尺寸，A、B、C 用于确定附加轴终点的角度坐标尺寸，I、J、K 用于确定圆弧的圆心坐标，R 用于确定圆弧半径
补偿功能	D、H	用于补偿号的指定	D 通常为刀具半径补偿号指定，H 为刀具长度补偿号的指定
进给功能字	F	用于指定切削的进给速度	表示刀具中心运动时的进给速度，由地址码 F 和后面数字构成。单位为 mm/min 或 mm/r

续表

程　序　字	地　址　符	意　　义	说　　明
主轴转速功能字	S	用于指定主轴转速	由地址码 S 和在其后面的数字组成，单位为 r/min。对于数控铣床指定恒线速切削时，S 指令用来指定铣削加工的线速度
刀具功能字	T	用于指定加工时所用刀具的编号	由地址码 T 和其后面的数字组成，数字指定刀具的刀号，数字的位数由所用的系统决定，对于数控铣床，T 后面还有指定刀具补偿号的数字
辅助功能字	M	用于控制机床或系统的辅助装置的开关动作	由地址码 M 和后面的两位数字组成，从 M00～M99 共 100 种。各种机床的 M 代码规定有差异，必须根据说明书的规定进行编程

③ 程序段结束：写在每一程序段之后，表示程序段结束。在 ISO（国际标准化组织）标准代码中用“NL”或“LF”；在 EIA（美国电子工业协会）标准代码中，结束符为“CR”；有的数控系统的程序段结束符用“;”或“*”；也有的数控系统不设结束符，直接回车即可。

习题

一、选择题（请将正确答案的序号填写在题中的括号中）

1. 加工中心的柔性体现在（　）。

A. 对特殊要求的快速反应　　B. 快速实现批量生产

C. A、B 项均正确　　D. 无正确答案

2. 不适合采用加工中心进行加工的零件是（　）。

A. 周期性重复投产　　B. 多品种、小批量

C. 单品种、大批量　　D. 结构比较复杂

3. 加工精度高、（　）、自动化程度高，劳动强度低、生产效率高等是数控机床加工的特点。

A. 加工轮廓简单、生产批量又特别大的零件

B. 对加工对象的适应性强

C. 装夹困难或必须依靠人工找正、定位才能保证其加工精度的单件零件

D. 适于加工余量特别大、材质及余量都不均匀的坯件

4. 加工中心的基本功能及性能包括（　）。

A. 高度自动化　　B. 大功率和高精度

C. 高速度及高可靠性　　D. A、B、C 项均正确

5. 数控机床指的是（　）。

A. 装有 PLC（可编程序逻辑控制器）的专用机床

B. 带有坐标轴位置显示的机床

C. 装备了 CNC 系统的机床

D. 加工中心

6. 数控机床是采用数字化信号对机床的（ ）进行控制。

A. 运动　　B. 加工过程

C. 运动和加工过程　　D. 无正确答案

7. 通常所说的数控系统是指（ ）。

A. 主轴驱动和进给驱动系统　　B. 数控装置和驱动装置

C. 数控装置和主轴驱动装置　　D. 数控装置和辅助装置

8. 在数控机床的组成中，其核心部分是（ ）。

A. 输入装置　　B. CNC 装置

C. 伺服装置　　D. 机电接口电路

9. 下列（ ）不适应在加工中心上生产。

A. 需要频繁改型的零件　　B. 多工位和多工序可集中的零件

C. 难测量的零件　　D. 装夹困难的零件

10. 普通数控机床与加工中心比较，错误的说法是（ ）。

A. 能加工复杂零件

B. 加工精度都较高

C. 都有刀库

D. 加工中心比普通数控机床的加工效率更高

二、判断题（请将判断结果填入括号中，正确的填"√"，错误的填"×"）

（ ）1. 半闭环、闭环数控机床带有检测反馈装置。

（ ）2. 数控铣床的控制轴数与联动轴数相同。

（ ）3. 具有刀库、刀具交换装置的数控机床称为加工中心。

（ ）4. FMC 是柔性制造系统的简称。

（ ）5. 加工中心的特点是：工序集中，对加工的对象适应性强，加工精度高，加工生产率高，劳动强度减轻，经济效率高，有利于生产现代化管理。

（ ）6. 卧式加工中心是指主轴轴线垂直设置的加工中心。

三、简答题

1. 什么是数控、数控机床？

2. 数控机床主要由哪几部分组成？

3. 数控铣床和数控铣床的切削运动有何区别？

4. 与传统机械加工方法相比，数控加工有哪些特点？

5. 数控加工的主要对象是什么？

6. 什么是工件坐标系？如何建立工件坐标系？

7. 如何选择一个合理的工件原点？

8. 简述机床原点、机床参考点、工件坐标系原点的概念。

9. 试画出下列数控机床的机床坐标系。

（1）立式铣床。

（2）立式加工中心。

（3）卧式铣床。

项目一

数控铣削加工工艺分析

【能力目标】

1. 能选择并确定数控铣削加工的内容
2. 能综合应用数控铣削加工工艺知识，分析典型零件的数控铣削加工工艺，编制工艺文件

【知识目标】

1. 了解有关数控铣削的主要加工对象、掌握数控铣削的加工方法与选用
2. 掌握数控铣削加工工艺分析的内容与方法
3. 掌握数控铣削加工刀具知识
4. 掌握数控铣削加工中切削加工进给路线的确定
5. 掌握数控铣削加工中粗、精加工时的切削用量选用

数控铣削加工工艺是以普通铣床的加工工艺为基础，结合数控铣床的特点，综合运用多方面的工艺知识解决数控铣削加工过程中面临的问题。本项目以槽形凸轮的铣削加工工艺为例，从工程实际操作应用的角度，介绍数控铣削加工工艺的基本知识和基本原则，以便于读者在实际操作过程中科学、合理地设计加工工艺，充分发挥数控机床的特点，实现数控加工中的优质、高产、低耗。

一、项目导入

图 1-1 所示为平面槽形凸轮零件图，零件材料为 HT200，其外部轮廓尺寸已经由前道工序加工，本工序的任务是在铣床上加工槽与孔。要求分析其数控铣床加工工艺，设计数控加工工艺方案，编制数控加工工序卡、数控铣削加工刀具卡。

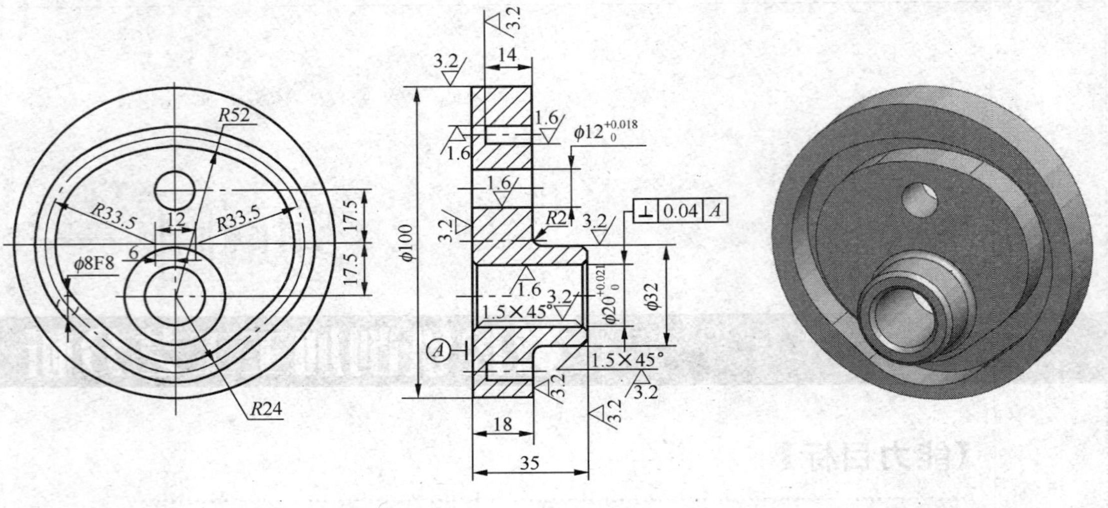

（a）零件图 （b）立体图

图 1-1 平面槽形凸轮

二、相关知识

程序编制人员在进行工艺分析时，应该具备机床说明书、编程手册、切削用量表、标准工具夹具手册等资料，并根据被加工零件的材料、轮廓形状、加工精度等选用合适的数控机床，制定加工方案，确定零件的加工顺序，以及各工序所用刀具、夹具、切削用量等，力求高效率地加工出合格的零件。

（一）数控铣削加工的工艺特点

1. 数控铣削加工工艺特点

（1）工序集中原则

一般来说，数控加工的工序内容要比普通机床加工的内容复杂，这是因为零件的数控加工过程是由程序控制的，且数控机床价格昂贵，若只加工简单工序内容，则不能充分发挥数控机床的功能，在经济上对生产效率的提高有限，所以在数控机床上加工零件时应尽可能多地安排较复杂的工序内容，尽量减少零件的装夹次数。

（2）工序内容合理、正确

在通用机械加工设备上加工零件时，工艺规程制定的许多内容，如工步的安排、走刀路线、切削刀具的几何形状、切削用量等，都是由操作工人来考虑、选择和确定的。而进行数控加工时，零件的加工过程完全由数控系统按给定的零件数控加工程序执行，即加工中所需的所有工艺参数必须在零件的数控加工程序中准确地体现出来，所以，零件的数控加工程序要有极高的正确性和合理性，不能有丝毫的差错，否则就不能加工出合理的零件。同时，在对图形进行数学处理和编程时，要力求准确无误，以使数控加工顺利进行。在实际工作中，由于一个小数点或一个逗号的差错，就可能酿成重大机床事故和质量事故。针对这一特点，在编制数控加工程序时必须细心，同时在程序编制过程中应同操作工人配合好，以提高程序编制的质量。

2. 数控铣削加工工艺内容的选择

在选择数控铣削加工内容时，应充分发挥数控铣床的优势和关键作用。主要选择的加工内容如下：

① 工件上的曲线轮廓，特别是由数学表达式给出的非圆曲线、列表曲线等曲线轮廓，如正弦曲线；

② 已给出数学模型的空间曲面，如图1-2所示的球面；

③ 形状复杂、尺寸繁多、划线与检测困难的部位；

④ 用通用铣床加工时难以观察、测量和控制进给的内外凹槽；

⑤ 以尺寸协调的高精度孔和面；

⑥ 能在一次安装中顺带铣出来的简单表面或形状；

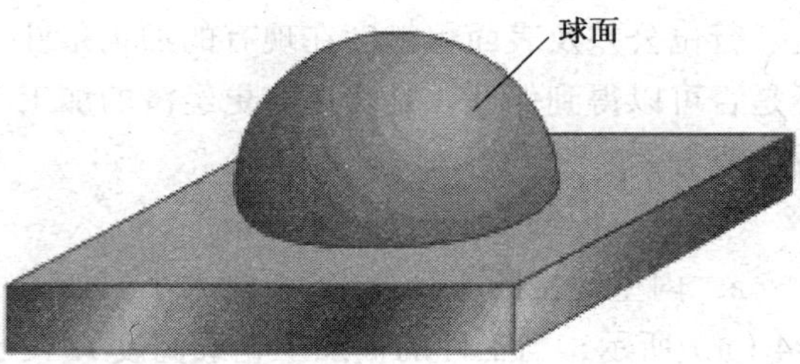

图 1-2　球面

⑦ 用数控铣削方式加工后，能成倍提高生产率，大大减轻劳动强度的一般加工内容。

此外，立式数控铣床和立式加工中心适于加工箱体、箱盖、平面凸轮、样板、形状复杂的平面或立体零件，以及模具的内、外型腔等；卧式数控铣床和卧式加工中心适于加工复杂的箱体类零件、泵体、阀体、壳体等；多坐标联动的卧式加工中心还可以用于加工各种复杂的曲线、曲面、叶轮、模具等。

不宜采用数控铣削加工的内容如下：

① 需要进行长时间占机和进行人工调整的粗加工内容，如以毛坯粗基准定位划线找正的加工；

② 必须按专用工装协调的加工内容（如标准样件、协调平板、模胎等）；

③ 毛坯上的加工余量不太充分或不太稳定的部位；

④ 简单的粗加工面；

⑤ 必须用细长铣刀加工的部位，一般指狭长深槽或高筋板小转接圆弧部位。

（二）数控铣削加工零件的工艺性分析

1. 零件图及其结构工艺性分析

① 零件图样尺寸的正确标注。数控加工程序是以准确的坐标点来编制的，零件图中各几何元素间的相互关系（如相切、相交、垂直和平行等）应明确，各种几何元素的条件要充分，应无引起矛盾的多余尺寸或者影响工序安排的封闭尺寸等。例如，如图1-3所示，由于零件轮廓各处尺寸公差带不同，那么，用同一把铣刀、同一个刀具半径补偿值编程加工时，就很难同时保证各处尺寸在尺寸公差范围内。这时要对其尺寸公差带进行调整，一般采取的方法是：在保证零件极限尺寸不变的前提下，在编程计算时，改变轮廓尺寸并移动公差带，如图1-3中括号内的尺寸，编程时按调整后的基本尺寸进行，这样，在精加工时用同一把刀，采用相同的刀补值，如工艺系统稳定又不存在其他系统误差，则可以保证加工工件的实际尺寸分布中心与公差带中心重合，保证加工精度。

② 分析零件的形状、结构及尺寸的特点确定零件上是否有妨碍刀具运动的部位，是否有会产生加工干涉或加工不到的区域，零件的最大形状尺寸是否超过机床最大行程，零件的刚性随着加工的进行是否有太大的变化等。

③ 检查零件的加工要求，如尺寸加工精度、行位公差及表面粗糙度在现有的加工条件下是否可以得到保证，是否还有更经济的加工方法或方案。

④ 统一内壁圆弧的尺寸。

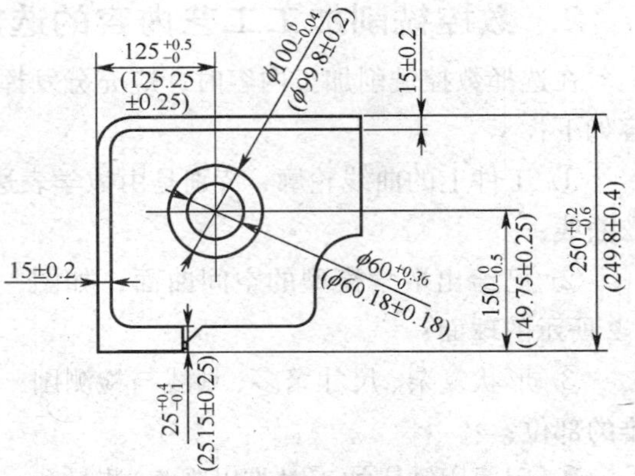

图 1-3 零件尺寸公差带的调整

a. 内壁转接圆弧半径 R 不能太小。如图 1-4（a）所示，当工件的被加工轮廓高度 H 较小，内壁转接圆弧半径 R 较大时，则可采用刀具切削刃长度 L 较小，直径 D 较大的铣刀加工。这样，底面 A 的走刀次数较少，表面质量较好，因此，工艺性较好。反之，铣削工艺性则较差，如图 1-4（b）所示。通常，当 $R > 0.2H$ 时，零件结构工艺性较好。

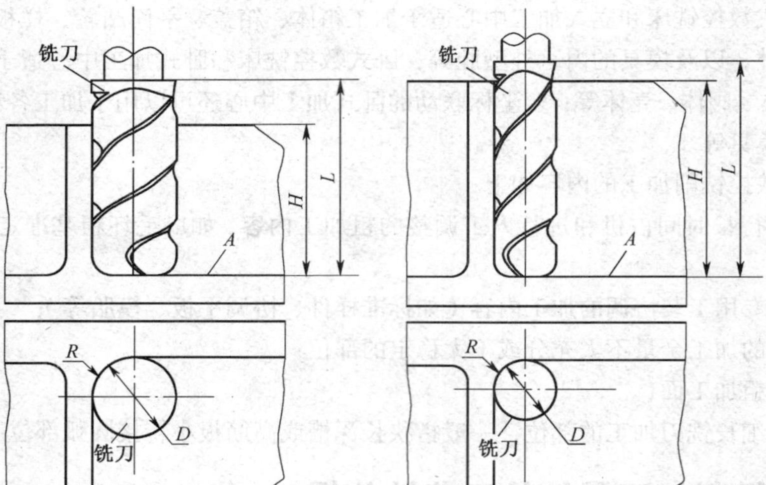

（a）R 较大时　（b）R 较小时

图 1-4 内壁转接圆弧半径

b. 内壁与底面转接圆弧半径 r 不要过大。如图 1-5（a）所示，铣刀直径 D 一定时，铣刀与铣削平面接触的最大直径 $d=D-2r$，工件的内壁与底面转接圆弧半径 r 越小，则 d 越大，即铣刀端刃铣削平面的面积越大，加工能力越强，铣削工艺性越好。反之，工艺性越差，如图 1-5（b）所示。

当底面铣削面积大，转接圆弧半径 r 也较大时，只能先用一把 r 较小的铣刀加工，再用符合要求 r 的刀具加工，分两次完成切削。

总之，一个零件上内壁转接圆弧半径尺寸的大小和一致性，影响加工能力、加工质量和换刀次数等。因此，转接圆弧半径尺寸大小要力求合理，半径尺寸尽可能一致，至少要力求半径尺寸分组靠拢，尽量使用最少的刀具进行加工，减少刀具规格、换刀及对刀次数和时间，以缩短总的加工时间和改善铣削工艺性。

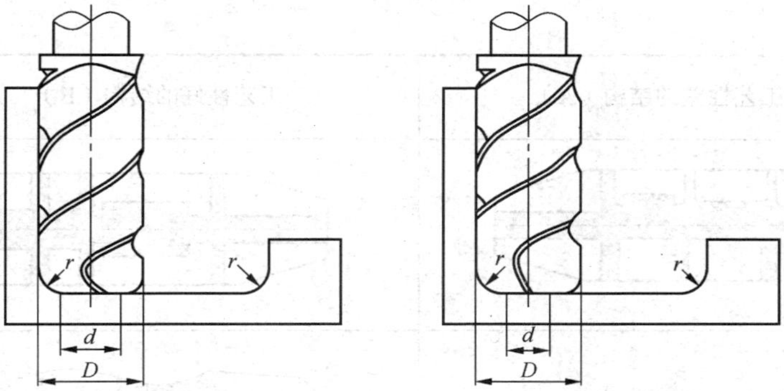

（a）*r* 较小时　　　　（b）*r* 较大时

图 1-5　内壁与底面转接圆弧半径

⑤ 分析零件材料的种类、牌号及热处理要求，了解零件材料的切削加工性能，才能合理选择刀具材料和切削参数。同时要考虑热处理对零件的影响，如热处理变形，并在工艺路线中安排相应的工序消除这种影响，而零件最终热处理状态也将影响工序的前后顺序。

⑥ 当零件上的一部分内容已经加工完成，这时应充分了解零件的已加工状态，数控铣削加工的内容之间与已加工内容之间的关系，尤其是位置尺寸关系，这些内容之间在加工时如何协调，采用什么方式或基准保证加工要求，如对其他企业的外协零件的加工。

有关铣削零件的结构工艺性实例见表 1-1。

表 1-1　　　　数控铣削零件结构工艺性实例

提高工艺性方法	工艺性差的结构（A）	工艺性好的结构（B）	说　明
改进内壁形状	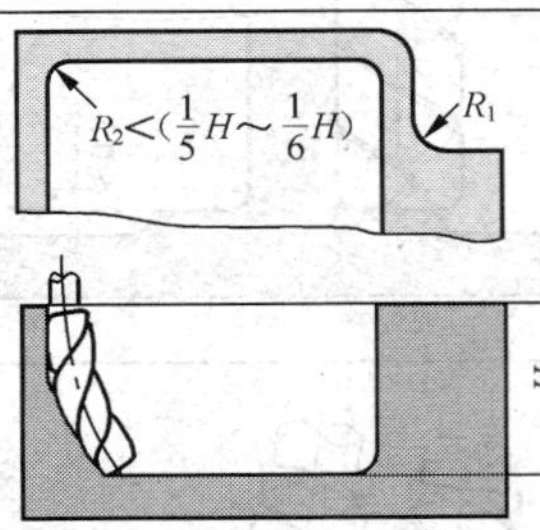	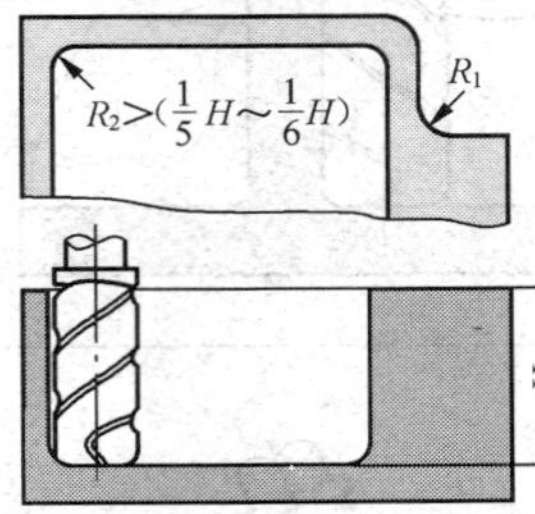	B 结构可采用较高刚性刀具
统一圆弧尺寸	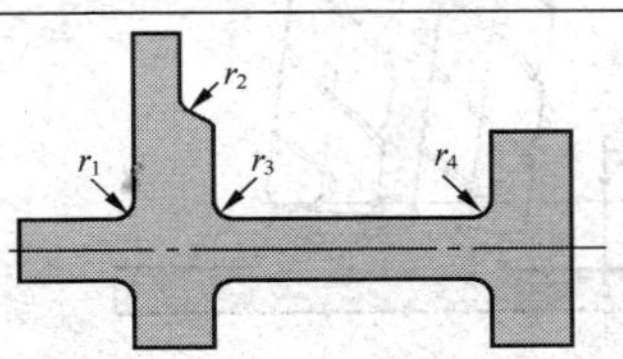	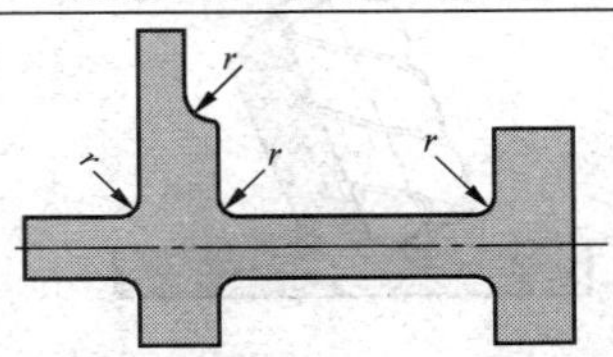	B 结构减少刀具数，减少更换刀具辅助时间
选择合适的圆弧半径 *R* 和	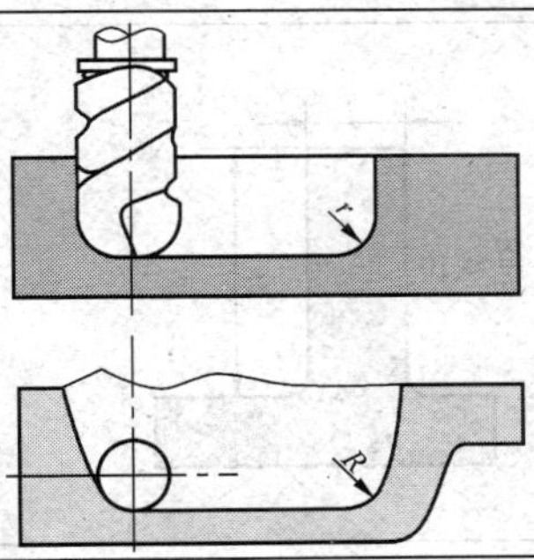	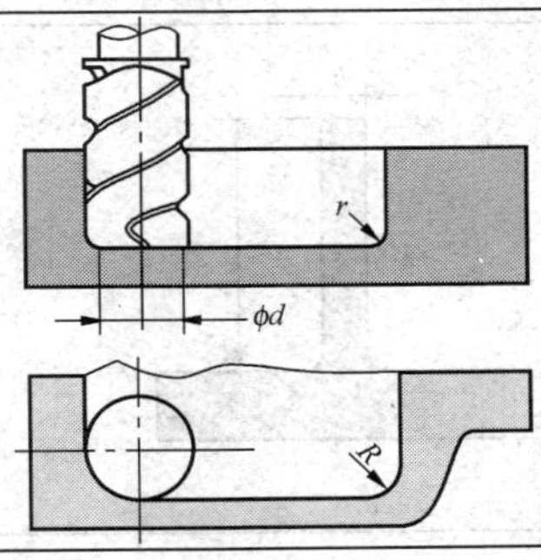	B 结构铣刀端刃铣削面积大，提高生产效率

续表

提高工艺性方法	工艺性差的结构（A）	工艺性好的结构（B）	说　明
用两面对称结构	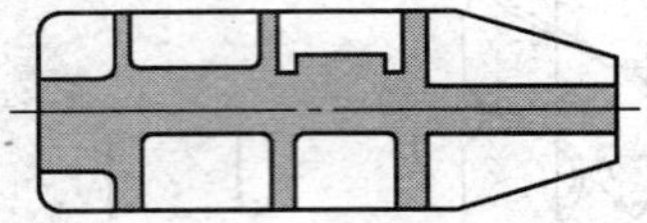	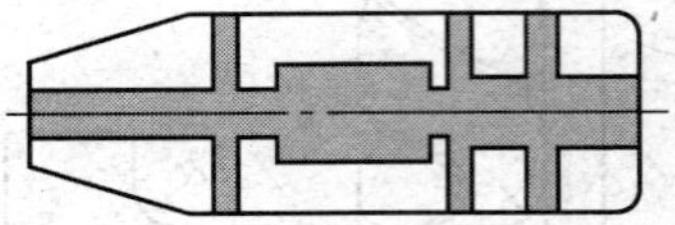	B 结构简化编程时间
合理改进凸台分布	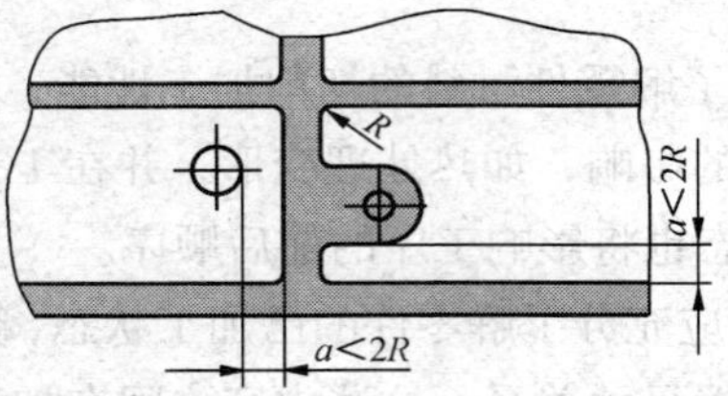	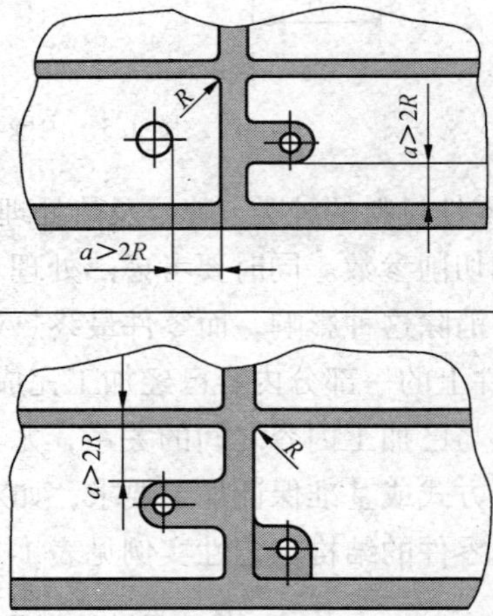	B 结构 $a>2R$，便于半径为 R 的铣刀进入，所需刀具少，减少加工劳动量，加工效率高
改进结构形状	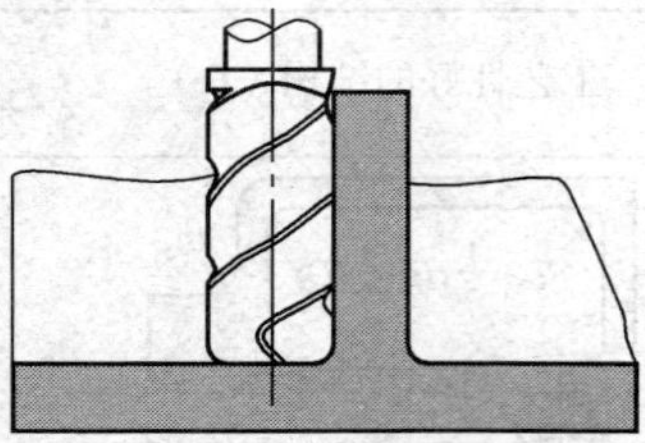	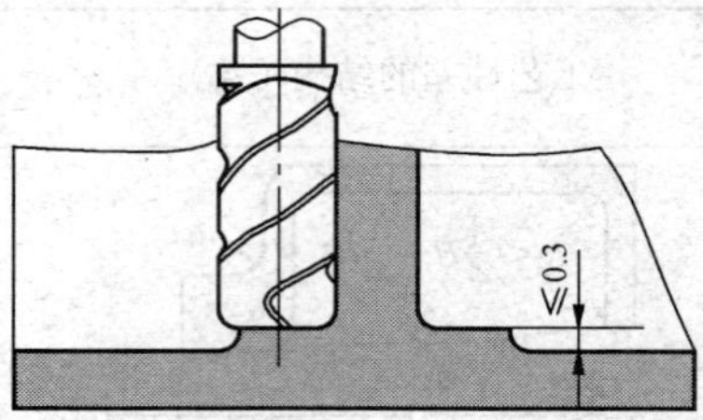	B 结构减少加工工作量
	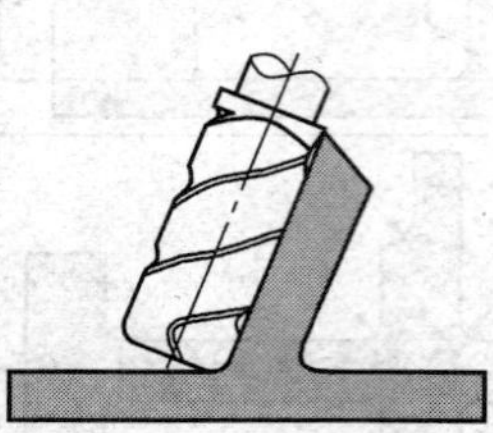	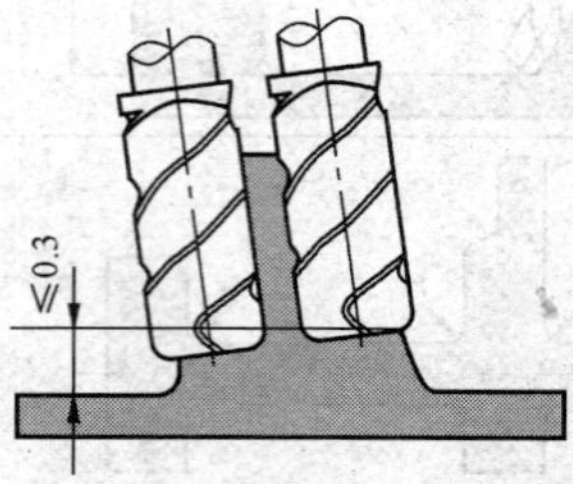	B 结构减少加工劳动量
改进尺寸比例	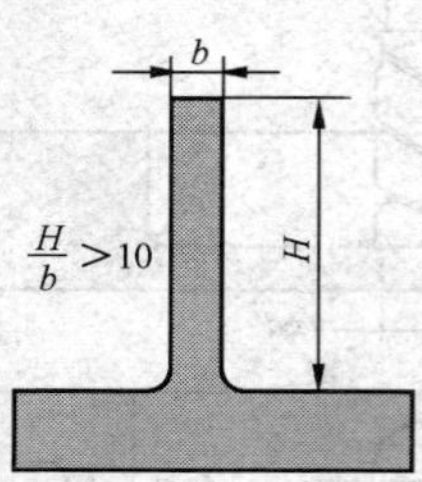	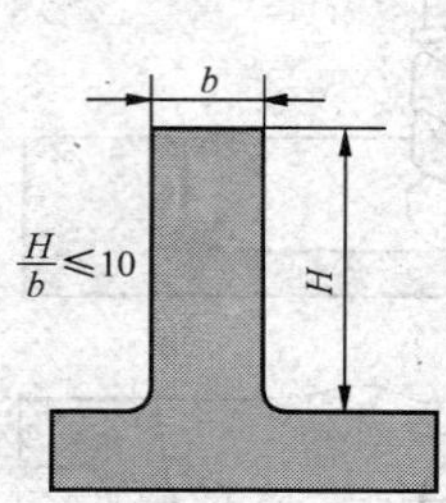	B 结构刚性好，可用大直径刀具加工，加工效率高

续表

提高工艺性方法	工艺性差的结构（A）	工艺性好的结构（B）	说　明
在加工和不加工表面间加入过渡	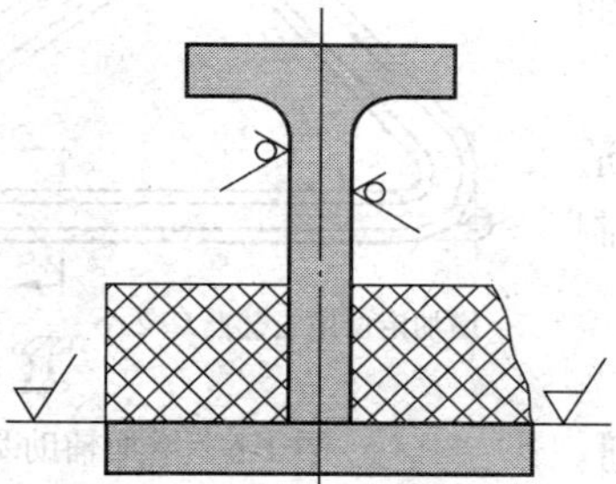	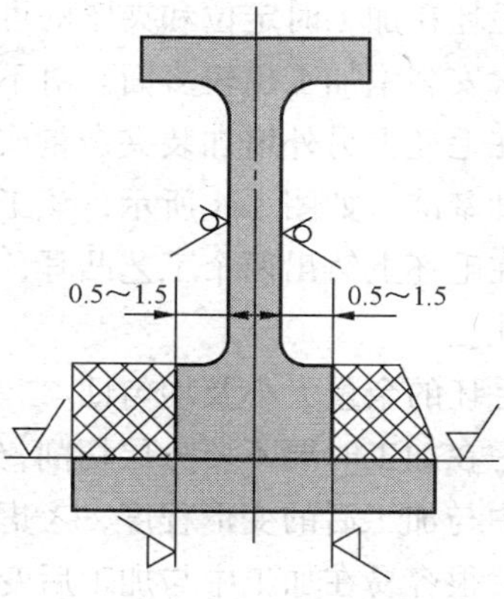	B 结构减少加工劳动量
改进零件几何形状	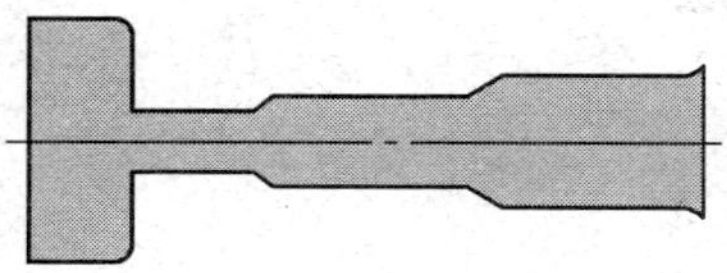	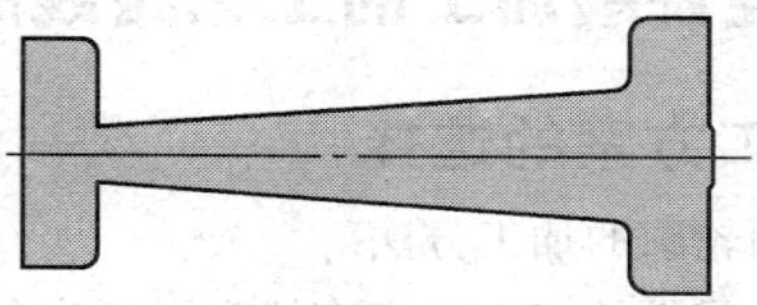	B 结构斜面筋代替阶梯筋，节约材料，简化编程

2. 定位基准要统一

在数控加工中若没有统一的定位基准，则会因工件的二次装夹而造成加工轮廓的位置及尺寸误差。另外，在零件上要选择合适的结构（如孔、凸台等）作为定位基准，必要时设置工艺结构作为定位基准，或用精加工表面作为统一基准，以减少二次装夹产生的误差。

3. 分析零件的变形情况

铣削工件在加工时的变形，不仅影响加工质量，而且当变形较大时将使加工无法继续进行。这时，可采用常规方法如粗、精加工分开及对称去余量法等，也可采用热处理的方法，如对钢件进行调质处理，对铸铝件进行退火处理等。加工薄板时，切削力及薄板的弹性退让极易产生切削面的振动，使薄板厚度尺寸公差和表面粗糙度难以保证，这时，应考虑合适的工件装夹方式。

4. 零件毛坯的工艺性分析

零件在进行数控铣削加工时，由于加工过程的自动化，余量的大小、如何装夹等问题在设计毛坯时就要仔细考虑好。否则，如果毛坯不适合数控铣削，加工将很难进行下去，根据实践经验，下列几方面应作为毛坯工艺性分析的重点。

（1）毛坯应有充分稳定的加工余量

毛坯主要有锻件、铸件。因模锻时的欠压量与允许的错模量会造成余量的多少不等；铸造时也会因砂型误差，收缩量及金属的流动性误差不能满足型腔等造成余量的不等。此外，锻造、铸造后，毛坯的挠曲与扭曲变形量的不同也会造成加工余量的不充分、不稳定。因此，除板料外，不论是锻件、铸件还是型材，只要准备采用数控铣床加工，其加工面均应有较充分的余量。经试验表明，数控铣削中最难保证的是加工面与非加工面之间的尺寸，这一点应该引起特别重视。如果已确定或准备采用数控铣削加工，应事先对毛坯的设计进行必要更改或在设计时就加以充分考虑，即在零件图样注明的非加工面处也增加适当的余量。

（2）分析毛坯的装夹适应性

主要考虑毛坯在加工时定位和夹紧的可靠性与方便性，以便在一次安装中加工出较多面。对不便于装夹的毛坯，可考虑在毛坯上另外增加装夹余量或工艺凸台、工艺凸耳等辅助基准。如图 1-6 所示，该工件缺少合适的定位基准，在毛坯上铸出两个工艺凸耳，在凸耳上制作出定位基准孔。

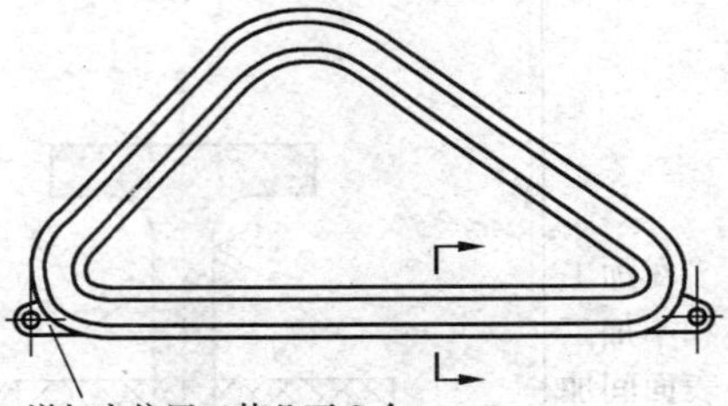

图 1-6 增加辅助基准

（3）分析毛坯的余量大小及均匀性

主要是考虑在加工时要不要分层切削，分几层切削。也要分析加工中与加工后的变形程度，考虑是否采用预防性措施与补救措施。如对于热轧中厚铝板，经淬火后很容易在加工中与加工后变形，最好采用经预拉伸处理的淬火板坯。

（三）数控铣削加工的工艺路线的拟定

1. 加工方案的选择

（1）平面轮廓的加工方法

平面轮廓零件的表面多由直线和圆弧或各种曲线构成，通常采用 3 坐标数控铣床进行两轴半坐标加工。如图 1-7 所示，平面轮廓 *ABCDEA* 由直线和圆弧构成，采用半径为 *R* 的立铣刀沿周向加工，虚线 *A'B'C'D'E'A'* 为刀具中心的运动轨迹。

（2）固定斜角平面的加工方法

固定斜角平面是与水平面成一固定夹角的斜面，常用的加工方法如下：当零件尺寸不大时，可用斜垫板垫平后加工。如果机床主轴可以摆角，则可以摆成适当的定角，用不同的刀具来加工，如图 1-8 所示。当零件尺寸很大，斜面斜度又较小时，常用行切法加工，但加工后，会在加工面上留下残留面积，需要用钳修方法加以清除，用 3 坐标数控立铣加工飞机整体壁板零件时常用此法。当然，加工斜面的最佳方法是采用 5 坐标数控铣床，主轴摆角后加工，可以不留残留面积。

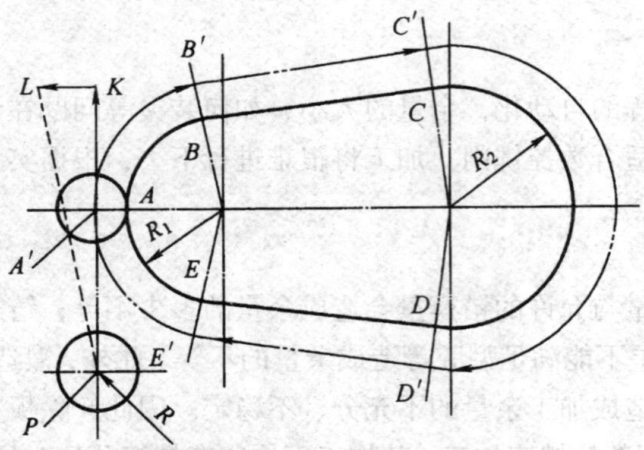

图 1-7 平面轮廓铣削

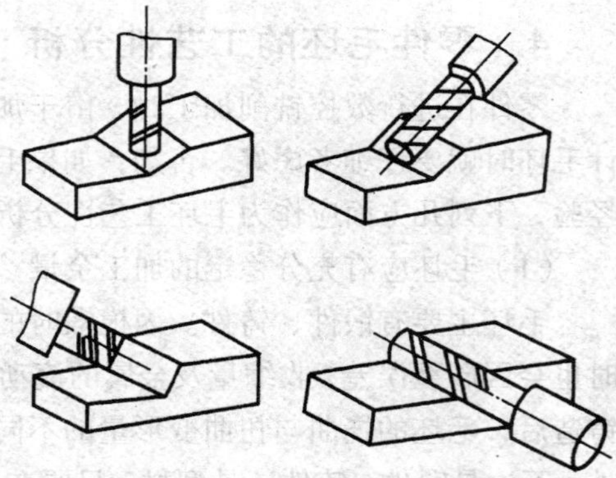
图 1-8 主轴摆角加工固定斜角平面

（3）变斜角面的加工方法

① 对曲率变化较小的变斜角面，用 4 坐标联动的数控铣床，采用立铣刀（但当零件斜角过大，超过机床主轴摆角范围时，可用角度成形铣刀加以弥补）以插补方式摆角加工，如图 1-9（a）所示。

② 对曲率变化较大的变斜角面，用 4 坐标联动加工难以满足加工要求，最好用 5 坐标联动数控铣床，以圆弧插补方式摆角加工，如图 1-9（b）所示。

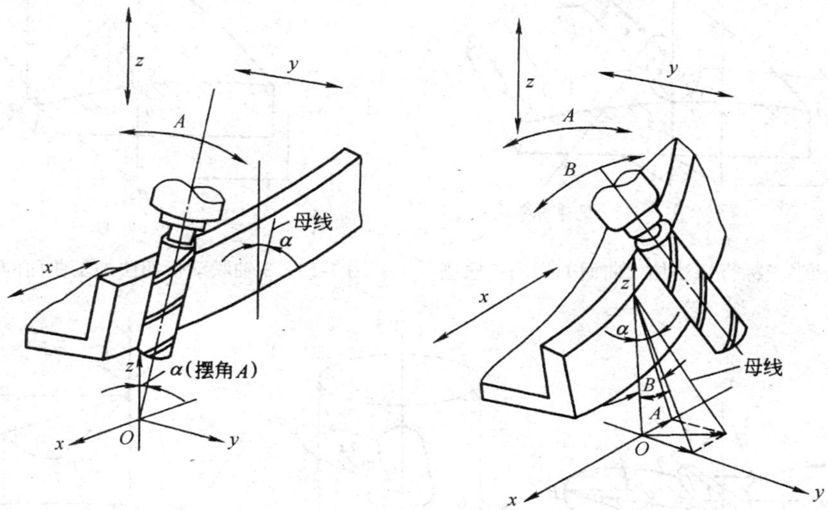

（a）　　　　（b）

图 1-9　4、5 坐标数控铣床加工零件变斜角面

③ 采用 3 坐标数控铣床 2 坐标联动，利用球头铣刀或鼓形铣刀，以直线或圆弧插补方式进行分层铣削加工，加工后的残留面积用钳修方法清除。图 1-10 所示为用鼓形铣刀铣削斜角面。

（4）曲面轮廓的加工方法

① 对曲率变化不大和精度要求不高的曲面的粗加工，常用两轴半坐标的行切法加工，即 *X*、*Y*、*Z* 3 轴中任意两轴作联动插补，第 3 轴作单独的周期进给，如图 1-11 所示。

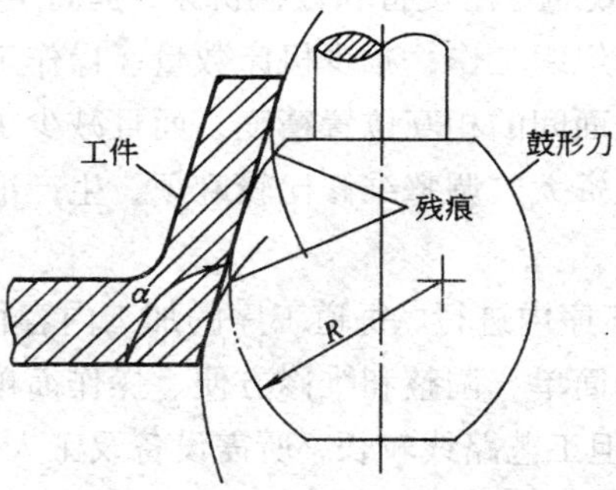

图 1-10　用鼓形铣刀分层铣变削斜角

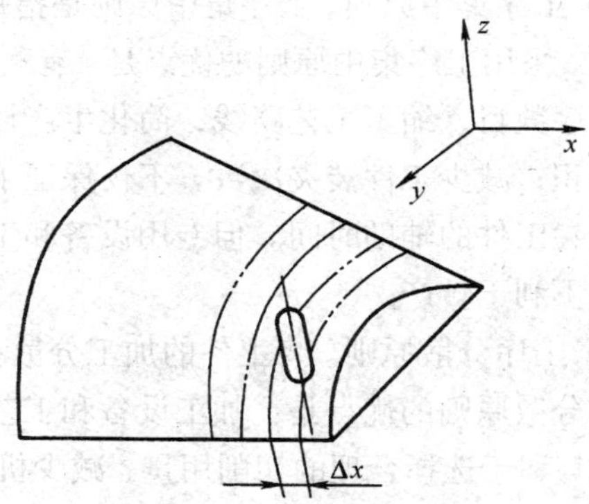

图 1-11　两轴半坐标行切法加工曲面

两轴半坐标联动加工曲面的刀心轨迹 O_1O_2 和切削点轨迹 *ab*，如图 1-12 所示。

② 对曲率变化较大和精度要求较高的曲面的精加工，常用 *Z*、*Y*、*Z* 3 坐标联动插补的行切

法加工，如图 1-13 所示。

③ 对像叶轮、螺旋桨这样的零件，因其叶片形状复杂，刀具容易与相邻表面干涉，常用 5 坐标联动加工，其加工原理如图 1-14 所示。

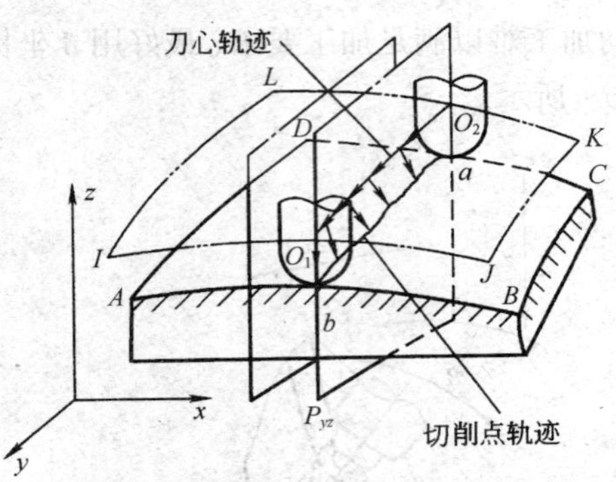

图 1-12 两轴半坐标行切法加工曲面的切削点轨迹

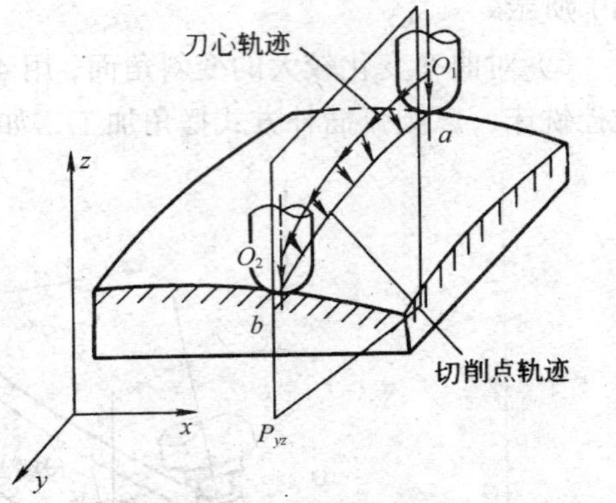

图 1-13 3 轴联动行切法加工曲面的切削点轨迹

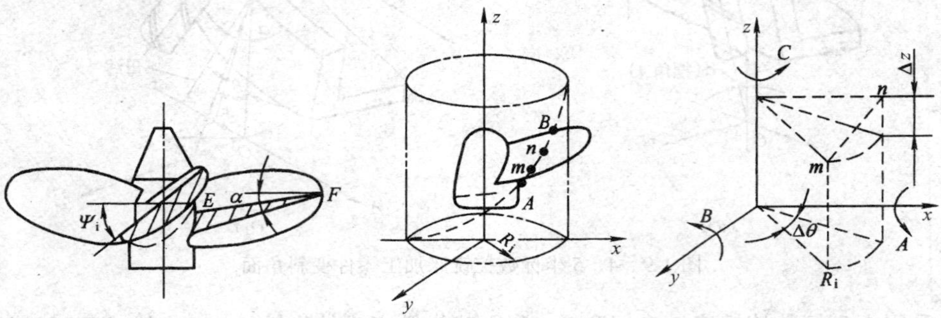

图 1-14 曲面的 5 坐标联动加工

2. 工序的划分

（1）工序划分的原则

工序划分的原则有工序集中原则和工序分散原则 2 种。

① 工序集中原则。工序集中原则是指每道工序包括尽可能多的加工内容，从而使工序的总数减少。采用工序集中原则的优点是：有利于采用高效的专用设备和数控机床，提高生产效率；减少工序数目，缩短工艺路线，简化生产计划和生产组织工作；减少机床数量、操作工人数和占地面积；减少工件装夹次数，不仅保证了各加工表面间的相互位置精度，而且减少了夹具数量和装夹工件的辅助时间。但专用设备和工艺装备投资大、调整维修比较麻烦、生产准备周期较长，不利于转产。

② 工序分散原则。将工件的加工分散在较多的工序内进行，每道工序的加工内容很少。采用工序分散原则的优点是：加工设备和工艺装备结构简单、调整和维修方便、操作简单、转产容易；有利于选择合理的切削用量、减少机动时间。但工艺路线较长，所需设备及工人人数多、占地面积大。

（2）工序划分方法

在数控机床上加工的零件，一般按工序集中原则划分工序，划分方法如下。

① 按零件装夹定位方式划分。以一次安装完成的那一部分工艺过程为一道工序。由于每个

零件结构形状不同，各表面的技术要求也有所不同，故加工时其定位方式各有差异。一般在加工外形时，以内形定位，在加工内形时，则以外形定位。因而，可根据定位方式的不同来划分工序。这种方法适合于加工内容较少的零件，加工完后就能达到待检状态。

② 按所用刀具划分。以同一把刀具加工的那一部分工艺过程为一道工序。有些零件虽然能在一次安装中加工出很多待加工表面，但考虑到程序太长，会受到某些限制，如控制系统的限制（主要是内存容量），机床连续工作时间的限制（如一道工序在一个工作班内不能结束）等。此外，程序太长会增加出错可能性与检索的困难。因此程序不能太长，一道工序的内容不能太多。

③ 按粗、精加工划分。粗加工中完成的那一部分工艺过程为一道工序，精加工中完成的那一部分工艺过程为一道工序。此时，可用不同的机床或不同的刀具顺次同步进行加工。对于加工后易发生变形的工件（如毛坯为铸件、焊接件或锻件），为减小变形，其粗、精加工的工序要分开。

④ 按加工部位划分。以完成相同型面的那一部分工艺过程为一道工序，对于加工表面多而复杂的零件（如内腔、外形、曲面或平面），可按其结构特点将加工部位划分成多道工序，并将每一部分的加工作为一道工序。

3. 加工顺序的安排

零件的加工工序通常包括切削加工工序、热处理工序和辅助工序。工序的顺序安排直接影响零件的加工质量、生产效率和加工成本。下面介绍切削加工工序的顺序安排原则。

① 基面先行原则。用作精基准的表面要首先加工，因为定位基准的表面越精确，装夹误差就越小。例如，轴类零件顶尖孔的加工。

② 先粗后精原则。零件各表面的加工顺序按照先粗加工，再半精加工，最后精加工和光整加工的顺序依次进行，逐步提高表面的加工精度和减小表面粗糙度。

③ 先主后次原则。零件的装配基面和主要工作表面应先加工，次要表面可穿插加工。由于次要表面加工工作量小，且又常与主要表面有位置精度要求，所以一般在主要表面半精加工之后精加工之前进行。

④ 先面后孔原则。对于箱体、支架、底座等零件，应先加工用作定位的平面和孔的端面，再加工孔和其他尺寸。这样可使工件定位夹紧可靠，有利于保证孔与平面的位置精度，减小刀具的磨损，特别是钻孔，孔的轴线不易偏斜。

4. 确定走刀路线和工步顺序

走刀路线是刀具在整个加工工序中相对于工件的运动轨迹。走刀路线是指刀具从对刀点开始运动起，至程序加工结束所经过的路径，包括切削加工的路径和刀具切入、切出等非切削的空行程。它不但包括了工步的内容，而且也反映出工步的顺序。设计好走刀路线是编制合理的加工程序的前提条件之一。

数控铣削加工走刀路线的设计主要遵循以下原则：

① 保证零件的加工精度和表面粗糙度的要求；

② 提高加工效率。

在确定走刀路线时，针对数控铣床的特点，应重点考虑以下几个方面。

（1）保证零件的加工精度和表面粗糙度

① 最终轮廓一次走刀完成。为保证工件轮廓表面加工后的粗糙度要求，最终轮廓应安排在最后一次走刀中连续加工出来。图 1-15（a）所示为用行切法加工内腔的走刀路线，这种走刀能切除内腔中的全部余量，不留死角，不伤轮廓。但行切法将在两次走刀的起点和终点间留下残留高度，而达不到要求的表面粗糙度，所以采用图 1-15（b）所示的走刀路线，先用行切法，最后沿周向环切一刀，光整轮廓表面，能获得较好的效果。图 1-15（c）所示也是一种较好的走刀路线方式。

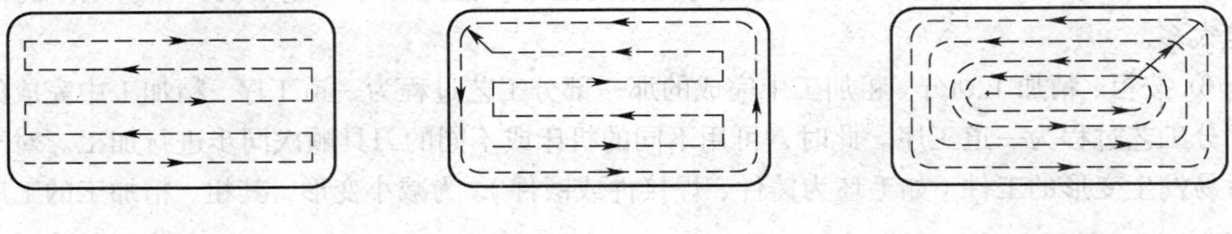

（a）路线 1　　（b）路线 2　　（c）路线 3

图 1-15　铣削内腔的 3 种走刀路线

② 选择切入切出方向。铣削零件轮廓时，为保证零件的加工精度与表面粗糙度要求，避免在切入切出处产生刀具的刻痕，设计刀具切入切出路线时应避免沿零件轮廓的法向切入切出。切入工件时沿切削起始点延伸线或切线方向逐渐切入工件，保证零件曲线的平滑过渡。同样，在切离工件时，也应避免在切削终点处直接抬刀，要沿着切削终点延伸线或切线方向逐渐切离工件。

铣削平面零件外轮廓时，一般采用立铣刀侧刃切削。刀具切入工件时，应避免沿零件轮廓的法线切入，而应沿外廓曲线延长线切入，如图 1-16（a）所示。

铣削封闭的内轮廓表面时，若内轮廓曲线允许外延，则应沿切线方向切入切出。若内轮廓曲线不允许外延，刀具只能沿内轮廓曲线的法向切入、切出，此时刀具的切入、切出点应尽量选在内轮廓曲线两几何元素的交点处，如图 1-16（b）所示。

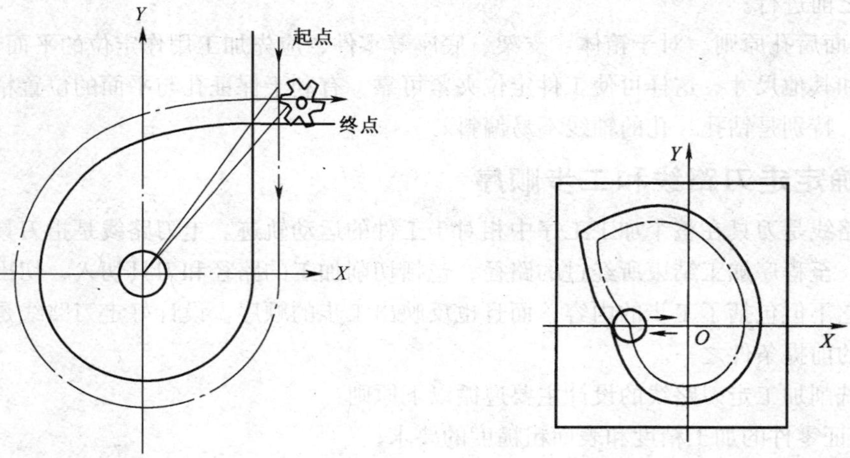

（a）外轮廓　　（b）内轮廓

图 1-16　刀具切入和切出时的外延

如图 1-17（a）所示，切削外圆凸台时，使用与圆相切的切入切出直线段，切入路线为 1—2—3—4—5；如图 1-17（b）所示，铣削内圆轮廓的进给路线为 1—2—3—4—5，R_1 为零件圆弧轮廓半径，R_2 为过渡圆弧半径。

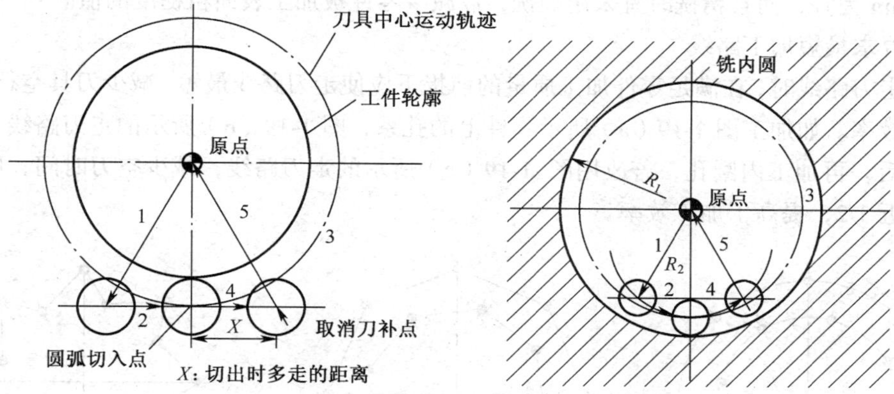

（a）铣削外圆凸台　　（b）铣削内圆轮廓

图 1-17　铣削圆的切入和切出路线

铣削内槽时除选择刀具圆角半径符合内槽的图纸要求外，为保证零件的表面粗糙度，同时又使进给路线短，可先用行切法切去中间部分余量，最后用环切法切一刀，既能使总的进给路线短，又能获得较好的表面粗糙度。

此外，轮廓加工中应避免进给停顿，因为加工过程中的切削力会使工艺系统产生弹性变形并处于相对平衡状态，进给停顿时，切削力突然变小，会改变系统的平衡状态，刀具会在进给停顿处的零件轮廓上留下刀痕，影响零件的表面质量。

③ 避免机械进给系统反向间隙对加工精度的影响。数控机床长期使用或由于本身传动系统结构上的原因，有可能存在反向间隙误差，反向间隙误差会影响坐标轴定位精度，而定位精度的高低在孔群加工时，不但影响各孔之间中心距，还会由于定位精度不高，造成加工余量不均匀，引起几何形状误差。如果在加工过程中刀具不断地改变趋近方向，就会把坐标轴反向间隙带入加工中，造成定位误差增加。故对于孔定位精度要求较高的零件，在安排进给路线时，应避免机械进给系统的反向间隙对加工精度的影响。如图 1-18 所示，在确定将刀具快速定位运动到孔中心线的位置加工路线时，若按照图 1-18（a）所示来设计进给路线，即 1—2—3—4，则由于 4 孔与 1、2、3 孔的定位方向相反，Y 向反向间隙会使定位误差增加，从而影响 4 孔与其他孔的位置精度。若按照图 1-18（b）所示来设计进给路线，加工完 3 孔后往上移动一段距离至 P 点，然后再折回来在 4 孔处进行定位加工，这样方向一致，就可避免反向间隙引入，提高了 4 孔的定位精度。

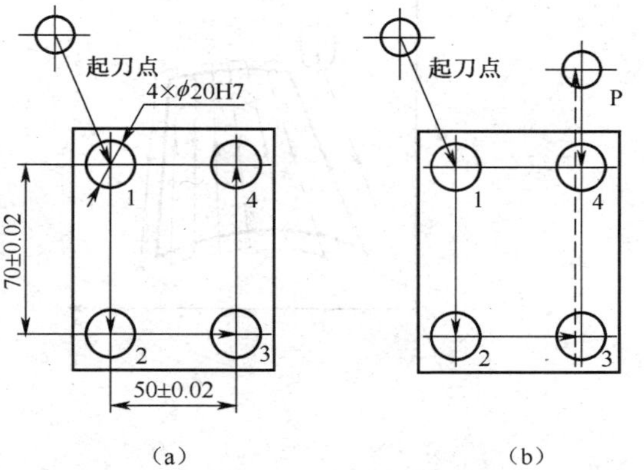

（a）　　（b）

图 1-18　镗孔加工路线

④ 选择使工件在加工后变形小的路

线。对横截面积小的细长零件或薄板零件应采用分几次走刀加工到最后尺寸或对称去除余量法安排走刀路线。安排工步时，应先安排对工件刚性破坏较小的工步。

为提高工件表面的精度和减小表面粗糙度，可以采用多次走刀的方法，精加工余量一般以0.2～0.5 mm 为宜，而且精铣时宜采用顺铣，以减少零件被加工表面粗糙度的值。

（2）寻求最短加工路线

确定走刀路线时，在满足零件加工质量的前提下应使走刀路线最短，减少刀具空行程时间，提高生产效率。如加工图 1-19（a）所示零件上的孔系，图 1-19（b）所示的走刀路线为先加工完外圈孔后，再加工内圈孔，若改用图 1-19（c）所示的走刀路线，减少空刀时间，则可节省定位时间近 1/2，提高了加工效率。

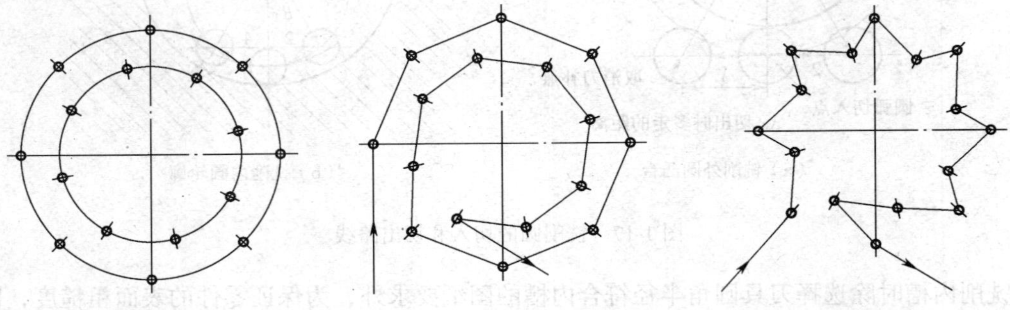

（a）零件图样　　（b）路线 1　　（c）路线 2

图 1-19　最短走刀路线的设计

（3）铣削曲面的加工路线

铣削曲面时，常用球头刀采用“行切法”进行加工。所谓行切法是指刀具与零件轮廓的切点轨迹是一行一行的，而行间的距离是按零件加工精度的要求确定的。对于边界敞开的曲面加工，可采用两种加工路线。如图 1-20 所示，对于发动机大叶片，当采用图 1-20（a）所示的加工方案时，每次沿直线加工，刀位点计算简单，程序少，加工过程符合直纹面的形成，可以准确保证母线的直线度。当采用图 1-20（b）所示的加工方案时，符合这类零件数据给出情况，便于加工后检验，叶形的准确度高，但程序较多。由于曲面零件的边界是敞开的，没有其他表面限制，所以曲面边界可以延伸，球头刀应由边界外开始加工。

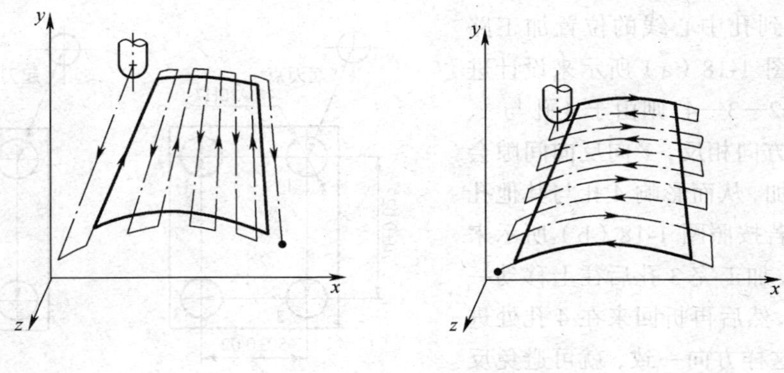

（a）　　（b）

图 1-20　曲面加工的加工路线

（4）顺铣和逆铣对加工影响

在铣削加工中，采用顺铣还是逆铣方式是影响加工表面粗糙度的重要因素之一。逆铣时切削力 F 的水平分力 F_X 的方向与进给运动 V_f 方向相反，顺铣时切削力 F 的水平分力 F_X 的方向与进给运动 V_f 的方向相同。铣削方式的选择应视零件图样的加工要求，工件材料的性质、特点以及机床、刀具等条件综合考虑。通常，由于数控机床传动采用滚珠丝杠结构，其进给传动间隙很小，顺铣的工艺性就优于逆铣。

图 1-21（a）所示为采用顺铣切削方式精铣外轮廓，图 1-21（b）所示为采用逆铣切削方式精铣型腔轮廓，图 1-21（c）所示为顺、逆铣时的切削区域。

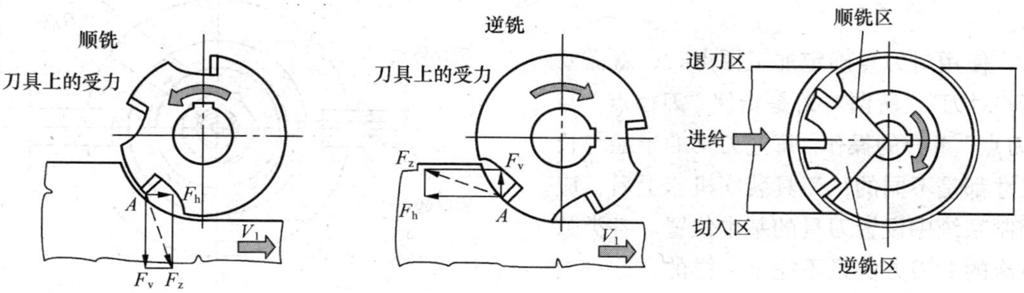

（a）顺铣　（b）逆铣　（c）切入和退刀区

图 1-21　顺铣和逆铣切削方式

同时，为了降低表面粗糙度值，提高刀具耐用度，对于铝镁合金、钛合金、耐热合金等材料，尽量采用顺铣加工。但如果零件毛坯为黑色金属锻件或铸件，表皮硬而且余量一般较大，这时采用逆铣较为合理。

以上分析了数控加工中常用的加工路线，实际生产中，加工路线的确定要根据零件的具体结构特点，综合考虑、灵活运用。而确定加工路线的总原则是：在保证零件加工精度和表面质量的条件下，尽量缩短加工路线，以提高生产率。

5. 对刀点与换刀点的确定

（1）对刀点

对刀点是指通过对刀确定刀具与工件相对位置的基准点。对于数控机床来说，在加工开始时，确定刀具与工件的相对位置是很重要的，这一相对位置是通过确认对刀点来实现的。对刀点可以设置在被加工零件上，也可以设置在夹具上与零件定位基准有一定尺寸联系的某一位置，有时对刀点就选择在零件的加工原点。对刀点的选择原则如下。

① 所选的对刀点应使程序编制简单。

② 对刀点应选择在容易找正、便于确定零件加工原点的位置。

③ 对刀点应选在加工时检验方便、可靠的位置。

④ 对刀点的选择应有利于提高加工精度。

例如，加工如图 1-22 所示零件时，当按照图示路线来编制数控加工程序时，选择夹具定位元件圆柱销的中心线与定位平面 A 的交点作为加工的对刀点。显然，这里的对刀点也恰好是加工原点。

（2）刀位点

刀位点是指刀具的定位基准点。在进行数控加工编程时，往往是将整个刀具浓缩视为一个点，那就是刀位点。它是在刀具上用于表现刀具位置的参照点。一般来说，立铣刀、端铣刀的刀位点是刀具轴线与刀具底面的交点；球头铣刀的刀位点是球头的球心点或球头顶点；镗刀、车刀的刀位点为刀尖或刀尖圆弧中心；钻头的刀位点是钻尖或钻头底面中心；线切割的刀位点则是线电极的轴心与零件面的交点。常见刀具的刀位点如图 1-23 所示。

在使用对刀点确定加工原点时，就需要进行“对刀”。所谓对刀是指使“刀位点”与“对刀点”重合的操作。每把刀具的半径与长度尺寸都是不同的，刀具装在机床上后，应在控制系统中设置刀具的基本位置。各类数控机床的对刀方法是不完全一样的，这一内容将结合各类数控机床操作分别讨论。

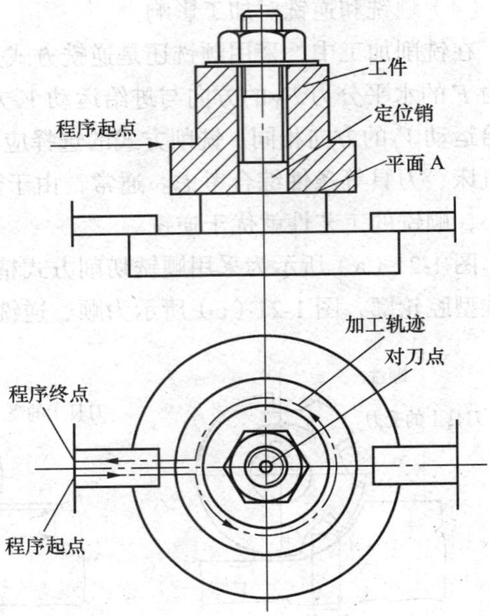

图 1-22　对刀点

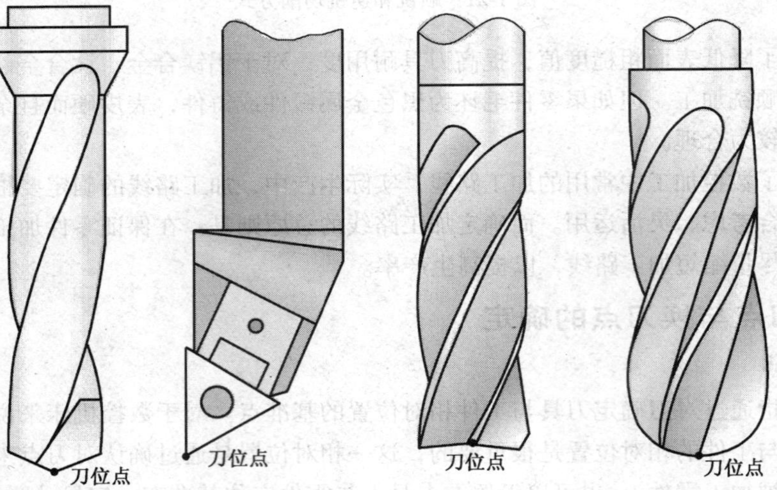

（a）钻头的刀位点　（b）车刀的刀位点　（c）圆柱铣刀的刀位点　（d）球头铣刀的刀位点

图 1-23　刀位点

（3）换刀点

换刀点是指刀架转位换刀时的位置。换刀点可以是某一固定点（如加工中心，其换刀机械手的位置是固定的），也可以是任意的一点（如数控车床）。为防止换刀时碰伤零件及其他部件，换刀点常常设置在被加工零件或夹具的轮廓之外，并留有一定的安全量。

（四）数值计算

根据被加工零件图的要求，按照已经确定的加工工艺路线和允许的编程误差，计算机床数控系统所需要输入的数据，称为数值计算。

数值计算一般包括以下两个内容。

① 根据零件图样给出的形状、尺寸、公差等，直接通过数学方法，计算出编程时所需要的有关各点的坐标值；

② 当按照零件图样给出的条件不能直接计算出编程所需的坐标，也不能按零件给出的条件直接进行工件轮廓几何要素的定义时，就必须根据所采用的具体工艺方法、工艺装备等加工条件，对零件原图形及有关尺寸进行必要的数学处理或改动，才可以进行各点的坐标计算和编程工作。

1. 基点和节点的坐标计算

零件的轮廓是由直线、圆弧、二次曲线等几何要素组成的，各几何要素之间的连接点称为基点。如两直线的交点、直线与圆弧或圆弧与圆弧的交点或切点、圆弧与其他二次曲线的交点或切点等。基点坐标是编程中必需的重要数据，如图 1-24 所示。

如果零件的轮廓是由直线和圆弧以外的其他曲线构成的，而数控系统又不具备该曲线的插补功能时，就需要进行一定的数学处理。数学处理的方法是：将构成零件的轮廓曲线，按数控系统插补功能的要求，在允许的编程误差的条件下，用若干直线段或圆弧段去逼近零件轮廓非圆曲线，这些逼近线段与被加工曲线的交点或切点称为节点。如图 1-25 所示，对图中曲线用直线逼近时，其交点 A、B、C、D、E、F 等即为节点。

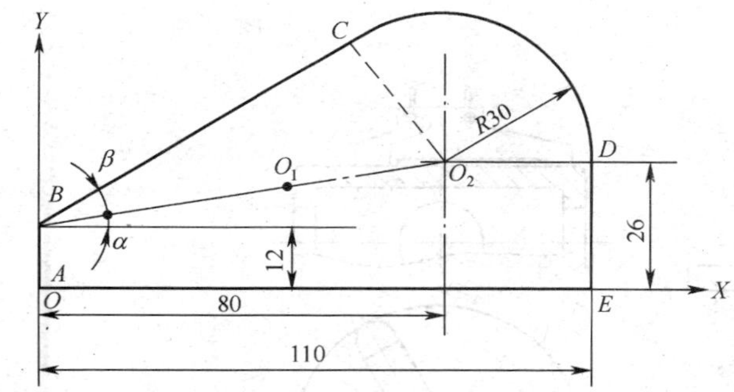

图 1-24　零件轮廓的基点

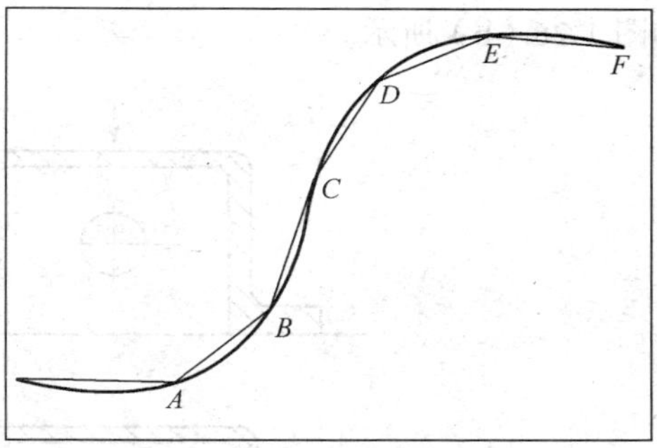

图 1-25　零件轮廓的节点

在编程时，一般按节点划分程序段，节点多少是由逼近线段的数目决定的。逼近线段的近似区间越大，则节点数越少，程序段也会越少，但逼近误差δ应小于或等于编程允许误差$\delta_{允}$。考虑到工艺系统及计算误差的因素，一般取编程允许误差$\delta_{允}$为零件公差的 1/5～1/10。

2. 刀位点轨迹的计算

刀位点是标志刀具所处不同位置的坐标点，不同类型的刀具其刀位点不同，数控系统从对刀点开始控制刀位点运动，并由刀具的切削刃加工出所要求的零件轮廓，零件的轮廓形状是通过刀具切削刃进行切削形成的。对于刀具半径补偿功能的数控机床，只要在编写程序时，在程序的适当位置写入建立刀具补偿的有关指令，就可以保证在加工过程中，使刀位点按一定的规则自动偏离编程轨迹，达到正确加工的目的。这时可直接按零件轮廓的形状，计算各基点和节点坐标，并作为编程时的坐标数据。

对于没有刀具半径补偿功能的数控机床，编程时，需按刀具的刀位点轨迹计算基点和节点坐标值，作为编程时的坐标数据，按零件轮廓的等距线编程。

（五）零件的定位与装夹方式的选择

1. 定位与夹紧方案的选择

在数控机床上加工零件时，定位安装的基本原则与普通机床相同，也要合理选择定位基准和夹紧方案。为提高数控机床的效率，在确定定位基准与夹紧方案时应主要考虑以下几个方面。

① 尽可能使设计基准、工艺基准与编程计算基准统一，以减小基准不重合误差和数控编程中的计算工作量。

② 减少装夹次数，尽可能在一次装夹后能加工出全部或大部分的待加工表面，以提高加工效率和保证加工精度。

③ 避免采用占机人工调整时间长的装夹方案。

④ 夹紧力的作用点应落在工件刚性较好的部位。保持最小的夹紧变形。工件在加工时，切削力大，需要的夹紧力也大，必须慎重选择夹具的支撑点，使夹紧力的方向和作用点落在定位元件的支承范围内，靠近支承元件的几何中心或工件加工表面，并应施加于工件刚性较好的方向和部位，不能把工件夹压变形。如果采取了相应措施，仍不能控制零件变形，只能将粗、精加工分开，或粗、精加工采用不同的夹紧力。

装夹如图 1-26 所示的薄壁箱体时，夹紧力不应作用在箱体的顶面，而应作用在刚性较好的凸边上，如图 1-26（a）所示，或改为在顶面上 3 点夹紧，改变着力点位置，以减小夹紧变形，如图 1-26（b）所示。

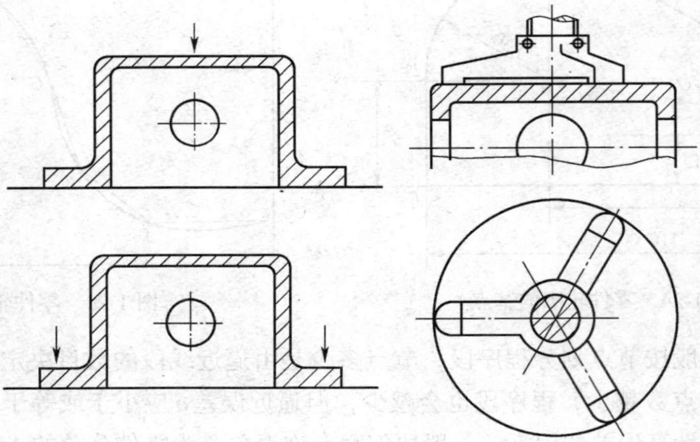

（a）　　　　（b）

图 1-26　夹紧力作用点与夹紧变形的关系

2. 选择夹具的基本原则

数控加工的特点对夹具提出了 2 个基本要求：一是要保证夹具的坐标方向与机床的坐标方向相对固定；二是要能协调零件和机床坐标系的尺寸关系。除此之外，还要考虑以下几点。

① 尽量采用组合夹具、通用夹具，避免采用专用夹具。夹具结构应力求简单。数控铣床和加工中心上加工零件大都采用工序集中的原则，加工的部位较多，同时批量较小，零件更换周期短，故夹具的标准化、通用化和自动化对提高加工效率及降低加工成本都有很大影响。因此，对批量小的零件优先采用组合夹具。对形状简单的单件小批量零件，可采用通用夹具，如三爪

卡盘、虎钳等。只有在批量大、加工精度要求较高的情况下才设计专用夹具，以保证加工精度和提高装夹效率。

② 零件的装卸要快速、方便、可靠，以缩短机床的停顿时间，减少辅助时间。

③ 夹紧机构或其他元件不得影响进给，加工部位要敞开，避免加工路径中刀具与夹具元件发生干涉。

④ 为提高数控加工效率，批量较大的零件加工可采用气动或液压夹具、多工位夹具。

⑤ 为满足数控加工精度，要求夹具定位、夹具精度高。

此外，为提高数控加工的效率，在成批生产中，还可采用多位、多件夹具。例如，在数控铣床或立式加工中心的工作台上，可安装一块与工作台大小一样的平板，既可用它作为大工件的基础板，也可将它作多个中小工件的公共基础板，依次加工并排装夹的多个中小工件。

（六）数控铣削加工常用刀具及选用

1. 数控铣削对刀具的要求

数控机床具有加工精度高、加工效率高、加工工序集中和零件装夹次数少的特点，对所使用的数控刀具提出了更高的要求。从刀具性能上讲，数控刀具应高于普通机床所使用的刀具。

① 高刚度、高强度。为提高生产效率，往往采用高速、大切削用量的加工，因此数控铣削采用的刀具应具有能承受高速切削和强力切削所必需的高刚度、高强度。

② 切削性能好。为适应刀具在粗加工或对难加工材料的工件加工时能采用大的背吃刀量和高进给量，刀具应具有能够承受高速切削和强力切削的性能。同时，同一批刀具在切削性能和刀具寿命方面一定要稳定，以便实现按刀具使用寿命换刀或由数控系统对刀具寿命进行管理。

③ 精度高。随着对加工零件的精度要求越来越高和自动换刀等要求，对数控铣削刀具的形状精度和尺寸精度的要求也在不断提高，如刀柄、刀体和刀片必须具有很高的精度才能满足高精度加工的要求，如有的整体式立铣刀的径向尺寸精度高达 0.005 mm。

④ 可靠性高。要保证数控加工中不会发生刀具意外损伤及潜在缺陷而影响到加工的顺利进行，要求刀具及与之组合的附件必须具有很好的可靠性及较强的适应性。

⑤ 耐用度高。数控刀具耐用度低、磨损较快，会影响工件的表面质量与加工精度，使工作表面留下因对刀误差而形成的接刀台阶，而且会增加换刀引起的调刀与对刀次数。所以数控加工的刀具，不论在粗加工或精加工中，都应具有比普通机床加工所用刀具更高的耐用度，以尽量减少更换或修磨刀具及对刀的次数，从而提高数控机床的加工效率和保证加工质量。

⑥ 数控刀具应能快速更换。数控刀具应能与数控机床快速、准确地接合和脱开，并能适应机械手和机器人的操作，要求刀具互换性好、更换迅速、尺寸调整方便、安装可靠，以减少因更换刀具而造成的时间停顿。刀具的尺寸应能借助对刀仪在机外进行调整，以减少换刀调整的停机时间。

⑦ 断屑及排屑性能好。数控加工中，断屑和排屑不像普通机床加工那样能及时由人工处理，切屑易缠绕在刀具和工件上，会损坏刀具和划伤工件已加工表面，甚至会发生伤人和设备事故，影响加工质量和机床的安全运行，所以要求刀具具有较好的断屑和排屑性能。

2. 铣削刀具材料

金属切削刀具材料的开发和机床的发展是相辅相成的。随着机床主轴转速、主轴精度的提高、功率的增大及机床刚性的增加，刀具材料从碳素工具钢发展到今天的硬质合金和超硬材料（如陶瓷、立方氮化硼、聚晶金刚石等），同时由于新的工程材料（如耐磨、耐热、超轻、高强度、纤维等）不断出现，也对切削刀具材料的发展起到了促进作用。

目前金属切削加工中应用的刀具材料主要分为高速钢、硬质合金、陶瓷、立方氮化硼和聚晶金刚石 5 类，目前数控加工中用得最普遍的刀具是硬质合金刀具。

（1）硬质合金

硬质合金是数控加工刀具最常用的材料，它是由难熔金属碳化物（如 TiC、WC、NbC 等）和金属粘结剂（如 Co、Ni 等）经粉末冶金方法制成。国产普通硬质合金按其化学成分的不同，可分为以下 4 类。

① 钨钴类（WC+Co）。合金代号为 YG，对应于国际标准 K 类，适合切削短切屑的黑色金属、有色金属和非金属材料。此合金钴含量越高，韧性越好，适于粗加工；钴含量低的，适于精加工。

② 钨钛钴类（WC+TiC+Co）。合金代号为 YT，对应于国际 P 类，此类合金有较高的硬度和耐热性，主要用于加工长切屑的钢件等塑性材料。合金中 TiC 含量高，则耐磨性和耐热性提高，但强度降低。因此粗加工一般选择 TiC 含量少的牌号，精加工选择含量多的牌号。

③ 钨钛钽（铌）钴类（WC+ TiC + TaC(NbC)+Co）。合金代号为 YW，对应于国际 M 类。此类硬质合金不但适用于加工冷硬铸铁、有色金属及合金的半精加工，也能用于高锰钢、淬火钢、合金钢及耐热合金钢的半精加工和精加工。

④ 碳化钛基类（WC+TiC+Ni+Mo）。合金代号为 YN，对应于国际 P01 类。一般用于精加工和半精加工，对于大而长且加工精度较高的零件尤其适合，但不适于有冲击载荷的粗加工和低速加工。

（2）特殊刀具材料

① 陶瓷刀具。陶瓷刀具材料主要由硬度和熔点都很高的 Al_2O_3、Si_3N_4 等氧化物、氮化物组成，另外还有少量的金属碳化物、氧化物等添加剂，通过粉末冶金工艺方法压制烧结而成。常用的陶瓷刀具有两种：Al_2O_3 基陶瓷和 Si_3N_4 基陶瓷。

陶瓷刀具的优点是有很高的硬度和耐磨性，硬度达 91～95 HRA，耐磨性是硬质合金的 5 倍；刀具寿命比硬质合金高；具有很好的热硬性，当切削温度达到 760℃时，具有 87 HRA（相当于 66 HRC）硬度，温度达到 1 200℃时，仍能保持 80 HRA 的硬度；摩擦系数低，切削力比硬质合金小，用该类刀具加工时能提高被加工件的表面光洁度。

因陶瓷的缺点是脆性大，所以陶瓷刀具强度和韧性差，热导率低。此类刀具一般用于高速精细加工硬材料。

② 金刚石刀具。金刚石具有极高的硬度。现用的金刚石刀具有 3 类：天然金刚石刀具、人造聚晶金刚石刀具、复合聚晶金刚石刀具。

金刚石刀具的优点是：具有极高的硬度和耐磨性，人造金刚石显微硬度达 10 000 HV，耐磨性是硬质合金的 60～80 倍；切削刃锋利，能实现超精密微量加工和镜面加工；有很高的导热性。

金刚石刀具的缺点是耐热性差，强度低，脆性大，对震动很敏感。

此类刀具主要用于高速条件下精细加工有色金属及其合金和非金属材料。

③ 立方氮化硼刀具。立方氮化硼（简称 CBN）是由六方氮化硼为原料在高温高压下合成的。

CBN 刀具的主要优点是硬度高，其硬度仅次于金刚石，热稳定性好，有较高的导热性和较小的摩擦系数。缺点是强度和韧性较差，抗弯强度仅为陶瓷刀具的 1/5～1/2。

CBN 刀具适用于加工高硬度淬火钢、冷硬铸铁和高温合金材料。它不宜加工塑性大的钢件和镍基合金，也不适合加工铝合金和铜合金，通常采用负前角的高速切削。

（3）涂层刀具

涂层刀具是在韧性较好的硬质合金基体上或高速钢刀具基体上，涂覆一层耐磨性较高的难熔金属化合物而制成。常用的涂层材料有 TiC、TiN、Al_2O_3 等，TiC 的硬度比 TiN 高，抗磨损性能好。不过 TiN 与金属亲和力小，在空气中抗氧化能力强。因此，对于摩擦剧烈的刀具，宜采用 TiC 涂层，而在容易产生粘接条件下，宜采用 TiN 涂层刀具。

涂层可以采用单涂层和复合涂层，如 TiC-TiN、TiC-Al_2O_3、TiC-TiN-Al_2O_3 等。涂层厚度一般在 5～8 μm，它具有比基体高得多的硬度，表层硬度可达 2 500～4 200 HV。

涂层刀具具有高的抗氧化性能和抗粘接性能，因此具有较高的耐磨性。涂层摩擦系数较低，可降低切削时的切削力和切削温度，提高刀具耐用度，高速钢基体涂层刀具耐用度可提高 2～10 倍，硬质合金基体刀具耐用度可提高 1～3 倍。加工材料硬度愈高，涂层刀具效果愈好。

3. 数控铣削刀具的选用

选择数控刀具时，首先应优先选用标准刀具，必要时才可选用各种高效率的复合刀具及特殊的专用刀具。在选择标准数控刀具时，应结合实际情况，尽可能选用各种先进刀具，如可转位刀具、整体硬质合金刀具、陶瓷刀具等。

在数控铣削加工时使用的刀具主要为铣刀，包括面铣刀、立铣刀、球头铣刀、三面刃盘铣刀、环形铣刀等，除此以外还有各种孔加工刀具，如钻头（锪钻、铰刀、镗刀等）、丝锥等。这里主要介绍在数控铣削时常用的铣刀。

（1）面铣刀

面铣刀主要用于加工较大的平面。如图 1-27 所示，面铣刀的圆周表面和端面上都有切削刃，圆周表面上的切削刃为主切削刃，端面切削刃为副切削刃。可用于立式铣床或卧式铣床上加工台阶面和平面，生产效率高。

图 1-27　面（盘）铣刀

面铣刀多制成套式或镶齿结构，刀齿材料为高速钢和硬质合金钢。刀体为 40Gr，与高速钢相比，硬质合金面铣刀的铣削速度较高，可获得较高的加工效率和加工表面质量，并可加工带有硬皮和淬硬层的工件，故得到广泛应用。目前，应用较广的是可转位硬质合金面铣刀。

标准可转位式面铣刀的直径已经标准化，采用公比 1.25 的标准直径系列：16 mm、20 mm、25 mm、32 mm、40 mm、50 mm、63 mm、80 mm、100 mm、125 mm、160 mm、200 mm、250 mm、315 mm、400 mm、500 mm、630 mm。选择面铣刀直径时主要需考虑刀具所需功率应在机床功率范围之内，也可将机床主轴直径作为选取的依据，面铣刀直径可按 D=1.5 d（d 为主轴直径）选取。在批量生产时，也可按工件切削宽度的 1.6 倍选择刀具直径。粗铣时，铣刀直径要小些，因为粗铣切削力大，选小直径铣刀可减小切削扭矩。精铣时，铣刀直径要选大些，尽量包容工件整个加工宽度，以提高加工精度和效率，并减小相邻两次进给之间的接刀痕迹。

（2）立铣刀

立铣刀是数控加工中用的最多的一种铣刀，主要用于加工凹槽较小的台阶面以及平面轮廓。如图 1-28 所示，立铣刀的圆柱表面和端面上都有切削刃，它们既可以同时进行切削，也可以单独进行切削。圆柱表面的切削刃为主切削刃，端面上的切削刃为副切削刃。副切削刃主要用来加工与侧面垂直的底平面，普通立铣刀的端面中心处无切削刃，故一般不宜作轴向进给。

立铣刀直径的选择主要应考虑工件加工尺寸的要求，并保证刀具所需功率在机床额定功率范围以内。如系小直径立铣刀，则应主要考虑机床的最高转速能否达到刀具的最低切削速度（60 m/min）。

（3）球头铣刀

球头铣刀的结构特点是球部布满切削刃，圆周刃与球部刃圆弧连接，可以作径向和轴向进给。加工曲面类零件时，为了保证刀具切削刃与加工轮廓在切削点相切，而避免刀刃与工件轮廓发生干涉，一般采用球头刀，粗加工用 2 刃铣刀，半精加工和精加工用 4 刃铣刀，如图 1-29 所示，为机夹式球头铣刀。

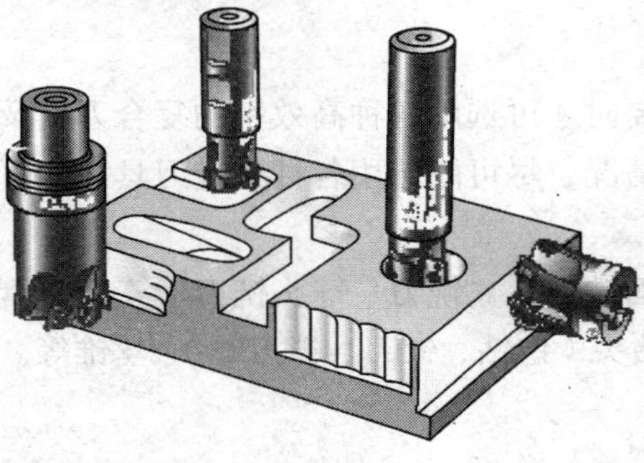

图 1-28 立铣刀

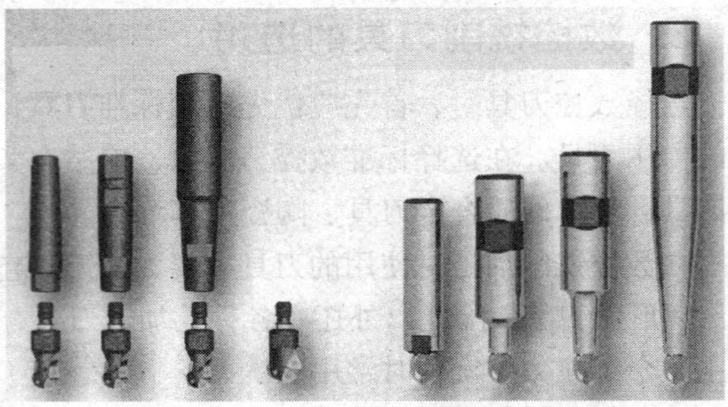

图 1-29 机夹式球头铣刀

（4）键槽铣刀

键槽铣刀主要用于加工封闭的键槽，键槽铣刀结构与立铣刀相近，圆柱表面和端面上都有切削刃，键槽铣刀只有两个齿，端面刃延至中心，既像立铣刀，又像钻头。为了保证槽的尺寸精度、一般用两刃键槽铣刀。加工时，先沿轴向进给达到键槽深度，然后沿键槽方向铣出键槽全长，键槽铣刀如图 1-30 所示。刀的直径和宽度应根据加工工件尺寸选择，并保证其切削功率在机床允许的功率范围之内。

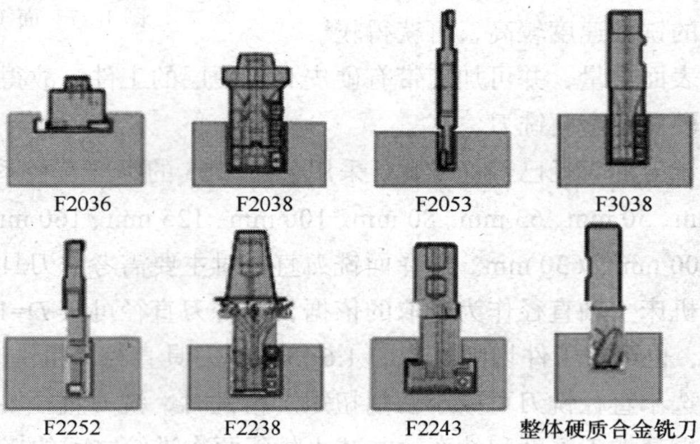

图 1-30 键槽铣刀

按国家标准规定，直柄键槽铣刀直径 d=2～22 mm，锥柄键槽铣刀直径 d=14～50 mm。键槽铣刀直径的偏差有 $e8$ 和 $d8$ 两种。键槽铣刀的周围切削刃仅在靠近端面的一小段长度内发生磨损。重磨时，只需刃磨端面切削刃，因此重磨或续道直径不变。

（5）鼓形铣刀

图 1-31 所示为一种典型的鼓形铣刀，它的切削刃分布在半径为 R 的圆弧上，端面无切削刃。加工时控制刀具上下位置，相应改变刀刃的切削部位（见图 1-32），可以在工件上切出从负到正的不同斜角，R 越小，鼓形铣刀所能加工的斜角范围越广，但所获得的表面质量也越差。这种刀具的特点是刃磨困难，切削条件差，而且不适于加工有底的轮廓表面。

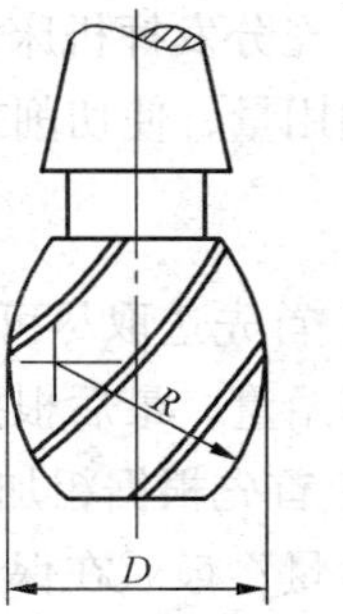

图 1-31　鼓形铣刀

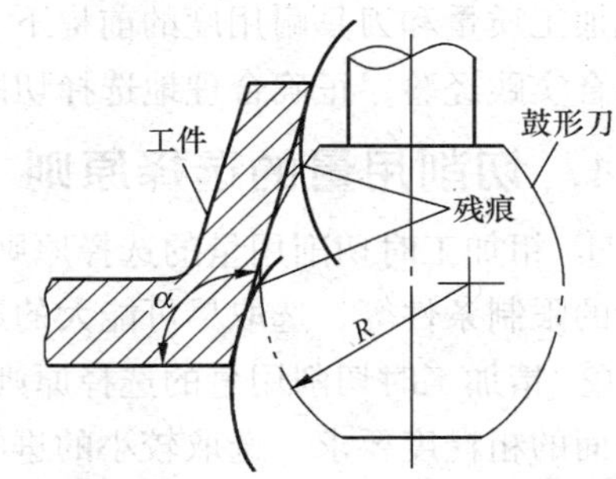

图 1-32　用鼓形铣刀分层铣削变斜角面

（6）成形刀具

成形铣刀一般是为特定形状的工件或加工内容专门设计制造的，如渐开线齿面、燕尾槽和 T 形槽等。常用成形铣刀如图 1-33 所示。

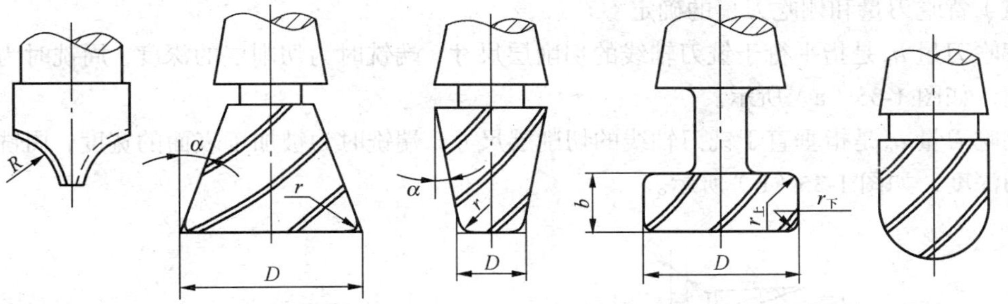

图 1-33　几种常用的成形铣刀

除了上述几种类型铣刀外，数控铣床也可使用各种通用铣刀。但因不少数控铣床的主轴内有特殊的拉刀装置，或因主轴内锥孔有别，需配过渡套和拉钉。

如图 1-34 所示为铣削加工时工件形状和刀具形状的关系。

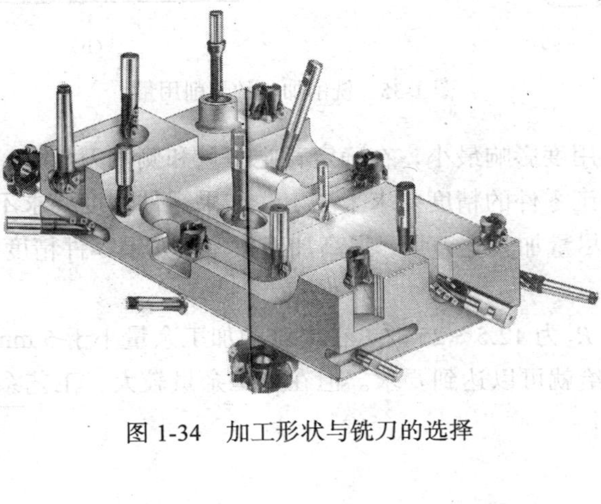

图 1-34　加工形状与铣刀的选择

（七）数控铣削加工切削用量选用

切削用量主要包括主轴转速（切削速度）、进给量（进给速度）和背吃刀量。切削用量的大小直接影响机床性能、刀具磨损、加工质量和生产效率。数控加工中选择切削用量时，就是在保证加工质量和刀具耐用度的前提下，充分发挥机床性能和刀具切削性能，查阅切削用量手册并结合实践经验，正确合理地选择切削用量，使切削效率最高，加工成本最低。

1. 切削用量的选择原则

① 粗加工时切削用量的选择原则：首先选取尽可能大的背吃刀量；其次要根据机床动力和刚性的限制条件等，选取尽可能大的进给量；最后根据刀具耐用度确定最佳的切削速度。

② 精加工时切削用量的选择原则：首先根据粗加工后的余量确定背吃刀量；其次根据已加工表面的粗糙度要求，选取较小的进给量；最后在保证刀具耐用度的前提下，尽可能选取较高的切削速度。

编程人员在确定每道工序的切削用量时，应根据刀具的耐用度和机床说明书中的规定去选择，也可以结合实际经验用类比法确定切削用量。在选择切削用量时要充分保证刀具能加工完一个零件，或保证刀具耐用度不低于一个工作班，最少不低于半个工作班的工作时间。

2. 切削用量的选择

（1）背吃刀量和侧吃刀量的确定

背吃刀量 a_p 是指平行于铣刀轴线的切削层尺寸，端铣时为切削层的深度，周铣时为切削层的宽度，如图 1-35（a）所示。

侧吃刀量 a_e 是指垂直于铣刀轴线的切削层尺寸，端铣时为被加工表面的宽度，周铣时为切削层的深度，如图 1-35（b）所示。

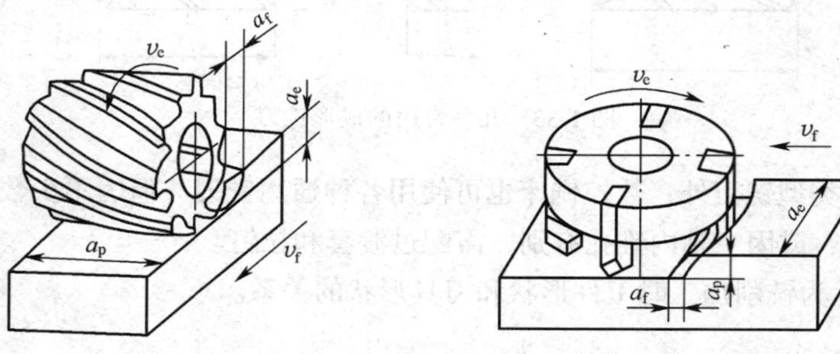

图 1-35 铣削加工的切削用量

吃刀量对刀具的耐用度影响最小，在确定背吃刀量和侧吃刀量时，要根据机床、夹具、刀具、工件的刚度和被加工零件的精度要求来决定。如果零件精度要求不高，在工艺系统刚度允许和机床动力范围内，尽量加大吃刀量，提高加工效率。如果零件精度要求高，应减小吃刀量，增加走刀次数。

当零件表面粗糙度 R_a 为 12.5～25 时，在周铣的加工余量小于 5 mm，端铣的加工余量小于 6 mm 时，粗铣一次进给就可以达到要求。但在加工余量较大，工艺系统刚度和机床动力不足时，应分两次切削完成。

当零件表面粗糙度 R_a 为 3.2～12.5 时，应分粗铣和半精铣进行切削，粗铣时吃刀量按上述要求确定，粗铣后留 0.5～1.0 mm 的加工余量，在半精铣时切除。

当零件表面粗糙度 R_a 为 0.8～3.2 时，应分粗铣、半精铣和精铣 3 步进行。半精铣的吃刀量取 1.5～2.0 mm；精铣时周铣侧吃刀量取 0.3～0.3 mm；端铣背吃刀量取 0.5～1.0 mm。

为提高切削效率，端铣刀应尽量选择较大的直径，切削宽度取刀具直径的 1/3～1/2，切削深度应大于冷硬层的厚度。

（2）进给速度的确定

进给速度 F 是刀具切削时，单位时间内工件与刀具沿进给方向的相对位移，单位为 mm/min。对于多齿刀具，其进给速度 F、刀具转速 n、刀具齿数 z 和每齿进给量 f_z 的关系为

$$F=nzf_z \tag{1-1}$$

进给速度是影响刀具耐用度的主要因素，在确定进给速度时，要综合考虑零件的加工精度、表面粗糙度、刀具及工件的材料等因素，参考切削用量手册选取。

粗加工时，主要考虑机床进给机构和刀具的强度、刚度等限制因素，根据被加工零件的材料、刀具尺寸和已确定的背吃刀量，选择进给速度。

半精加工和精加工时，主要考虑被加工零件的精度、表面粗糙度、工件和刀具的材料性能等因素的影响。工件表面粗糙度值越小，进给速度也越小；工件材料的硬度越高，进给速度也越低；工件、刀具的刚度和强度越低时，进给速度应选较小值。工件表面的加工余量大，切削进给速度应低一些。反之，工件的加工余量小，切削进给速度应高一些。常用铣刀的进给量见表 1-2。

表 1-2　铣刀每齿进给量 f_z 参考值

工件材料	f_z			
	粗　铣		精　铣	
	高速钢铣刀	硬质合金铣刀	高速钢铣刀	硬质合金铣刀
钢	0.10～0.15 mm	0.10～0.25 mm	0.02～0.05 mm	0.10～0.15 mm
铸铁	0.12～0.20 mm	0.15～0.30 mm		

（3）过切与欠切

在高速进给的轮廓加工中，当零件有圆弧或拐角时，由于惯性作用，刀具在切削时容易产生过切现象，如图 1-36（a）所示。若拐角为内凹的表面，拐角处的金属因刀具“超程”而出现过切现象。这两种现象都会使轮廓表面产生误差，从而影响加工质量。因此，在拐角较大，进给速度较高时，应在接近拐角处适当降低进给速度，在拐角后逐渐升高进给速度，以保证加工精度。低速进给速度值和低速段的长度，根据机床的动态特性和“超程”允许误差来决定。

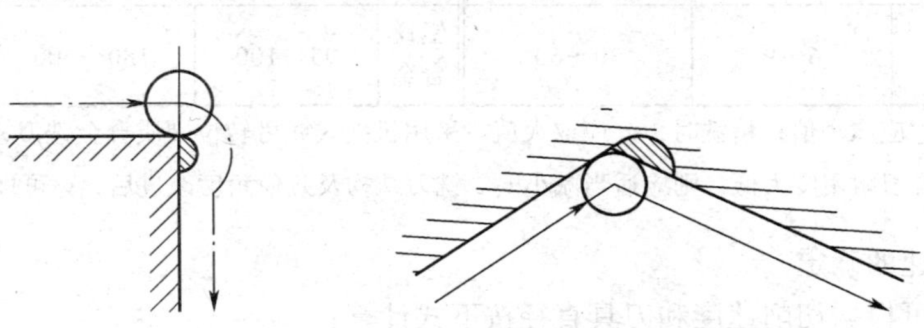

（a）欠切削　　（b）过切削

图 1-36　过切与欠切

在切削过程中，如果背吃刀量、进给速度过大，刀具或工艺系统的刚度不足，在切削力的作用下使刀具滞后而产生欠切现象。使工件上本该切除的材料少切除一些，从而产生欠切的误差，如图 1-36（b）所示。解决欠切现象的办法与过切基本相同。

（4）切削速度的确定

切削速度 v 是刀具切削刃的圆周线速度。当背吃刀量和进给量确定后，应根据刀具耐用度和机床刚度选取尽可能大的切削速度。可用经验公式计算，也可根据生产实践经验在机床说明书允许的切削速度范围内查表选取，或参考有关切削用量手册选用。在选择切削速度时，还应考虑以下几点：

① 应尽量避开积屑瘤产生的区域；

② 断续切削时，为减小冲击和热应力，要适当降低切削速度；

③ 在易发生振动的情况下，切削速度应避开自激振动的临界速度；

④ 加工大件、细长件和薄壁工件时，应选用较低的切削速度；

⑤ 加工带外皮的工件时，应适当降低切削速度。

需要强调的是切削用量的选择虽然可以查阅切削用量手册或参考有关资料确定，但是就某一个具体零件而言，通过这种方法确定的切削用量未必就非常理想，有时需要结合实际进行试切，才能确定比较理想的切削用量。因此需要在实践当中不断进行总结和完善。常用工件材料的铣削速度参考值见表 1-3。

表 1-3　各种常用工件材料的铣削速度参考值

工作材料	硬度（HB）	铣削速度 v_c（m/min）		工件材料	硬度（HB）	铣削速度 v_c（m/min）	
		高速钢铣刀	硬质合金铣刀			高速钢铣刀	硬质合金铣刀
低、中碳钢	＜220	21～40	80～150	工具钢	200～250	12～24	36～84
	225～290	15～36	60～114	灰铸铁	100～140	24～36	110～115
	300～425	9～20	40～75		150～225	15～21	60～110
高碳钢	＜220	18～36	60～132		230～290	9～18	45～90
	225～325	14～24	53～105		300～320	5～10	21～30
	325～375	9～12	36～48	可锻铸铁	110～160	42～50	100～200
	375～425	6～10	36～45		160～200	24～36	83～120
合金钢	＜220	15～36	55～120		200～240	15～24	72～110
	225～325	10～24	40～80		240～280	9～21	40～60
	325～425	6～9	30～60	铝镁合金	95～100	180～600	360～600

注：粗铣时，v_c 应取小值；精铣时，v_c 应取大值。采用机夹式或可转位硬质合金铣刀，可取较大值。经实际铣削后，如发现铣刀耐用度太低，则应适当减小 v_c。铣刀结构及几何角度改进后，v_c 可以超过表列值。

（5）主轴转速的确定

主轴转速 n 可根据切削速度和刀具直径按下式计算：

$$n=\frac{1000v_c}{\pi D} \qquad (1\text{-}2)$$

式中：n 为主轴转速，r/min；v_c 为切削速度，m/min；D 为刀具直径，mm。

三、项目实施

图 1-1 所示为平面槽形凸轮零件，其外部轮廓尺寸已经由前道工序加工完，本工序的任务是在铣床上加工槽与孔。零件材料为 HT200，其数控铣床加工工艺分析如下。

1. 零件图工艺分析

凸轮槽形内、外轮廓由直线和圆弧组成，几何元素之间关系描述清楚完整，凸轮槽侧面与 ϕ20、ϕ12 两个内孔表面粗糙度要求较高，为 R_a1.6。凸轮槽内外轮廓面和 ϕ20 孔与底面有垂直度要求。零件材料为 HT200，切削加工性能较好。

根据上述分析，凸轮槽内、外轮廓及 ϕ20、ϕ12 两个孔的加工应分粗、精加工两个阶段进行，以保证表面粗糙度要求。同时以底面 *A* 定位，提高装夹刚度以满足垂直度要求。

2. 选择加工设备

对平面槽形凸轮的数控铣削加工，一般采用 2 轴以上联动的数控铣床，因此，首先要考虑的是零件的外形尺寸和重量，使其在铣床的允许范围以内；其次，考虑数控铣床的精度是否能满足凸轮的设计要求；最后，看凸轮的最大圆弧半径是否在数控系统允许的范围之内。根据以上 3 条即可确定所要使用 2 轴以上联动的数控铣床。

3. 确定装夹方案

根据零件的结构特点，加工 ϕ20、ϕ12 两个孔时，以底面 *A* 定位（必要时可设工艺孔），采用螺旋压板机构夹紧。加工凸轮槽内外轮廓时，采用“一面两孔”方式定位，即以底面 *A* 和 ϕ20、ϕ12 两个孔为定位基准。为此，设计“一面两孔”专用夹具，在一垫块上分别精镗 ϕ20、ϕ12 两个定位销安装孔，孔距为 65 mm，垫块平面度为 0.04 mm。装夹示意如图 1-37 所示，采用双螺母夹紧，提高装夹刚性，防止铣削时振动。

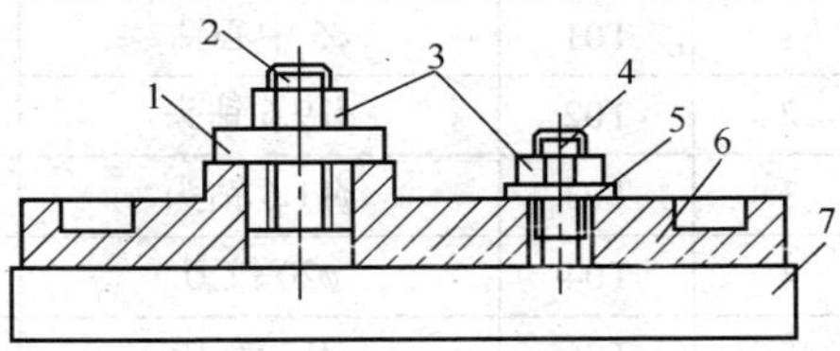

图 1-37　凸轮加工装夹示意图

1—开口垫圈　2—带螺纹圆柱销　3—压紧螺母　4—带螺纹削边销　5—垫圈　6—工作　7—垫块

4. 确定加工顺序及进给路线，确定加工顺序及走刀路线

加工顺序的拟定按照基面先行、先粗后精的原则确定。因此应先加工用作定位基准的 ϕ20、ϕ12 两个孔，然后再加工凸轮槽内外轮廓表面。为保证加工精度，粗、精加工应分开，其中 ϕ20、ϕ12 两个孔的加工采用钻孔—粗铰—精铰方案。

进给路线包括平面进给和深度进给两部分。平面进给时，外凸轮廓从切线方向切入，内凹轮廓从过渡圆弧切入。为使凸轮槽表面具有较好的表面质量，采用顺铣方式铣削，对外凸轮廓，按顺时针方向铣削，对内凹轮廓逆时针方向铣削，图 1-38 所示即为铣刀在水平面内的切入进给路线。深度进给有两种方法：一种是在 *XOZ* 平面（或 *YOZ* 平面）来回铣削逐渐进刀到既定深度；另一种是先打一个工艺孔，然后从工艺孔进刀到既定深度。

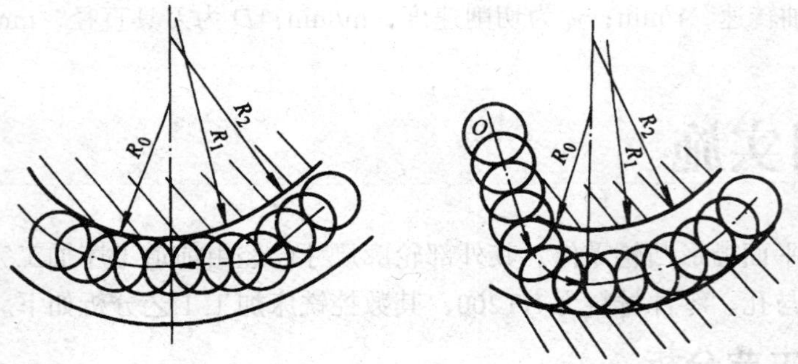

（a）直线切入外凸轮廓　　　（b）过渡圆弧切入内凹轮廓

图 1-38　平面槽形凸轮的切入进给路线

5. 刀具选择

根据零件的结构特点，铣削凸轮槽内、外轮廓（即凸轮槽两侧面）时，铣刀直径受槽宽限制，同时考虑铸铁属于一般材料，加工性能较好，取为ϕ6 mm。粗加工选用ϕ6 高速钢立铣刀，精加工选用ϕ6 硬质合金立铣刀。所选刀具及其加工表面见表 1-4 平面槽形凸轮数控加工刀具卡片。

表 1-4　　平面槽形凸轮数控加工刀具卡片

产品名称或代号	×××	产品名称或代号	零件名称	平面槽形凸轮	零件图号	X01
序号	刀具	刀具卡子			×××	
		规格名称	数量	刀长（mm）	加工表面	备注
1	T01	ϕ5 中心钻			钻 ϕ5 mm 中心孔	
2	T02	ϕ19.6 钻头	1	45	ϕ20 孔粗加工	
3	T03	ϕ11.6 钻头	1	60	ϕ12 孔粗加工	
4	T04	ϕ20 铰刀	1	45	ϕ20 孔精加工	
5	T05	ϕ12 铰刀	1	60	ϕ12 孔精加工	
6	T06	90° 倒角铣刀	1		ϕ20 孔倒角 1.5×45	
7	T07	ϕ6 高速钢立铣刀	1	20	粗加工凸轮槽内外轮廓	底圆角 R0.5
8	T08	ϕ6 硬质合金立铣刀	1	20	精加工凸轮槽内外轮廓	
编制 ×××	审核 ××	批准 ×××			年 月 日	共 页 第 页

6. 切削用量的选择

凸轮槽内、外轮廓加工时留 0.1 mm 精铣余量，精铣 ϕ20、ϕ12 两个孔时留 0.1 mm 铣削余量。选择主轴转速与进给速度时，先查切削用量手册，确定切削速度与每齿进给量，然后按式（1-1）和式（1-2）计算进给速度和主轴转速。

7. 填写数控加工工序卡片

将各工步的加工内容、所用刀具和切削用量填入平面槽形凸轮数控加工工序卡，见表 1-5。

表 1-5　　平面槽形凸轮数控加工工序卡片

<table>
<tr><td rowspan="2">单位名称</td><td rowspan="2" colspan="2">×××</td><td colspan="2">产品名称或代号</td><td colspan="2">零件名称</td><td colspan="2">零件图号</td></tr>
<tr><td colspan="2">×××</td><td colspan="2">平面槽形凸轮</td><td colspan="2">X01</td></tr>
<tr><td>工序号</td><td colspan="2">程序编号</td><td colspan="2">夹具名称</td><td colspan="2">使用设备</td><td colspan="2">车间</td></tr>
<tr><td>001</td><td colspan="2">O001</td><td colspan="2">螺旋压板</td><td colspan="2">X K 5 025/4</td><td colspan="2">数控中心</td></tr>
<tr><td>工步号</td><td colspan="2">工步内容</td><td>刀具号</td><td>刀具规格</td><td>主轴转速（r/min）</td><td>进给速度（mm/min）</td><td>被吃刀量（mm）</td><td>备　注</td></tr>
<tr><td>1</td><td colspan="2">A 面定位钻 $\phi5$ 中心孔</td><td>T01</td><td>$\phi5$</td><td>755</td><td>40</td><td></td><td>手动</td></tr>
<tr><td>2</td><td colspan="2">钻 $\phi19.6$ 孔</td><td>T02</td><td>$\phi19.6$</td><td>402</td><td>40</td><td></td><td>自动</td></tr>
<tr><td>3</td><td colspan="2">钻 $\phi11.6$ 孔</td><td>T06</td><td>$\phi11.6$</td><td>402</td><td>20</td><td></td><td>自动</td></tr>
<tr><td>4</td><td colspan="2">铰 $\phi20$ 孔</td><td>T04</td><td>$\phi20$</td><td>160</td><td>20</td><td>0.2</td><td>自动</td></tr>
<tr><td>5</td><td colspan="2">铰 $\phi12$ 孔</td><td>T05</td><td>$\phi20$</td><td>160</td><td>20</td><td>0.2</td><td>自动</td></tr>
<tr><td>6</td><td colspan="2">$\phi20$ 孔倒角 1.5×45</td><td>T06</td><td>90°</td><td>402</td><td>40</td><td></td><td>手动</td></tr>
<tr><td>7</td><td colspan="2">一面两孔定位，粗铣凸轮槽内轮廓</td><td>T07</td><td>$\phi6$</td><td>1 100</td><td>40</td><td>4</td><td>自动</td></tr>
<tr><td>8</td><td colspan="2">粗铣凸轮槽外轮廓</td><td>T07</td><td>$\phi6$</td><td>1 100</td><td>20</td><td>4</td><td>自动</td></tr>
<tr><td>9</td><td colspan="2">精铣凸轮槽内轮廓</td><td>T08</td><td>$\phi6$</td><td>1 495</td><td>20</td><td>14</td><td>自动</td></tr>
<tr><td>10</td><td colspan="2">精铣凸轮槽外轮廓</td><td>T08</td><td>$\phi6$</td><td>1 495</td><td>20</td><td>14</td><td>自动</td></tr>
<tr><td>11</td><td colspan="2">翻面装夹，铣 $\phi20$ 孔口倒角</td><td>T06</td><td>90°</td><td>402</td><td>20</td><td></td><td>手动</td></tr>
<tr><td>编制</td><td>×××</td><td>审核</td><td>×××</td><td>批准</td><td>×××</td><td>年　月　日</td><td>共　页</td><td>第　页</td></tr>
</table>

四、拓展知识——镗铣类数控工具系统

镗铣类数控工具系统是镗铣床主轴到刀具之间的各种连接刀柄的总称。其主要作用是连接主轴与刀具，使刀具达到所要求的位置与精度，传递切削所需扭矩及保证刀具的快速更换。不仅如此，有时工具系统中某些工具还要适应刀具切削中的特殊要求（如丝锥的扭矩保护及前后浮动等）。工作时，刀柄按工艺顺序先后装在主轴上，随主轴一起旋转，工件固定在工作台上作进给运动。

镗铣类数控工具系统按结构可分为整体式结构和模块式结构两大类。

整体式结构的镗铣类数控工具系统中，每把工具的柄部与夹持刀具的工作部分连成一体，不同品种和规格的工作部分都必须加工出一个能与机床相连接的柄部，这样使得工具的规格、品种繁多，给生产、使用和管理带来诸多不便。

为了克服整体式工具系统的弱点，20 世纪 80 年代以来，相继开发了多种多样模块式工具系统。数控镗铣类工具系统一般由与机床连接的锥柄、延伸部分的连杆和工作部分的刀具组成。它们经组合后可以完成钻孔、扩孔、铰孔、镗孔、攻螺纹等加工工艺。模块式工具系统克服了整体式工具的不足之处，显出其经济、灵活、快速、可靠的特点，它既可用于加工中心和数控镗铣床，又适应于柔性加工系统（FMS 和 FMC）。

（一）整体式结构（TSG 工具系统）

1. TSG 工具系统

TSG 工具系统属于整体式结构的工具系统。是专门为加工中心与数控镗铣类机床配套的工具系统，也可用于普通镗铣床。它的特点是将锥柄和接杆连成一体，不同品种和规格的工作部分都必须带有与机床相连的柄部。其优点是结构简单，使用方便、可靠，更换迅速等，缺点是锥柄的品种和数量较多。我国的 TSG 工具系统如图 1-39 所示，选用时一定要按图示进行配置。

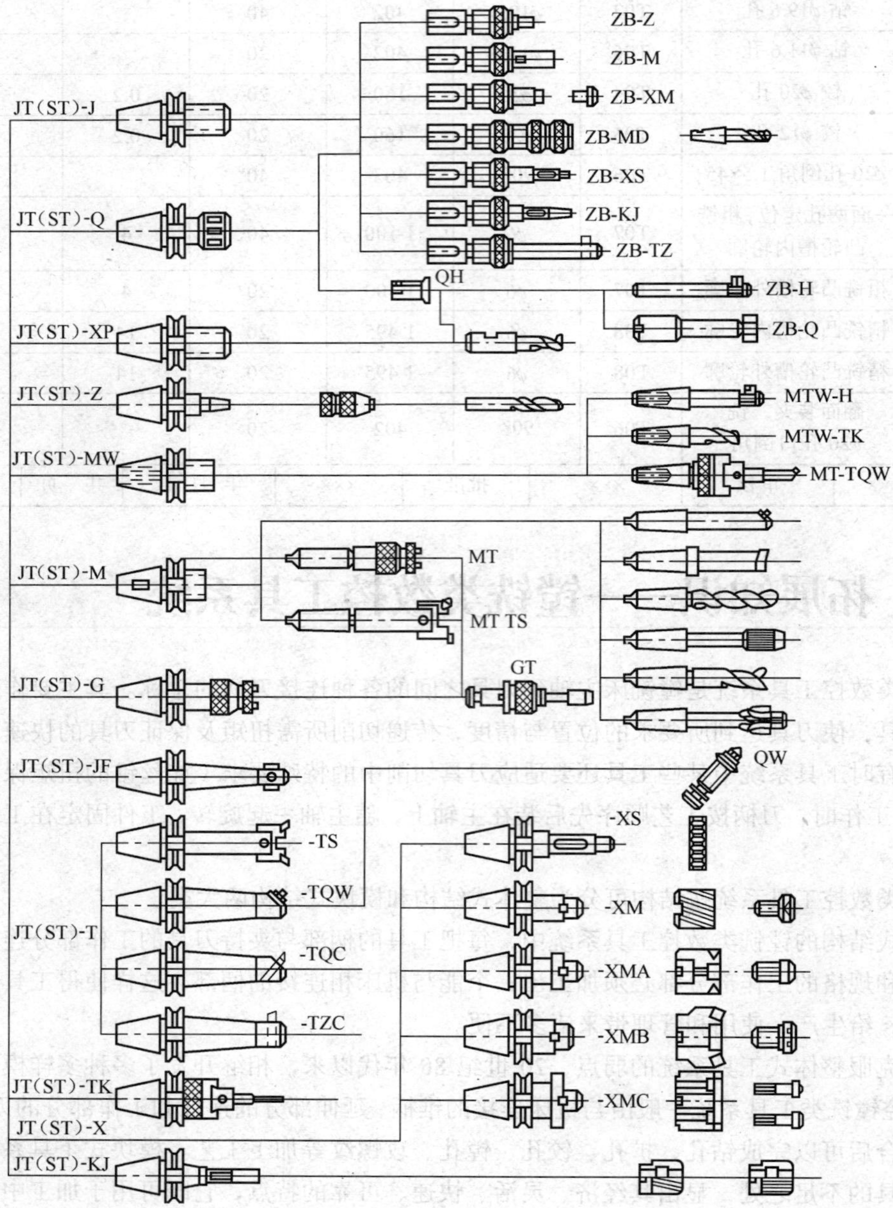

图 1-39　TSG82 工具系统

2. 工具系统型号的表示方法

工具系统的型号由 5 个部分组成，其表达方法如图 1-40 所示。

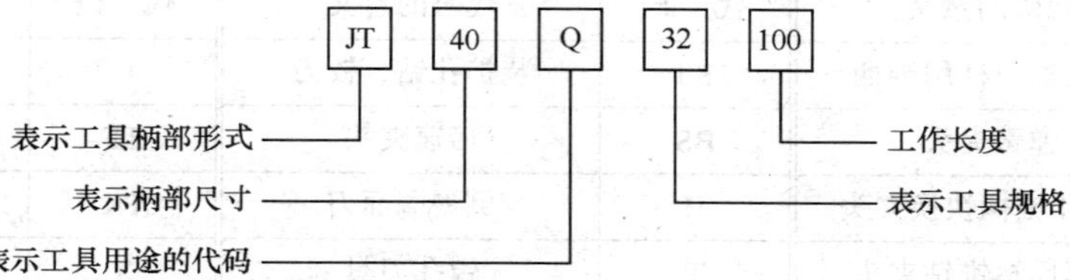

图 1-40　工具系统型号表示方法示意图

① 工具柄部形式：工具柄部一般采用 7∶24 圆锥柄。刀具生产厂家主要提供 5 种标准的自动换刀刀柄：GB10944—1989、ISO7388/1—A、DIN69871/1、MAS403BT、ANST B5.50 和 ANSI B5.50 CAT。其中，GB10944—1989、ISO7388/1—A 和 DIN69871—A 是等效的，而 ISO7388/1—B 为中心通孔内冷却型。另外，GB3837、ISO2583 和 DIN 2080 标准为手动换刀刀柄，用于数控机床手动换刀。

常用的工具柄部形式有 JT、BT 和 ST 等 3 种，它们可直接与机床主轴连接。JT 表示采用国际标准 ISO 7388 制造的加工中心机床用锥柄柄部（带机械手夹持槽）；BT 表示采用日本标准 MAS403 制造的加工中心机床用锥柄柄部（带机械手夹持槽）；ST 表示按 GB3837 制造的数控机床用锥柄（无机械手夹持槽）。镗刀类刀柄自己带有刀头，可用于粗、精镗。有的刀柄则需要接杆或标准刀具，才能组成一把完整的刀具；KH、ZB、MT 和 MTW 为 4 类接杆，接杆的作用是改变刀具长度。TSG 工具柄部形式见表 1-6 TSG82 工具系统的代码和意义。

表 1-6　TSG82 工具系统的代码和意义

代　号	工具柄部形式	类　别	标　准	柄部尺寸
JT	加工中心用锥柄，带机械手夹持槽	刀柄	GB10944—89	ISO 锥度号
XT	普通镗床用标准锥柄	刀柄	GB3837	ISO 锥度号
ST	一般数控机床用锥柄柄部，无机械手夹执持槽	刀柄	GB1443—85	ISO 锥度号
MT	带扁尾莫氏圆锥工具柄	接杆	GB1443—85	莫氏锥度号
MTW	无扁尾莫氏圆锥工具柄	接杆	GB10944—89	莫氏锥度号
KH	7∶24 锥度的锥柄接杆	接杆	JB/QB5010—83	莫氏锥度号
ZB	直柄工具柄	接杆	GB6131—85	直径尺寸

② 柄部尺寸：柄部形式代号后面的数字为柄部尺寸。对锥柄表示相应的 ISO 锥度号，对圆柱柄表示直径。7∶24 锥柄的锥度号有 25、30、40、45、50 和 60 等。例如，50 和 40 分别代表大端直径为 ϕ69.85 mm 和 ϕ44.45 mm 的 7∶24 锥度。大规格 50、60 号锥柄适用于重型切削机床，小规格 25、30 号锥柄适用于高速轻切削机床。

③ 工具用途代码：用途代码表示工具的用途，如 XP 表示装削平型铣刀刀柄。TSG82 工具

系统用途的代码和意义见表 1-7。

表 1-7 TSG82 工具系统的代码和意义

代 码	代码的意义	代 码	代码的意义	代 码	代码的意义
J	装接长刀杆用锥柄	KJ	装扩孔钻、铰刀	C	切内槽工具
Q	弹簧夹头	BS	倍速夹头	TF	浮动镗刀
KH	7：24 锥柄快换夹头	H	倒锪端面刀	TK	可调镗刀
Z	装莫氏短锥钻夹头	T	镗孔刀具	X	用于装铣削刀具
ZJ	装莫氏锥度钻夹头	TZ	直角镗刀	XS	装三面刃铣刀
MW	装无扁尾莫氏锥柄工具	TQW	倾斜式微调镗刀	XM	装面铣刀
M	装有扁尾莫氏锥柄工具	TQC	倾斜式粗镗刀	XDZ	装直角端铣刀
G	攻螺纹夹头	TZC	直角形粗镗刀	XD	装端铣刀
规格	用数字表示工具的规格，其含义随工具不同而异。有些工具该数字为轮廓尺寸 D、L；有些工具该数字表示应用范围。还有表示其他参数值的，如锥度号等。				

④ 工具规格：用途代码后的数字表示工具的工作特性，其含义随工具不同而异，有些工具该数字为其轮廓尺寸 D 或 L，有些工具该数字表示应用范围。

⑤ 工作长度：表示工具的设计工作长度（锥柄大端直径处到端面的距离）。

（二）模块式结构（TMG 工具系统）

模块式工具系统就是把工具的柄部和工作部分分开，制成系统化的主柄模块、中间模块和工作模块，每类模块中又分为若干小类和规格，然后用不同规格的中间模块组装成不同用途、不同规格的模块式刀具，这样就方便了制造、使用和保管，减少了工具的规格、品种和数量的储备，对加工中心较多的企业有很高的实用价值。目前，模块式工具系统已成为数控加工刀具发展的方向。目前，国外有许多应用比较成熟和广泛的模块式工具系统，它们之间的区别主要在于模块连接的定心方式和锁紧方式不同。国内常见的镗铣类模块式工具系统有 TMG10、TMG21、TMG28 等。

1. 镗铣类模块式工具系统的组成

模块式工具系统都是由以下 3 个部分组成。

① 主柄模块——模块式工具系统中直接与机床主轴连接的工具模块。

② 中间模块——模块式工具系统中为加长工具轴向尺寸和变换连接直径的工具模块。

③ 工作模块——模块式工具系统中为了装夹各种切削刀具的模块。

国产镗铣类模块式 TMG 工具系统图谱，如图 1-41 所示。

2. 国内镗铣类模块式数控工具系统

（1）标记

国内镗铣类模块式工具系统标记为“镗铣类”、“模块式”、“工具系统” 3 个词组的汉语拼音字头大写字母 TMG 来表示，为了区别各种结构不同的模块式工具系统，在 TMG 之后加上两位数字，以表示结构的特征。

前面的一位数字（即十位数字）表示模块连接的定心方式：1—短圆锥定心；2—单圆柱面

定心；3—双键定心；4—端齿啮合定心；5—双圆柱面定心。

后面的一位数字（即个位数字）表示模块连接的锁紧方式：0—中心螺钉拉紧；1—径向销钉锁紧；2—径向楔块锁紧；3—径向双头螺栓锁紧；4—径向单侧螺钉锁紧；5—径向两螺钉垂直方向锁紧；6—螺纹连接锁紧。

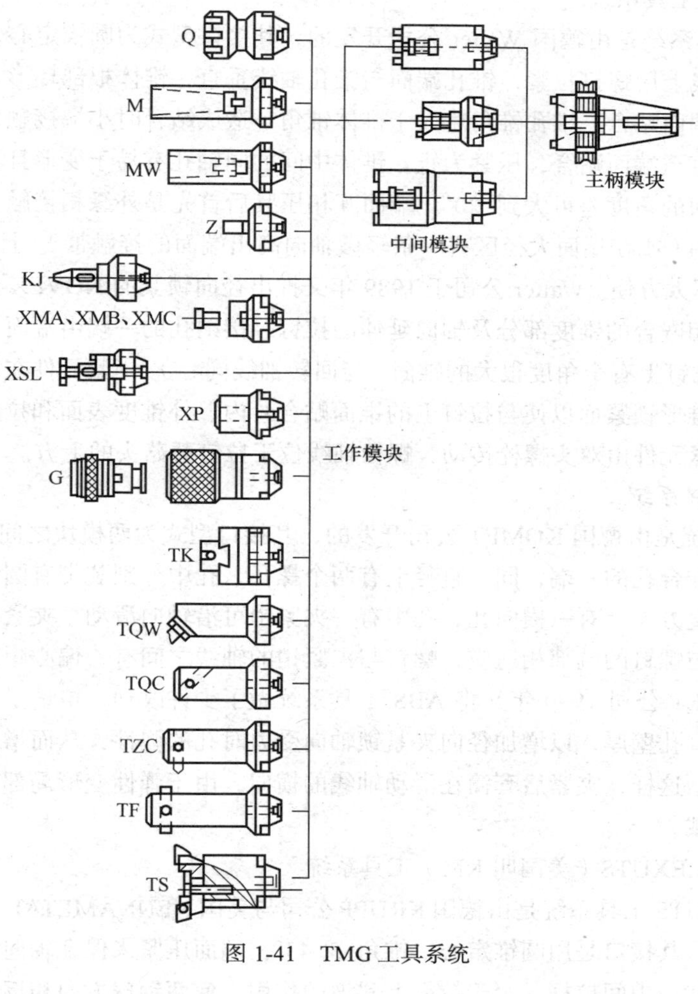

图 1-41　TMG 工具系统

（2）国内常见的镗铣类模块式工具系统

TMG10 模块式工具系统为短圆锥定心，轴向用中心螺钉拉紧。主要用于工具组合后不经常拆卸或加工件具有一定批量的情况。

TMG21 模块式工具系统为单圆柱面定心、径向销钉锁紧的连接。它的一部分为孔，而另一部分为轴，两者插入连接构成一个刚性刀柄，一端和机床主轴连接，另一端则安装上各种可转位刀具，便构成了一个先进的工具系统。主要用于重型机械行业、机床等各种行业。

TMG28 模块式工具系统为单圆柱面定心，模块连接的锁紧方式采用与上述 0～6 不同的径向锁紧方式。在模块接口凹端部分，装有锁紧螺钉和固定销两个零件，在模块接口凸端部分，装有锁紧滑销、限位螺钉和端键等零件。TMG28 工具系统互换性好，连接的重复精度高，模块组装、拆卸方便，模块之间的连接牢固可靠，结合刚性好，达到国外模块式工具的水平，主要用于高效切削刀具。

3. 国外镗铣类模块式数控工具系统的发展

20 世纪 80 年代以来，国外开发了多种多样模块式工具系统。有些工作模块与切削刀具做成一体，成为带有刀具的工作模块，国外属于这种类型的工具系统主要有以下几种。

（1）NOVEX 工具系统

NOVEX 工具系统是由德国 Walter 公司开发的，其接口型式为圆锥定心，锥孔、锥体与所在模块同轴，轴线上用螺钉拉紧，锥孔端面与锥孔轴线垂直，锥体根部环形端面与锥体轴线垂直，并可与锥孔端面贴合。锥孔锥角略大于锥体锥角，造成结合时小端接触，拉紧后接触区会产生弹性变形。直至端面贴合，压紧为止。锥体中间的同轴孔有易于变形且不影响螺纹松紧的作用，锥度配合面的角度差可大到 20′。端面互相压紧后首先是外缘相接触，为此至少有一个端面是轻微内凹的（或在端面大径区有一条轻微轴向高出端面的接触带）。上述结构，系轴向拉紧，使用中组装不太方便。Walter 公司于 1989 年又推出径向锁紧的 NOVEX-RADIAL 结构。其接口部分包括互相嵌合的锥度部分及轴向延伸的拉钉，接纳孔的一端由端面、定心锥孔和夹紧装置组成。延伸拉钉上有个角度很大的锥面（与回转轴线同心）。锁紧元件在双头螺钉带动下开合移动，其上有锥形锁紧面以使与拉钉上的锥面贴合，内、外锥度表面和拉钉的轴线都要与旋转轴线重合。夹紧元件由双头螺栓传动，螺栓轴线位于拉钉蘑菇头的上方。

（2）ABS 工具系统

ABS 工具系统是由德国 KOMET 公司开发的，其接口型式为两模块之间有一段圆柱配合，起定心作用。在配合孔的一端，同一直径上有两个螺孔，孔中分别装带有圆锥头和圆锥坑的螺钉。在轴线的垂直方向上有一横向孔，孔中有一夹紧销可沿轴向滑动，夹紧销的两端制成圆锥头（或圆锥坑）与螺钉的端部相适应，螺钉与夹紧销的轴线之间有一偏心距离，以达到轴向压紧的目的。KOMET 公司 1990 年又将 ABS 工具系统做了少许改动，申请了新的专利。其核心内容是改进了配合孔壁厚，以增加径向夹紧锁轴向受力时孔的弹性，从而增加配合部位的轴与孔的公差带宽度。这样，夹紧后套筒在滑动轴线的横向，由于弹性变形局部直径变小而压向配合轴所对应的区域。

（3）WIDAFLEXUTS（美国叫 KM）工具系统

WIDAFLEXUTS 工具系统是由德国 KRUPP 公司与美国 KENNAMETAL 公司合作开发的一种新的工具系统，其接口是用圆锥定心，锥角 5° 43′，端面压紧来保证轴向定位精度和加大刚度。当夹紧时，移动中间拉杆，由于拉杆上斜坡的作用，使两钢球方向相反地压在空心柄薄壁的斜孔孔壁上，使空心柄扩张，紧贴装夹孔，并产生轴向拉紧力，使端面压紧，从而提高轴向连接精度与刚度。

（4）MC 工具系统

MC 工具系统是由德国 HERTEL 公司 1989 年开发的，其接口的定心方式与 ABS 相同，夹紧方式相仿，把锥面、锥孔接触改为可转动钢球与夹紧销斜面的面接触。斜面与夹紧销轴向夹角为 25°，钢球与螺钉之间有弹簧可使球上斜面复位。为了弥补轴向夹紧分力小的弱点，接触的环行端面上做出 Hirth 齿（HERTE1 公司 FTS 系统的成熟技术），其中间的夹紧销用硬质合金制造。

（5）VARILOCK 工具系统

VARI LOCK 工具系统是由瑞典 SANDVIK 公司 1980 年研制成的轴向拉紧工具系统，它是双圆柱配合，起导向及定心作用，用中心螺钉拉紧，模块装卸显得不太方便。1988 年该公司研制成径向锁紧的 VARILOCK 工具系统。

（6）CAPTO 工具系统

CAPTO 工具系统是由瑞典 SANDVIK 公司 1990 年开发的，定心采用弧面的三棱锥，夹紧是从三棱锥内部拉紧，使端面紧密贴合。这种接口刚性好，传递扭矩大。但制造时设备要求高，必须用许多数控机床才能实现。据介绍，这种工具系统可用于车削，也可用于镗、铣加工，是一种万能型的工具系统。

4. 镗铣类模块式数控工具系统的选用

尽管模块式工具系统有适应性强、通用性好、便于生产、使用和保管等许多优点，但是，并不是说整体式工具系统将全部被取代，也不是说都改用模块式组合刀柄就最合理。正确的做法是根据具体加工情况来确定用哪种结构，因为，单是满足一项固定的工艺要求（如钻一个 ϕ30 mm 的孔），一般只需配一个通用的整体式刀柄即可，若选用模块式组合结构，经济上并不合算。只有在要求加工的品种繁多时，采用模块结构才是合算的。再有，精镗孔往往要求长长短短许多镗杆，应优先考虑选用模块式结构，而在铣削箱体外轮廓平面时，以选用整体式刀柄为最佳。对于已拥有多台数控镗铣床、加工中心的厂家，尤其是这些机床要求使用不同标准、不同规格的工具柄部时，选用模块式工具系统将更经济。因为除了主柄模块外，其余模块可以互相通用，这样就减少了工具储备，提高了工具的利用率。至于选用哪种模块式工具系统，应考虑以下几个方面。

① 首先模块接口的连接精度、刚度要能满足使用要求。因为有些工具系统模块连接精度很好，结构又简单，使用很方便。如前面的 Rotaflex 工具系统作为精加工（如坐标镗床用），效果挺好，但既要粗加工又要精加工时，就不是最佳选择，在刚性和拆卸方面都会出现问题。

② 所选用的结构国内是否有生产厂家？属于国外专利的模块结构，生产厂家是否已取得生产许可？专利产品在未取得生产许可也未与外商合作生产的情况下，是不能仿制成商品销售的。因此除非是使用厂多年来一直采用某一国外结构，需要补充购买相同结构的模块式工具，刚开始选用模块式工具的厂家最好选用国内独立开发的新型模块式工具为宜，因为经检测国内独立开发的新型模块接口，在连接精度、动刚度、使用方便性等方面均已达到较高水平。

③ 在机床上使用时，模块接口是否需要拆卸?在重型行业应用时，往往只需更换前部工作模块，这时要选用侧紧式，而不能选用中心螺钉拉紧结构。如在机床上使用时，模块之间不需要拆卸，而是作为一个整体在刀库和主轴之间重复装卸使用。中心螺钉拉紧方式的工具系统因其锁紧可靠、结构简单，比较实用。

习题

一、选择题（请将正确答案的序号填写在题中的括号中）

1. 在工件上既有平面又有孔需要加工时，可采用（　）。

A. 粗铣平面—钻孔—精铣平面　　B. 先加工平面，后加工孔

C. 先加工孔，后加工平面　　D. 任一种形式

2. 数控铣床是一种加工功能很强的数控机床，但不具有（ ）工艺手段。

A. 镗削　　B. 钻削　　C. 螺纹加工　　D. 车削

3. ϕ20 立铣刀用于精铣时，其刀刃数较常选用（ ）。

A. 4 刃　　B. 2 刃　　C. 3 刃　　D. 5 刃

4. 选择加工表面的设计基准为定位基准的原则称为（ ）原则。

A. 基准重合　　B. 基准统一　　C. 自为基准　　D. 互为基准

5. 在加工中心上加工箱体类零件时，工序安排的原则之一是（ ）。

A. 当既有面又有孔时，应先铣面，再加工孔

B. 在孔系加工时应先加工小孔，再加工大孔

C. 在孔系加工时，一般应对一孔粗、精加工完成后，再对其他孔按顺序进行粗、精加工

D. 对跨距较小的同轴孔，应尽可能采用调头加工的方法

二、判断题（请将判断结果填入括号中，正确的填“√”，错误的填“×”）

（ ）1. 铣削铸铁和钢料的刀片，宜考虑因工件材质不同而选用不同形状的断屑槽。

（ ）2. 精密数控机床可以消除加工中产生的随机误差。

（ ）3. 切削用量中背吃刀量对切削温度影响最大。

（ ）4. 铣削零件轮廓时进给路线对加工精度和表面质量无直接影响。

（ ）5. 用直线段或圆弧段去逼近非圆曲线，逼近线段与被加工曲线交点称为基点。

（ ）6. 锥柄铰刀的锥度常用莫氏锥度。

三、项目训练

1. 图 1-42 所示为泵盖零件，材料为 HT200，毛坯尺寸（长×宽×高）为 170 mm×110 mm×60 mm，小批量生产，试分析其数控铣床加工工艺过程，并写出实训报告。

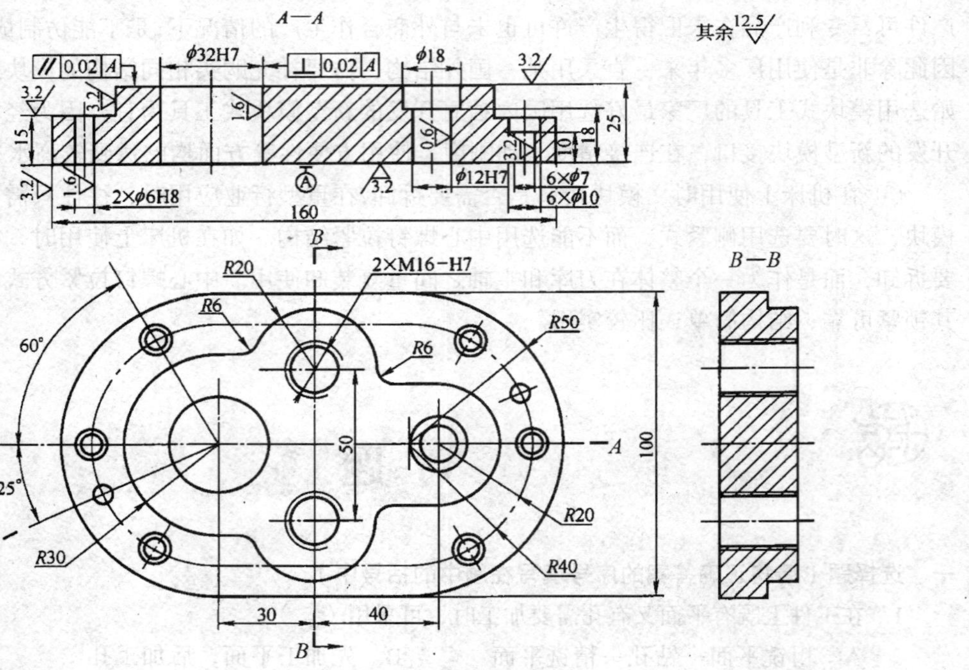

图 1-42　泵盖零件

2. 图 1-43 所示为凸模板零件，材料为 45 号钢，除外表面以外的其他表面已加工号，试分析其数控加工工艺，并写出实训报告。

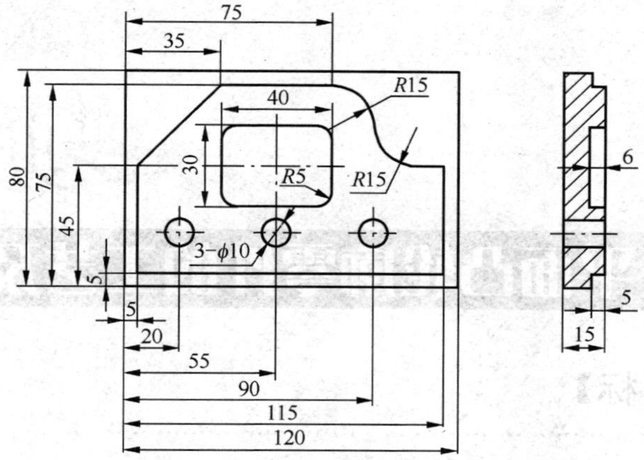

图 1-43　凸模板零件

项目二

平面凸轮廓零件的工艺及程序编制

【能力目标】

1. 针对加工零件，能分析平面凸轮廓类零件的结构特点、特殊加工要求，理解加工技术要求
2. 会分析平面凸轮廓零件的工艺性能，能正确选择设备、刀具、夹具与切削用量，能编制数控加工工艺卡
3. 能使用数控系统的基本指令，正确编制平面凸轮廓零件的数控加工程序

【知识目标】

1. 掌握数控系统的 G00/G01/G02/G03/G41/G42/G40/G54/G90/G17/G18/G19 等指令的编程格式及应用
2. 掌握平面凸轮廓类零件的结构特点和加工工艺特点，正确分析平面凸轮廓零件的加工工艺
3. 掌握平面凸轮廓类零件的工艺编制方法
4. 掌握平面凸轮廓零件的手工编程方法

一、项目导入

使用数控铣床加工零件，一般来说都需要经过 4 个主要的工作环节，即确定工艺方案、编写加工程序、实际数控加工、零件测量检验。本项目主要学习平面凸轮廓零件的数控加工工艺制定和程序编制。

图 2-1 所示为凸模板，已知材料为 45#钢，毛坯为 100 mm×80 mm×22 mm，分析零件的加工工艺，填写工艺文件，编写零件的加工程序。

项目分析：平面凸轮廓零件（含与底面垂直的侧壁外表面铣削加工）是数控铣削加工的典型零件，该类零件一般分平面和外轮廓的铣削加工。如何制定平面凸轮廓零件的数控加工工艺，编制其加工程序，本项目以凸模板为例，首先学习相关的数控铣削加工指令和工艺知识，然后

完成项目要求，再通过对凸模板图样分析，进行零件加工工艺分析，设计加工工艺方案，编制工艺卡、刀具卡等数控加工技术文件，应用 G00、G01、G02、G03、G41、G42、G40、G90、G91 等指令编写数控加工程序，完成项目任务要求。

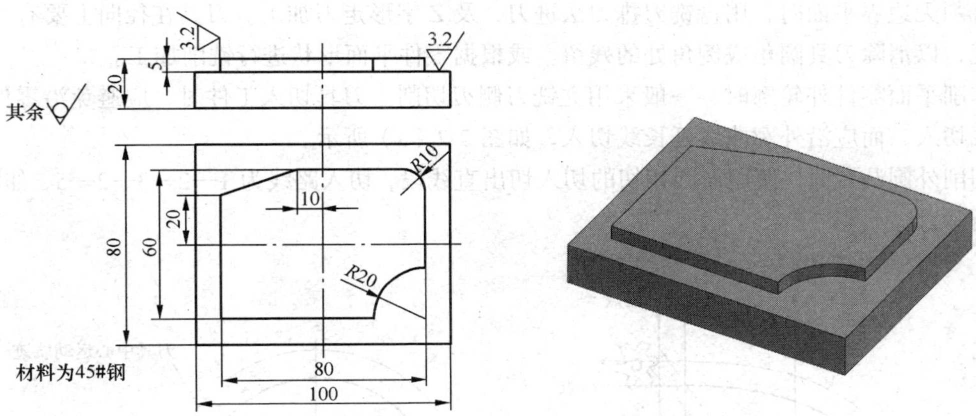

（a）零件图　　（b）立体图

图 2-1　凸模板

二、相关知识

（一）平面铣削工艺设计

平面凸轮廓类零件包括平面铣削和与底面垂直的侧壁外表面铣削加工，其质量是用平面度和表面粗糙度来衡量的。在铣床上获得平面的方法有两种，即周铣和端铣。以立铣数控铣床为例，用分布于铣刀圆柱面上的刀齿进行的铣削称为周铣；用分布于铣刀端面上的刀齿进行的铣削称为端铣。

1. 刀具选择

平面轮廓类零件加工常用刀具为面铣刀和立铣刀。铣削较大的平面用面铣刀加工。铣削平面类零件周边轮廓和较小的台阶面一般采用立铣刀。

标准可转位式面铣刀的直径为 16～630 mm。选择面铣刀直径时，主要需考虑刀具所需功率应在机床功率范围之内，也可将机床主轴直径作为选取的依据，面铣刀直径可按 $D=1.5d$（d 为主轴直径）选取。在批量生产时，也可按工件切削宽度的 1.6 倍选择刀具直径。粗铣时，铣刀直径要小些，因为粗铣切削力大，选小直径铣刀可减小切削扭矩。精铣时，铣刀直径要选大些，尽量包容工件整个加工宽度，以提高加工精度和效率，并减小相邻两次进给之间的接刀痕迹。

立铣刀直径的选择主要应考虑工件加工尺寸的要求，并保证刀具所需功率在机床额定功率范围以内。如系小直径立铣刀，则应主要考虑机床的最高转速能否达到刀具的最低切削速度（60 m/min）。同时考虑以下方面：①刀具半径 R 小于朝轮廓内侧弯曲的最小曲率半径 ρ_{min}，一般可取 $R=(0.8\sim0.9)\rho_{min}$；②如果 ρ_{min} 过小，为提高加工效率，可先采用大直径刀具进行粗加工，然后按上述要求选择刀具，对轮廓上残留余量过大的局部区域处理后再对整个轮廓进行精加工。

2. 走刀路线设计

铣削无边界平面时，用盘铣刀排刀法进刀，及Z字形走刀加工。刀具在径向上要有一定的重合度，以消除刀具圆角或倒角处的残留。或根据零件平面形状进行铣削加工。

铣削平面零件外轮廓时，一般采用立铣刀侧刃切削。刀具切入工件时，应避免沿零件轮廓的法线切入，而应沿外廓曲线延长线切入，如图2-2（a）所示。

切削外圆凸台时，使用与圆相切的切入切出直线段，切入路线为1—2—3—2—5，如图2-2（b）所示。

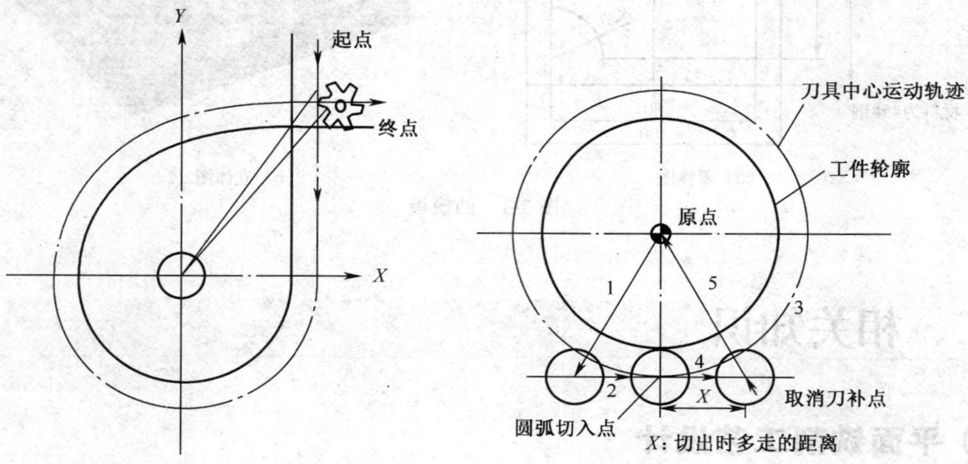

（a）　　　　（b）

图2-2　刀具切入和切出时的外延

此外，轮廓加工中应避免进给停顿，因为加工过程中的切削力会使工艺系统产生弹性变形并处于相对平衡状态，进给停顿时，切削力突然变小，会改变系统的平衡状态，刀具会在进给停顿处的零件轮廓上留下刀痕，影响零件的表面质量。

（二）数控系统的相关功能指令

1. 准备功能（G功能）

准备功能也叫G功能或G代码。它是使机床或数控系统建立起某种加工方式的指令。G代码由地址G和后面的两位数字组成，从G00～G99共100种。G指令主要用于规定刀具和工件的相对运动轨迹（即插补功能）、机床坐标系、坐标平面、刀具补偿等多种加工操作。不同的数控系统，G指令的功能不同，编程时需要参考机床制造厂和数控系统的编程说明书。

本书主要介绍FANUC 0i MC系统的编程指令，主要适用于铣床和加工中心，其常用代码功能见表2-1。

表 2-1　　　　准备功能代码表

G 代码	组别	功　能	备注	G 代码	组别	功　能	备注
*G00		定位定位		G57		选择工件坐标系 4	
G01	01	直线插补		G58	14	选择工件坐标系 5	
G02		顺时针圆弧插补		G59		选择工件坐标系 6	
G03		逆时针圆弧插补		G65	00	宏程序调用	非模态
G04	00	暂停	非模态	G66	12	宏程序模态调用	
G15	17	极坐标指令取消		*G67		宏程序模态调用取消	
G16		极坐标指令		G68	16	坐标旋转有效	
*G17		*XY* 面选择		*G69		坐标旋转取消	
G18	02	*XZ* 面选择		G73		高速深孔钻循环	非模态
G19		*YZ* 面选择		G74		左旋攻丝循环	非模态
G20	06	英制（in）输入		G76		精镗孔循环	非模态
*G21		公制（mm）输入		*G80		取消固定循环	
G27		机床返回参考点检查	非模态	G81		钻孔循环	
G28		机床返回参考点	非模态	G82		钻孔循环或锪孔循环	
G29	00	从参考点返回	非模态	G83	09	深孔钻削循环	
G30		返回第 2、3、4 参考点	非模态	G84		攻丝循环	
G31		跳转功能	非模态	G85		镗孔循环	
G33	01	螺纹切削		G86		镗孔循环	
*G40		刀具半径补偿取消		G87		背镗孔循环	
G41		刀具半径左补偿		G88		镗孔循环	
G42	07	刀具半径右补偿		G89		镗孔循环	
G43		刀具长度正补偿		*G90	03	使用绝对值命令	
G44		刀具长度负补偿		G91		使用绝对值命令	
*G49		刀具长度补偿取消		G92	00	设置工作坐标系	非模态
*G50	11	比例缩放取消		*G94	05	每分进给	
G51		比例缩放有效		G95		每分进给	
G52	00	局部坐标系设定	非模态	*G96	13	恒周速控制方式	
G53		选择机床坐标系	非模态	G97		恒周速控制取消	
G54		选择工件坐标系 1		G98	10	固定循环返回起始点方式	
G55	14	选择工件坐标系 2		*G99		固定循环返回 R 点方式	
G56		选择工件坐标系 3					

注：① 打开机床电源时，标有“*”符号的 G 代码被激活，即为默认状态。个别同组中的默认代码可由系统参数设定选择，此时默认状态发生变化；

② G 代码按其功能的不同分为若干组。不同组的 G 代码在同一个程序段中可以指令多个，但如果在同一个程序段中指令了两个或两个以上属于同一组的 G 代码时，只有最后面那个 G 代码有效；

③ G 代码有两类：模态式 G 代码和非模态式 G 代码，其中非模态式 G 代码只限于在被指定的程序段中有效，模态式 G 代码具有续效性，在后续程序段中，只要同组其他 G 代码未出现之前一直有效；

④ 在固定循环中，如果指令了 01 组的 G 代码，则固定循环被取消，即为 G80 的状态；但 01 组的 G 代码不受固定循环 G 代码的影响。

2. 辅助功能（M 功能）

辅助功能也叫 M 功能或 M 代码。辅助功能是用地址 M 及两位数字表示的。它主要用来表示机床操作时各种辅助动作及其状态。其特点是靠继电器的得、失电来实现其控制过程，其代码见表 2-2。

表 2-2　　　　辅助功能代码表

代　码	功　能	说　明
M00	程序暂停	执行完 M00 指令后，机床所有动作均被切断。重新按下自动循环启动按钮，使程序继续运行
M01	计划暂停	与 M00 作用相似，但 M01 可以用机床“任选停止按钮”选择是否有效；只有当机床操作面板上的“任选停止”开关置于接通位置时，CNC 才执行该功能。执行完 M01 指令后，自动运行停止
M03	主轴顺时针旋转	主轴顺时针旋转
M04	主轴逆时针旋转	主轴逆时针旋转
M05	主轴旋转停止	主轴旋转停止
M06	自动换刀	该指令用于自动换刀或显示待换刀号。自动换刀数控机床的换刀方法有两种。一种是由刀架或多主轴转塔头转位实现换刀，换刀指令可实现主轴停止、刀架脱开、转位等动作；另一种是带有“机械手—刀库”的换刀，换刀过程为换刀和选刀两类动作；换刀是将刀具从主轴取下，换上所选用的刀具。大致过程为：主轴定向停、松开刀具、换刀、锁紧刀具、主轴启动等。对显示换刀号的机床，换刀是用手动实现的
M08	冷却液开	冷却液开
M09	冷却液关	冷却液关
M02	主程序结束	执行指令后，机床便停止自动运转，机床处于复位状态
M30	主程序结束	执行 M30 后，返回到程序的开头，而 M02 可用参数设定不返回到程序开头，程序复位到起始位置
M98	调用子程序	调用子程序
M99	子程序结束	子程序结束，返回主程序

注：由于数控机床的厂家很多，每个厂家使用的 G 功能、M 功能与 ISO 标准也不完全相同，因此对于某一台数控机床，必须根据机床说明书的规定进行编程。

3. 进给功能 F、主轴速度 S、刀具功能 T

利用字母 F、S、T 后面指令一个数值，分别表示指定进给速度、主轴转速和所用刀具与刀补号。在一个程序段中，F、S、T 代码中只能有一个，并将接收的代码信号传送给机床。

（1）进给功能（F 功能）

进给功能表示刀具中心运动时的进给速度，刀具的切削进给速度由地址符 F 和其后面的若干位数值指定，单位为 mm/min（米制）或英寸/min（英制）。进给速度在加工过程中的表示方法随数控装置的不同而不同。

编写程序时，第一次遇到直线（G01）或圆弧（G02/G03）插补指令时，必须编写 F 指令。如果没有编写 F 指令，CNC 采用 F0。当工作在快速定位方式时，机床将以通过机床主轴参数设定的快速进给率移动，与编写的 F 指令无关。F 指令为模态指令，实际进给率可以通过 CNC 操作面板上的进给率按钮在一定范围内调整。

（2）主轴功能（S 功能）

主轴功能主要用来指定主轴转速或速度。主轴功能由地址符 S 和其后面若干数字组成，单位为 r/min，主轴的实际转速常用机床操作面板上的主轴速度倍率开关调整。编程时总是假定倍率开关指在 100%的位置。

（3）刀具功能（T 功能）

刀具功能，也称 T 功能，用于指定加工所用刀具，实现数控机床加工过程中自动换刀功能。一般具有自动换刀的数控机床才有此功能。刀具功能由 T 及其后面的数字组成。T 后面有四位数字，前两位是刀具号，后两位是刀具补偿号。例如，T0303 表示选用 3 号刀及 3 号刀具补偿值；T0300 表示取消刀具补偿。

数控铣床无 ATC，必须人工换刀，所以 T 功能用于加工中心。

4. 坐标系有关指令

（1）绝对尺寸与增量尺寸指令——G90、G91

G90——表示程序段的坐标值按绝对坐标编程。

G91——表示程序段的坐标值按增量坐标编程。

绝对坐标所表示的刀具（或机床）运动位置的坐标值，都是相对于编程原点给出的。增量坐标所表示的刀具运动位置的坐标值是相对于前一位置的，即坐标原点是平行移动的。相对坐标与运动方向有关。

（2）工件坐标系设定指令 G92

编程格式：G92 X_ Y_ Z_；

功能：该指令是规定工件坐标系坐标原点的指令，工件坐标系坐标原点又称为程序零点，坐标值 *X*、*Y*、*Z* 为起刀点（刀位点）在工作坐标系中的初始位置。程序内绝对指令中的坐标数据，就是起刀点在工件坐标系中的坐标值。

执行 G92 指令时，机床不动作，即 *X*、*Y*、*Z* 轴均不移动。

例：如图 2-3 所示，设置工件坐标系的程序段如下：

G92 X20.0 Y10.0 Z10.0；

其确立的加工原点在距离刀具起始点 *X*=−20，*Y*=−10，*Z*=−10 的位置上，如图 2-3 所示。执行该程序段后，系统内部即对（X20.0 Y10.0 Z10.0）进行记忆，并显示在显示器上，这就相当于在系统内部建立了一个以工件原点为坐标原点的工件坐标系。

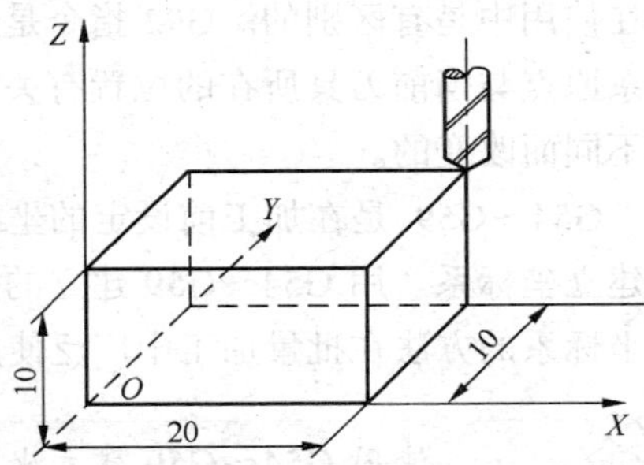

图 2-3　G92 设定工作坐标系

显然，当 *X*、*Y*、*Z* 值不同或改变刀具的当前位置时，所设定出的工件坐标系的工件原点位置也不同。因此，在执行程序段 G92 X_ Y_ Z_前，必须先对刀，通过调整机床，将刀尖放在程序所要求的起刀点位置上。

（3）加工坐标系选择指令 G54～G59

书写格式：G54 G90 G00 (G01) X__Y__Z__(F__)；

该指令执行后，所有坐标值指定的坐标尺寸都是选定的工件加工坐标系中的位置。1～6 号工件加工坐标系是通过 CRT/MDI 方式设置的。

例：在图 2-4 中，用 CRT/MDI 在参数设置方式下设置了两个加工坐标系：

G54：X-50.Y-50.Z-10.；

G55：X-100.Y-100.Z-20.；

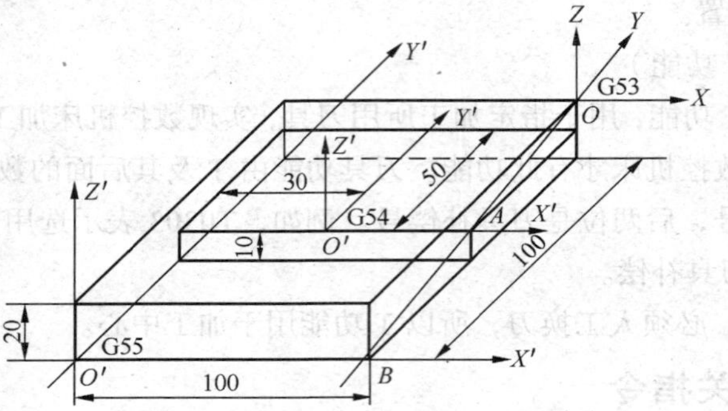

图 2-4 G54～G59 设置加工坐标系

这时，建立了原点在 O′的 G54 加工坐标系和原点在 O″的 G55 加工坐标系。若执行下述程序段：

N10 G53 G90 X0 Y0 Z0

N20 G54 G90 G01 X50. Y0 Z0 F100

N30 G55 G90 G01 X100. Y0 Z0 F100

则刀尖点的运动轨迹如图 2-4 中 *OAB* 所示。注意事项如下。

① G54 与 G55～G59 的区别。G54～G59 设置加工坐标系的方法是一样的，但在实际情况下，机床厂家为了用户的不同需要，在使用中有以下区别：利用 G54 设置机床原点的情况下，进行回参考点操作时机床坐标值显示为 G54 的设定值，且符号均为正；利用 G55～G59 设置加工坐标系的情况下，进行回参考点操作时机床坐标值显示零值。

② G92 与 G54～G59 的区别。G92 指令与 G54～G59 指令都是用于设定工件加工坐标系的，但在使用中是有区别的。G92 指令是通过程序来设定、选用加工坐标系的，它所设定的加工坐标系原点与当前刀具所在的位置有关，这一加工原点在机床坐标系中的位置是随当前刀具位置的不同而改变的。

G54～G59 是在加工前设定的坐标系，它通过确定工件坐标系的原点在机床坐标系的位置来建立坐标系。用 G54～G59 建立的坐标系，运行时与刀具的初始位置无关。用 G54～G59 建立坐标系的方法在批量加工中广泛使用。

注意

使用 G54～G59 建立坐标系后，就没用必要再使用 G92，否则 G54～G59 建立的坐标系会被 G92 替换，应当避免。

③ G54～G59 的修改。G54～G59 指令是通过 MDI 在设置参数方式下设定工件加工坐标系的，一旦设定，加工原点在机床坐标系中的位置是不变的，它与刀具的当前位置无关，除非再

通过 MDI 方式修改。

④ 应用范围。上述加工坐标系的设置方法，仅是 FANUC 系统中常用的方法之一，其余不一一例举。其他数控系统的设置方法应按随机说明书执行。

⑤ 常见错误。

a. 当执行程序段“G92 X 10 Y 10”时，常会认为是刀具在运行程序后到达 X 10 Y 10 点上。其实，G92 指令程序段只是设定加工坐标系，并不产生任何动作，这时刀具已在加工坐标系中的 X10 Y10 点上。

b. G54～G59 指令程序段可以和 G00、G01 指令组合，如执行 G54 G90 G01 X 10 Y10 时，运动部件在选定的加工坐标系中进行移动。程序段运行后，无论刀具当前点在哪里，它都会移动到加工坐标系中的 X 10 Y 10 点上。

（4）局部坐标系指令 52

局部坐标系用于从原坐标系中分离出数个子坐标系统。

指令格式：G52 X_Y_；

X、*Y* 的定义是原坐标系程序原点到子坐标系的程序原点之间的量变，如 G52X0Y0 表示回复到原坐标系。

（5）选择机床坐标系指令 G53

编程格式：G53 G90X_Y_Z_；

G53 指令使刀具快速定位到机床坐标系中的指定位置上。式中 *X*、*Y*、*Z* 值为机床坐标系中的坐标值，均为负值。

5. 公制/英制变换（G21、G20）

G20 指令坐标尺寸以英制输入。G21 指令坐标尺寸以公制输入。注意事项如下。

① 必须在程序开头的一个独立的程序段指定上述 G 代码，然后才能输入坐标尺寸。当系统通电后，NC 保留前次关机时的 G20 或 G21；程序中间 G20 和 G21 不能转换；G20 和 G21 相互转换时，偏移量相应转换。

② 小数点输入。FANUC 系统需使用小数点输入数字。十进制小数点用于输入距离、速度或角度。小数点表示毫米、英寸、度数或时间秒。例如：

Z15.0 表示 *Z* 向 15 mm 或 *Z* 向 15in。

F10.0 表示速度为 10 mm/min 或 10in/min。

G04 X1.0 表示暂停 1.0 s。

注意

有无小数点区别很大。例如，X100.0 表示 *X*100 mm，而 X100 则表示 *X*100μm。

6. 快速点位定位指令 G00

功能：控制刀具以点位控制方式，从刀具当前点快速移动到目标点，其移动速度由参数来设定。

编程格式：G00 X_ Y_ Z_；

式中：*X*、*Y*、*Z* 为刀具移动的目标点坐标。在绝对编程方式中 *X*、*Y*、*Z* 值为刀位点在工作坐标系的坐标值；在增量值方式中，则为从运动轨迹的起点到终点的增量坐标值。

注意

使用 G00 指令时，各轴依内定的速度分别独自快速移动，定位时的刀具运动轨迹由各轴快速移动速度共同决定，刀具的实际运动路线并不一定是直线，因机床的数控系统而异。如图 2-5（a）所示，指令执行开始后，刀具沿着各个坐标方向同时按参数设定的速度移动，最后减速到达终点；如图 2-5（b）所示，刀具移动轨迹是几条线段的组合，不是一条直线，运动时先沿 45° 角的直线移动，最后再在某一轴单向移动至目标点位置，在各坐标方向上不是同时到达终点。

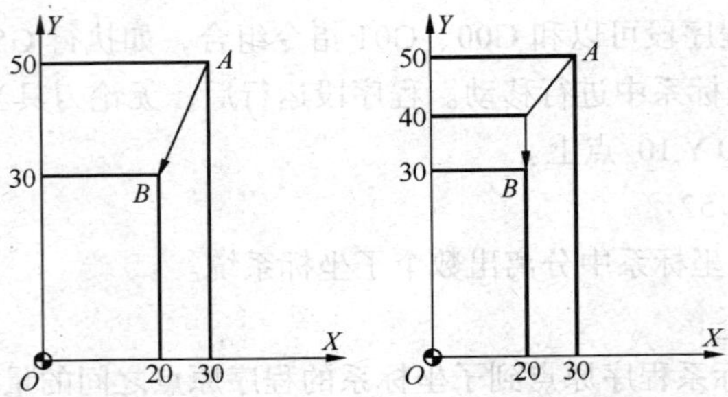

（a）同时到达终点　　（b）单向移动至终点

图 2-5　快速点定位

因此，编程人员应了解所使用的数控系统的刀具移动轨迹情况，要注意刀具是否与工件和夹具发生干涉。对不适合联动的场合，每轴可单动，以避免加工中可能出现的碰撞。

7. 直线插补指令 G01

（1）编程格式

G01 X__Y__Z__F__;

功能：G01 用于斜线或直线运动，使机床运动功能在各坐标平面内切削任意斜率的直线轮廓和用直线段逼近的曲线轮廓。特点是刀具以直线插补运算，联动方式按照 F 代码规定的速度作进给运动，用于加工直线段，移动速度是由进给功能指令 F 设定。执行该指令时在程序中必须出现 F 指令。

说明如下。

① G01 指令后的坐标值可以由 G90 或 G91 分别指定绝对坐标方式或增量坐标方式。

② G01 和 F 指令都是模态指令。进给速度由 F 指令决定。F 指令也是模态指令，它可以用 G00 指令消取。如果在 G01 之前的程序段没有 F 指令，而现在的 G01 程序段中也没有 F 指令，则机床不运动。因此，G01 程序中必须含有 F 指令。

③ 在选择了附加联动控制功能时，能用第四轴地址（*A*、*B*、或 *C*）来替换 *X*、*Y* 或 *Z*，这样可以实现包括第四轴的 3 轴联动控制。

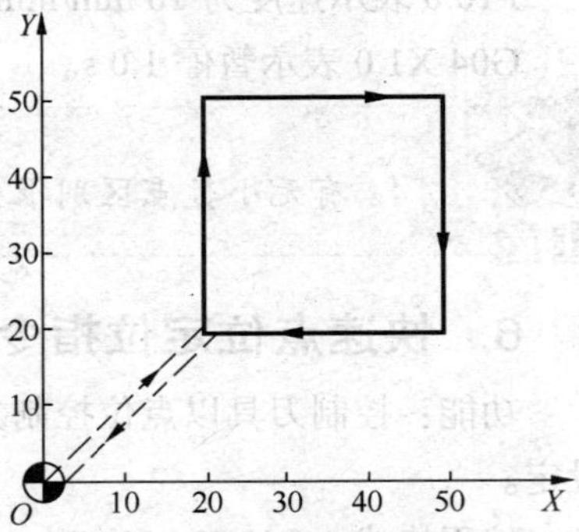

图 2-6　G00、G01 指令的应用

（2）应用举例

应用 G00、G01 指令，编写如图 2-6 所示路径的程序。

程序：

```
绝对值编程：
O0001
……
G90 G00 X20.0 Y20.0;
G01 Y50.0 F50;
    X50.0;
    Y20.0;
    X20.0;
G00 X0 Y0;
……
增量值编程：
……
G91 G00 X20.0 Y20.0;
G01 Y30.0 F50;
    X30.0;
    Y-30.0;
    X-30.0;
G00 X-20.0 Y-20.0;
……
```

8. 暂停指令 G04

编程格式：G04 X(P)_

功能及应用：该指令可使刀具做短时间的停顿，以获得圆整而光滑的表面。主要用于以下几种情况。

① 对不通孔作深度控制时，在刀具进给到规定深度后，用暂停指令使刀具作非进给光整切削，然后退刀，保证孔底平整。

② 镗孔完毕后要退刀时，为避免留下螺旋划痕而影响表面粗糙度，应使主轴停止转动，并暂停几秒钟，待主轴完全停止后再退刀。

③ 横向车槽时，应在主轴转过几转后再退刀，可用暂停指令。

④ 在车床上倒角或车顶尖孔时，为使表面平整，使用暂停指令使工件转过一转后再退刀。

⑤ 用丝锥攻螺纹时，如果刀具夹头带有正反转机构，可用暂停指令，以暂停时间代替指定的进给距离。待攻丝完毕，丝锥退出工件后，再恢复机床的动作指令。

说明：地址码 *X* 或 *P* 为暂停时间。其中：*X* 后面可用带小数点的数，单位为 s，如 G04 X5 表示前面的程序执行完后，要经过 5 s 的暂停，下面的程序段才执行；地址 *P* 后面不允许用小数点，单位为 ms。如 G04 P1000 表示暂停 1 s。

例：如图 2-7 所示，为利用暂停 G04 进行切槽加工的实例。对槽的外圆柱面粗糙度有要求，编写加工程序如下。

```
……
N060 G00 X1.6;            快速到①
N070 G01 X0.75 F0.05;     以进给速度切削到②
N080 G04 X0.24;           暂停 0.24 s
```

```
N090 G00 X1.6;            快速到①
……
```

9. 平面选择指令 G17、G18、G19

平面选择指令 G17、G18、G19 分别用来指定程序段中圆弧插补平面和刀具半径补偿平面。

G17：选择 *XY* 平面；程序中用 *X*、*Y* 执行补偿计算，*Z* 轴坐标值不受补偿影响。

G18：选择 ZX 平面；程序中用 *Z*、*X* 执行补偿计算，*Y* 轴坐标值不受补偿影响。

G19：选择 *YZ* 平面。程序中用 *Y*、*Z* 执行补偿计算，*X* 轴坐标值不受补偿影响。

各坐标平面如图 2-8 所示。一般，数控铣床默认在 *XY* 平面内加工。

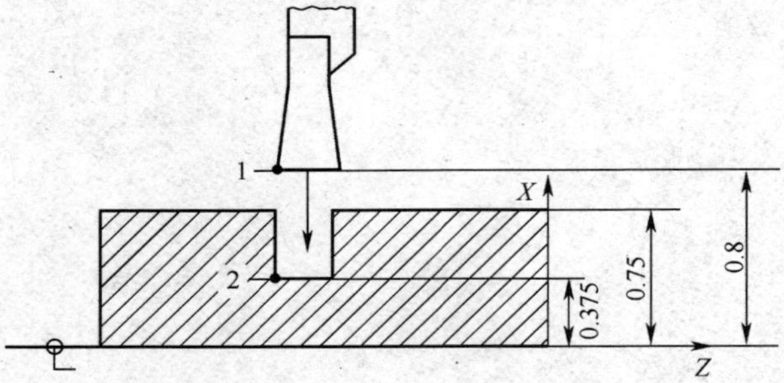

图 2-7 暂停指令应用

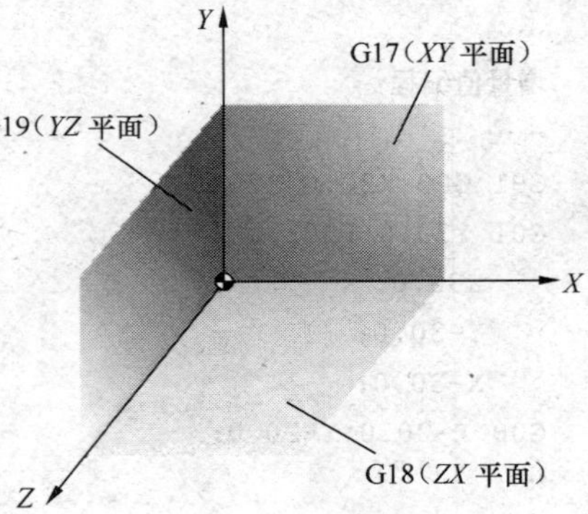

图 2-8 坐标平面选择

10. 圆弧插补指令 G02、G03

圆弧插补指令控制刀具在指定平面内按给定的进给速度 *F* 作圆弧切削，加工出圆弧轮廓。

（1）编程格式

G17/G18/G19 G02/G03 X_Y_Z_I_J_K_F_

或 G17/G18/G19 G02/G03 X_Y_Z_R_F_

说明如下。

① 平面选择：指令 G17、G18、G19 分别指定 *XY*、*XZ*、*YZ* 不同平面上的圆弧。

② 圆弧顺逆方向的判断：G02 为按指定进给速度以顺时针圆弧插补，G03 为逆时针圆弧插补。圆弧顺逆方向的判别：沿垂直于圆弧所在平面（如 *XY* 平面）的坐标轴（如 *Z* 轴）正方向往负方向看，顺时针方向为 G02，逆时针方向为 G03。如图 2-9 所示。

③ 采用绝对坐标编程时，X_、Y_、Z_为圆弧终点在工件坐标系中的坐标值，当采用增量坐标编程时，圆弧终点坐标为圆弧终点相对于圆弧起点的增量坐标值。

④ *I*、*J*、*K* 为圆心在 *X*、*Y*、*Z* 轴上相对圆弧起点的增量坐标，与 G90、G91 无关。

⑤ *R* 为圆弧半径。当用半径指定圆心位置时，由于在同一半径 *R* 的情况下，从圆弧的起点到终点有两个圆弧的可能性，为区别二者，规定圆心角 $\alpha \leq 180°$ 时，用“+*R*”表示，如图 2-10 中的圆弧 1；$\alpha > 180°$ 时，用“−*R*”表示，如图 2-10 中所示的圆弧 2。

⑥ 用半径 *R* 指定圆心位置时，不能描述整圆。

（2）应用举例

完成图 2-11 所示加工路径的程序编制（刀具现位于 *A* 点上方只进行轨迹运动）。

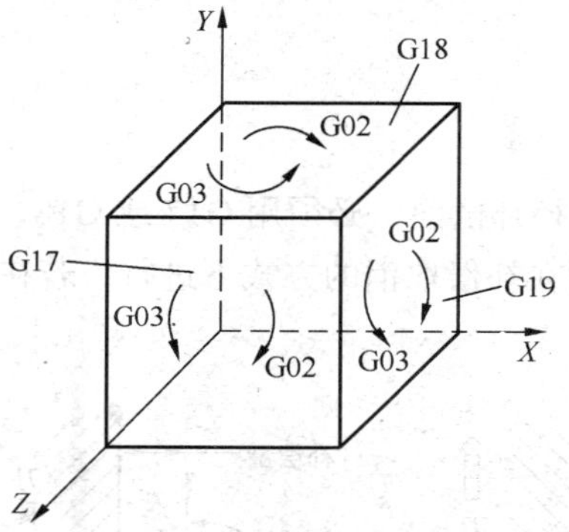

图 2-9 圆弧顺逆方向的判别

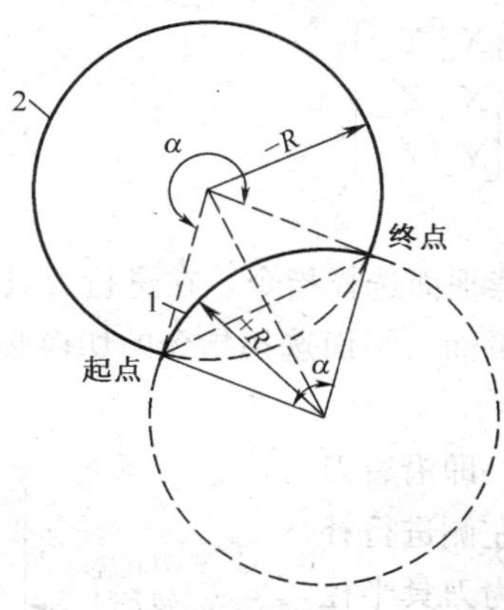

图 2-10 用 R 编程时 $\pm R$ 的判断

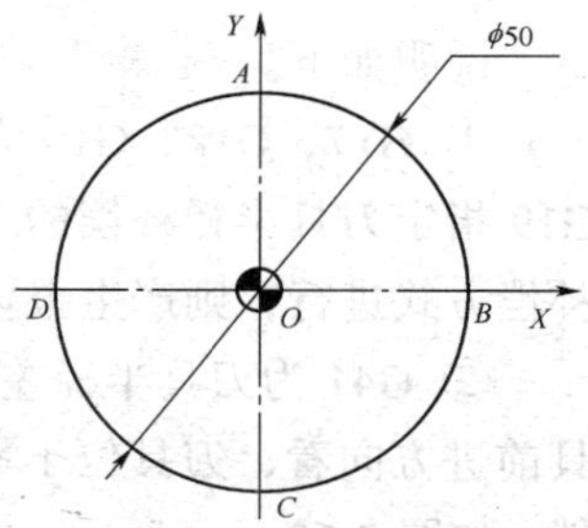

图 2-11 加工路径

程序：

```
O0002
G90 G54 G00 X0 Y25.0;
G02 X25.0 Y0 I0 J-25.0 F100;        A—B
G02 X0 Y-25.0 I-25.0 J0;            B—C
G02 X-25.0 Y0 I0 J25.0;             C—D
G02 X0 Y25.0 I25.0 J0;              D—A
```

或：

```
G90 G54 G00 X0 Y25.0;
G02 X0 Y25.0 I0 J-25.0 F100;        A—A 整圆
```

11. 刀具半径补偿指令 G41，G42，G40

（1）刀具半径补偿含义

用铣刀铣削工件的轮廓时，由于刀具总有一定的半径（如铣刀半径或线切割机的钼丝半径等），刀具中心的运动轨迹与所需加工零件的实际轮廓并不重合。如在图 2-12 中，粗实线为所需加工的零件轮廓，点划线为刀具中心轨迹。由图 2-12 可见在进行内轮廓加工时，刀具中心偏离零件的内轮廓表面一个刀具半径值。在进行外轮廓加工时，刀具中心又偏离零件的外轮廓表面一个刀具半径值。这种偏移，称为刀具半径补偿。若用人工计算刀具中心轨迹编程，计算相当复杂，且刀具直径变化时必须重新计算，修改程序。当数控系统具备刀具半径补偿功能时，数控编程只需按工件轮廓进行，数控系统自动计算刀具中心轨迹，使刀具偏离工件轮廓一个半径值，即进行刀具半径补偿。

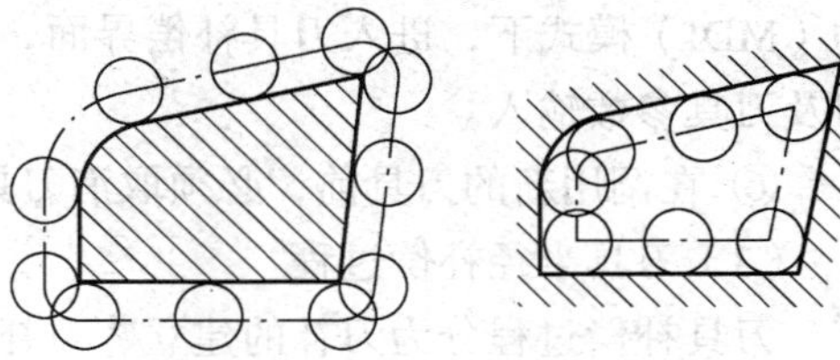

（a）外轮廓补偿　　（b）内轮廓补偿

图 2-12 刀具半径补偿

（2）编程格式

执行刀补：$\left\{\begin{matrix}G17\\G18\\G19\end{matrix}\right\}\left\{\begin{matrix}G41\\G42\end{matrix}\right\}\left\{\begin{matrix}G00\\G01\end{matrix}\right\}\left\{\begin{matrix}X\_Y\_\\X\_Z\_\\Y\_Z\_\end{matrix}\right\}D\_$

$$\text{取消刀补：}\quad G40\begin{Bmatrix}G00\\G01\end{Bmatrix}\begin{Bmatrix}X\_Y\_\\X\_Z\_\\Y\_Z\_\end{Bmatrix}$$

说明如下。

① G17、G18、G19 为补偿平面选择指令。在进行刀具半径补偿前，必须用 G17 或 G18、G19 指定刀具半径补偿的工作平面。平面选择指令的切换必须在补偿取消的方式下进行，若在补偿方式进行，则产生报警。

② G41 为刀具半径左补偿，即沿着刀具前进方向看，刀具位于零件左侧进行补偿，如图 2-13（a）所示；G42 为刀具半径右补偿，即沿着刀具前进方向看，刀具位于零件右侧进行补偿，如图 2-13（b）所示；G40 为取消刀具半径补偿，用于取消 G41、G42 指令。G40、G41、G42 是模态代码，可相互注销。

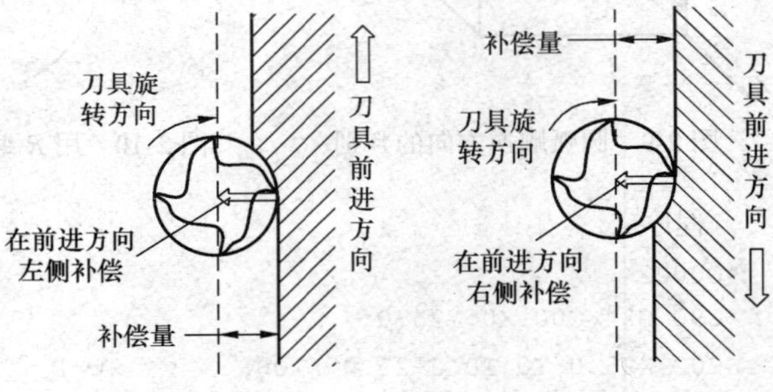

（a）左刀补 （b）右刀补

图 2-13 刀具半径补偿方向

③ 刀具半径补偿的建立和取消必须与 G01 或 G00 指令组合完成。不能使用圆弧插补指令 G02 或 G03。

④ X、Y（或 X、Z；Y、Z）是 G01、G00 运动的目标点坐标，即刀补建立或取消的终点。注意坐标轴必须与指定平面中的轴对应，在多轴联动控制中，投影到补偿平面上的刀具轨迹受到补偿。

⑤ D 为刀补具偿号也称刀具偏置代号地址字，后面常用两位数字表示。一般有 D00～D99。D 代码中存放刀具半径值作为偏置量，用于数控系统计算刀具中心的运动轨迹。偏置量可在手动（MDI）模式下，进入刀具补偿界面，设定半径补偿量，详见项目七数控铣床及加工中心对刀及刀具参数输入。

⑥ 在调用新的刀具前，必须取消刀具补偿，否则产生报警。

（3）刀具半径补偿过程

刀具补偿过程分为刀补的建立、刀补进行、刀补的取消。

① 刀补的建立。刀补的建立是刀具从起点接近工件时，刀具中心从与编程轨迹重合过渡到与编程轨迹向左（G41）或向右（G42）偏离一个偏置量的过程。刀补的建立是刀具在移动过程中逐渐加上偏置值，当建立后，刀具中心停留在程序设定坐标点的垂线上。如图 2-14 所示，图中 OB 段为刀补建立段。

② 刀补的运行。在刀补运行状态，G01、G00、G02、G03 都可使用。数控根据读入的相邻两段程序，自动计算刀具中心的轨迹。在刀补进行状态下，刀具中心轨迹与编程轨迹始终偏离一个偏置量，直到用 G40 指令取消刀具半径补偿。

③ 刀补的取消。完成零件轮廓加工后，刀具中心轨迹需要从补偿状态过渡到与编程轨迹重合的过程。如图 2-14 所示，图中，OC 段为刀补取消段。

刀具半径补偿建立、运行和取消的刀具运行轨迹，如图 2-14 所示，在建立刀具半径补偿之前，刀具应远离零件轮廓适当的距离（一般要大于刀具的半径补偿值），且应与选定好的切入点和进刀方式协调，保证刀具半径补偿的有效。刀具半径补偿取消的终点应放在刀具切出工件以后，否则会发生碰撞。

（4）应用举例

在 G17 选择的平面（*XY* 平面）内，使用刀具半径补偿完成轮廓加工编程，如图 2-15 所示（未加长度刀补）。

程序：

```
O0003
……
N20   G90 G54 G00 X0 Y0 M03 S500 F50
N30   G00 Z50.0;                起始高度  （仅用一把刀具可不加刀长补偿）
N40   Z10.0;                    安全高度
N50   G41 X20.0 Y10.0 D1;       刀具半径补偿，D01 为刀具半径补偿号
N60   G01Z-10.0;                下刀，切深 10 mm
N70   Y50.0;
N80   X50.0;
N90   Y20.0;
N100  X10.0;
N110  G00 Z50.0;                抬刀到起始高度
N120  G40 G01 X0 Y0 M05;        取消刀具半径补偿
N130  M30;
```

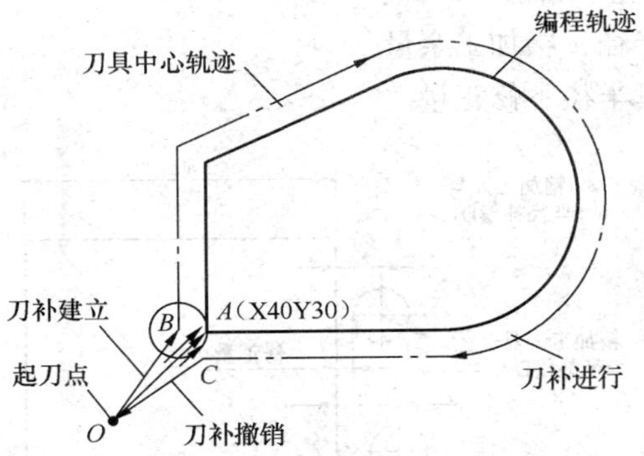

图 2-14 刀具半径补偿的建立与取消

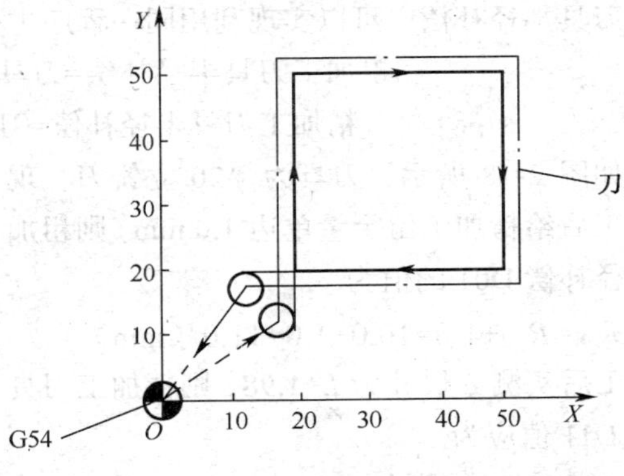

图 2-15 刀具半径补偿轨迹图

（5）刀具半径补偿过程

在上例中，当 G41 被指定时，包含 G41 句子的下面两句被预读（即 N60、N70 顺序段）。N50 指令执行完成后，机床的坐标位置由以下方法确定：将含有 G41 句子的坐标点与下面两句子中最近的、在选定平面内有坐标移动语句的坐标点相连，其连线垂直方向为偏置方向。G41 为左偏（沿着刀具运动方向的左侧），G42 为右偏（沿着刀具运动方向的右侧），偏置大小为指定的偏置存储号（D01）地址中的数值。在这里 N50 坐标点与 N70 坐标点运动方向垂直于 *X* 轴，所以刀具中心的位置应在点（X20，Y10）向左偏移一个刀具半径。

注意 上例中，由于系统只能预读后面两句，在 G41 或 G42 语句后两句中，必须有指定平面内坐标的移动。如果假定 N60 后，加上 N65Z5.0 一句，连续两句都是 *Z* 轴移动，则刀具运动轨迹得不到及时的补偿，就会出现过切削现象。

（6）使用刀具半径补偿注意事项

① 使用刀具半径补偿时应避免过切削现象，如图 2-16 所示。启用刀具半径补偿和取消刀具半径补偿时，刀具必须在所补偿的平面内移动，移动距离应大于刀具补偿值。加工半径小于刀具半径的内圆弧时，进行半径补偿将产生过切削。只有过渡圆角尺寸 > 刀具半径 r+精加工余量的情况下才能正常切削。被铣削槽底宽小于刀具直径时将产生过切削，如图 2-17 所示。

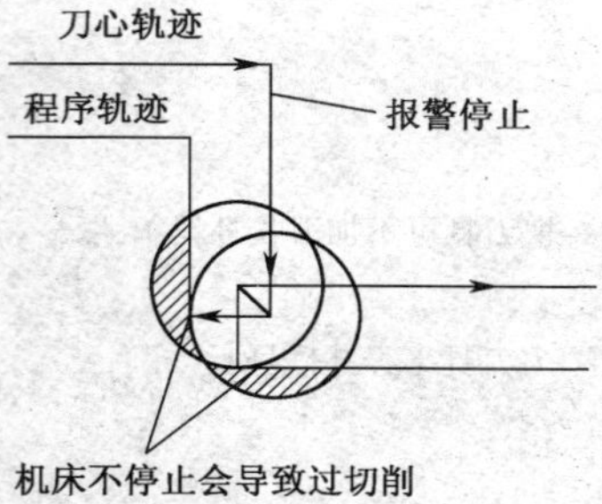

图 2-16　过切现象一

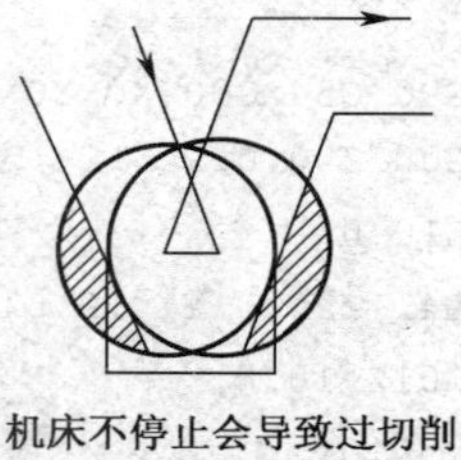

图 2-17　过切现象二

② D00～D99 为刀具补偿号，D00 意味着取消刀具补偿。刀具补偿值在加工或试运行之前须设定在补偿存储器中。

（7）刀具半径补偿的其他应用

① 刀具半径补偿除方便编程外，还可灵活运用。在实际加工中，如果工件的加工余量比较大，利用刀具半径补偿，可以实现利用同一程序进行粗、精加工。即：

粗加工刀具半径补偿=刀具半径 + 精加工余量

精加工刀具半径补偿=刀具半径 + 修正量

例：如图 2-18 所示，刀具为 $\phi20$ 立铣刀，现零件粗加工后给精加工留余量单边 1.0 mm，则粗加工刀具半径补偿 D01 的值为

$$R_{补}=R_{刀}+1.0=10.0+1.0=11.0\text{（mm）}$$

粗加工后实测 L 尺寸为 L+1.98，则精加工刀具半径补偿 D11 值应为

$$R_{补}=11.0-(1.98+0.03)/2=9.995\text{（mm）}$$

则加工后工件实际 L 值为 L−0.03。

② 刀具因磨损、重磨、换新刀而引起刀具直径改变后，不必修改程序，只需在刀具参数设置中输入变化后的刀具半径即可。

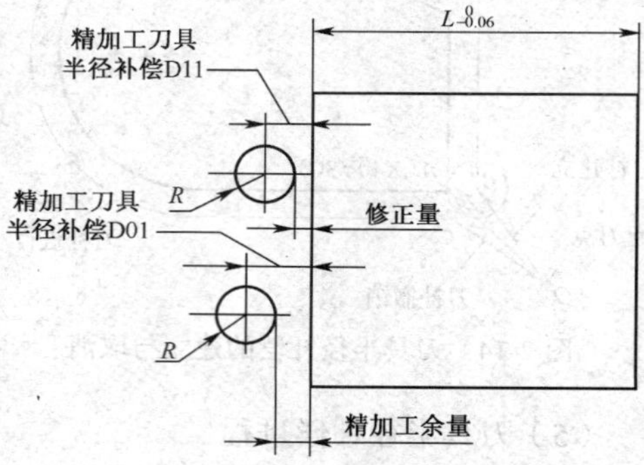

图 2-18　刀具半径补偿

12．刀具长度补偿指令 G43，G44，G49

（1）刀具长度补偿的含义

刀具长度补偿原理如图 2-19 所示。设定工作坐标系时，让主轴锥孔基准面与工件上的理论表面重合，在使用每一把刀具时可以让机床按刀具长度升高一段距离，使刀尖正好在工件表面上，这段高度就是刀具长度补偿值，其值可在刀具预调仪或自动测长装置上测出。实现这种功能的 G 代码是 G43、G44 和 G49。

（2）编程格式

执行刀补：$\left\{\begin{matrix}G43\\G44\end{matrix}\right\}\left\{\begin{matrix}G00\\G01\end{matrix}\right\}Z\_H\_$；

取消刀补：G49$\left\{\begin{matrix}G00\\G01\end{matrix}\right\}Z_$；

说明如下。

① G43为刀具长度正补偿，即实现正向偏移；G44为刀具长度负补偿，即实现负向偏移。如图2-19中所示，钻头用G43命令正向补偿了H01值，铣刀用G43命令向上正向补偿了H02值。G49为取消刀具长度正补偿指令G43和G44。

② Z__为补偿值的终点值，H__为刀具长度补偿量的存储器地址。

③ 使用G43、G44指令时，无论是绝对坐标编程还是增量坐标编程，程序中指定的 *Z* 轴移动的终点坐标值，都要与H所指定寄存器中的偏移量进行运算。G43时相加，G44时相减。例如H代码指定的已存入存储器中的偏置值为 *a*，执行G43时，*Z* 实际值 = 指令值+*a*，执行G44时，*Z* 实际值 = 指令值−*a*。计算后的坐标值为终点坐标。刀具长度补偿应用如图2-20所示。

④ G43、G44、G49为模态代码，可以相互注销。

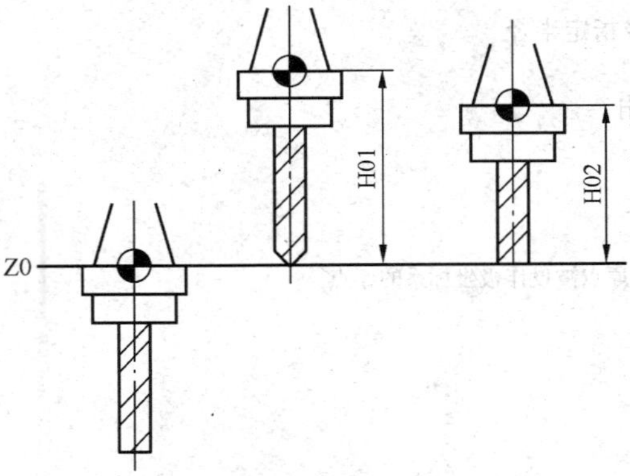

图2-19 刀具长度补偿原理

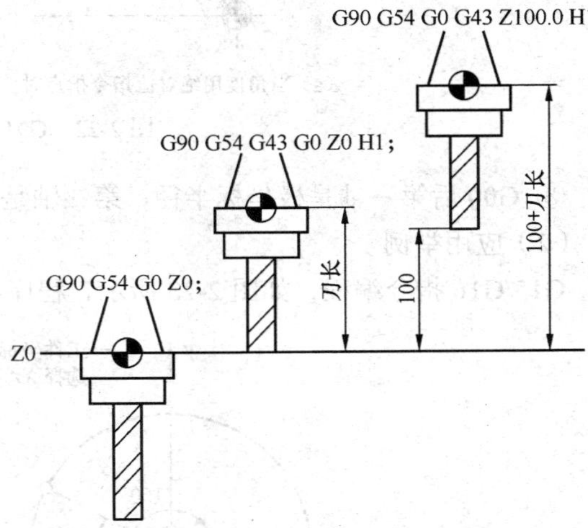

图2-20 刀具长度补偿应用

13. 极坐标指令G16/G15

（1）指令编程格式

指令加工的终点坐标可以用极坐标形式。

指令编程格式：

```
G17 /G18/G19  G16;          开始极坐标指令
G00 X-Y-;                   极坐标指令选择平面的轴地址及其值
……
G15;                        取消极坐标指令
```

说明如下。

① 坐标值可以用极坐标半径和角度输入，角度的正向是所选平面的第一轴正向的逆时针转向，而负向是顺时针转向。

② 半径和角度两者可以用绝对值指令或增量指令 G90/G91 指定，G90 指定工件坐标系的原点作为极坐标系的原点，从该点测量半径，如图 2-21 所示；G91 指定当前位置作为极坐标系的原点，从该点测量半径，如图 2-22 所示。

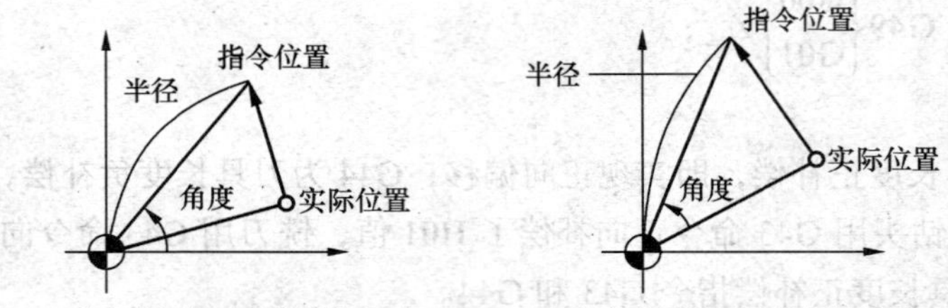

（a）当角度用绝对值指令指定时　（b）当角度用增量值指令指定时

图 2-21　G90 指令指定半径

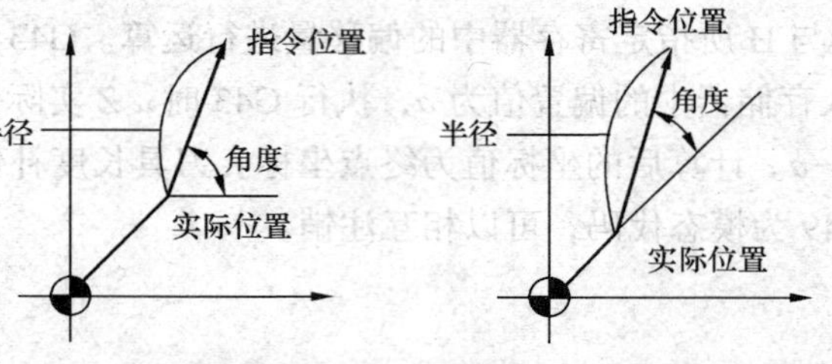

（a）当角度用绝对值指令指定时　（b）当角度用增量值指令指定时

图 2-22　G91 指令指定半径

③ G00 后第一轴是极坐标半径；第二轴是极角。

（2）应用举例

G15/G16 指令编程，如图 2-23 所示，程序如下。

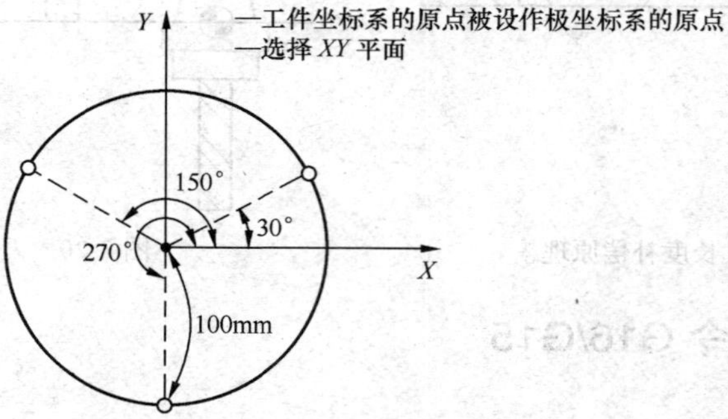

图 2-23　G15/G16 指令编程举例

① 用绝对值指令指定角度和半径：

G17 G90 G16;	指定极坐标指令和选择 XY 平面，设定工件坐标系的原点作为极坐标系的原点
G81 X100.0 Y30.0 Z-20.0 R-5.0 F120.0;	指定 100 mm 的距离和 30°的角度
Y150.0;	指定 100 mm 的距离和 150°的角度
Y270.0;	指定 100 mm 的距离和 270°的角度
G15 G80;	取消极坐标指令

② 用增量值指令指定角度，用绝对值指令指定极径：

G17 G90 G16;	指定极坐标指令和选择 XY 平面，设定工件坐标系的原点作为极坐标系的原点
G81 X100.0 Y30.0 Z-20.0 R-5.0 F120.0;	指定 100 mm 的距离和 30°的角度
G91 Y120.0;	指定 100 mm 的距离和+120°的增量角度
Y120.0;	指定 100 mm 的距离和+120°的增量角度
G15 G80;	取消极坐标指令

（3）极坐标指令应用

① G15/G16 应用场合。

G15/G16 用于圆周均布孔的加工和内接多边形的加工。

② 限制。

应用 G15/G16 有以下限定：在极坐标方式下对圆弧或螺旋线插补中用 *R* 指定半径；在极坐标方式中轴不属于极坐标指令的部分；任意角度倒角和拐角圆弧过渡。

三、项目实施

图 2-1 所示为一凸模板的零件图，毛坯 100 mm×80 mm×22 mm，材料为 45#钢，采用数控铣床加工，分析加工工艺并编制凸模板的数控加工程序。

（一）加工工艺分析

1. 零件图工艺分析

该零件主要由平面及外轮廓组成。上表面、凸模板轮廓和凸台底面的表面粗糙度为 R_a3.2，要求较高，无垂直度要求。该零件材料为 45#钢，切削加工性能较好。

2. 选择加工方案

根据零件形状及加工精度要求，一次装夹完成所有加工内容。以底面为基准，可选择先粗后精、先主后次的原则。轮廓加工方案如下：

① 粗、精加工上表面；

② 粗、精加工外轮廓。

3. 确定装夹方案

零件毛坯外形为规则的长方形，因此加工上表面与轮廓时选择平口机用虎钳。装夹高度 25 mm，因此须在虎钳定位基面加垫铁。

4. 确定加工顺序及走刀路线

① 因为平口机用虎钳为欠定位，与定位钳口平行方向无定位，所以上表面采用与定位钳口相垂直的方向加工。

② 外轮廓粗加工可采用往复加工提高加工效率。

③ 外轮廓精加工采用顺铣方式，刀具沿切线方向切入与切出，提高加工精度。

5. 刀具及切削用量的选择

顶面的加工，选择ϕ100 mm 的可转位硬质合金刀片端铣刀粗、精加工；凸模板外轮廓的加工，选用大直径刀，以提高加工效率。选用ϕ16 高速钢普通立铣刀分别进行粗、精加工。切削用量选择见工艺文件。

6. 填写工艺文件

凸模板数控加工工序卡片见表 2-3。

表 2-3　　凸模板数控加工工序卡片

<table>
<tr><td colspan="3" rowspan="2">数控加工工序卡片</td><td colspan="2">产品名称或代号</td><td colspan="2">零件名称</td><td>材料</td><td>零件图号</td></tr>
<tr><td colspan="2"></td><td colspan="2">凸模板</td><td>45</td><td>X02</td></tr>
<tr><td>工序号</td><td>程序编号</td><td>夹具名称</td><td colspan="2">夹具编号</td><td colspan="2">使用设备</td><td colspan="2">车　间</td></tr>
<tr><td></td><td>O0210
O0211</td><td>机用平口虎钳
200</td><td colspan="2"></td><td colspan="2">XK714</td><td colspan="2">数控实训中心</td></tr>
<tr><td>工步号</td><td>工步内容</td><td>刀具号</td><td>刀具规格</td><td>主轴转速 n（r/min）</td><td>进给速度 F（mm/min）</td><td>背吃刀量 a_p（mm）</td><td>量具</td><td>备注</td></tr>
<tr><td>1</td><td>粗铣顶面留余量 0.2</td><td>T01</td><td>ϕ100 端铣刀</td><td>380</td><td>200</td><td>1.8
100</td><td>游标卡尺</td><td></td></tr>
<tr><td>2</td><td>精铣顶面控制高度尺寸达 R_a3.2</td><td>T01</td><td>ϕ100 端铣刀</td><td>500</td><td>150</td><td>0.2
100</td><td>游标卡尺</td><td></td></tr>
<tr><td>3</td><td>粗铣外轮廓留侧余量 0.5，底余量 0.2</td><td>T02</td><td>ϕ16 立铣刀</td><td>2 000</td><td>180</td><td>4.5
12</td><td></td><td></td></tr>
<tr><td>5</td><td>精铣外轮廓达图纸要求</td><td>T02</td><td>ϕ16 立铣刀</td><td>2 800</td><td>250</td><td>0.5
0.2</td><td>千分尺</td><td></td></tr>
<tr><td>6</td><td>清理、入库</td><td></td><td></td><td></td><td></td><td></td><td></td><td></td></tr>
<tr><td>编制</td><td></td><td>审核</td><td></td><td colspan="3">共　页</td><td colspan="2">第　页</td></tr>
</table>

（二）编制加工程序

① 凸模板平面铣削数控加工程序见表 2-4 程序单。

② 凸模板轮廓精加工程序见表 2-5 程序单。

表 2-4　　凸模板平面铣削数控加工程序卡

<table>
<tr><td>零件号</td><td>X02</td><td>零件名称</td><td>凸模板</td><td>编程原点</td><td>上表面的中心</td></tr>
<tr><td>程序号</td><td>O0210</td><td>数控系统</td><td>FANUC 0i</td><td>编制</td><td></td></tr>
<tr><td colspan="3">程 序 内 容</td><td colspan="3">简 要 说 明</td></tr>
<tr><td colspan="3">G54 G90 G17 G00 X0.Y0.;</td><td colspan="3">确定工作坐标系及加工平面</td></tr>
<tr><td colspan="3">M03 S380;</td><td colspan="3">主轴正转，转速 380r/min</td></tr>
<tr><td colspan="3">G00 X-120. Y0. Z2.;</td><td colspan="3">定位到加工起点</td></tr>
<tr><td colspan="3">G01 Z-1.8 F200;</td><td colspan="3">粗铣上表面</td></tr>
</table>

续表

零件号	X02	零件名称	凸模板	编程原点	上表面的中心
程序号	O2010	数控系统	FANUC 0i	编制	
程 序 内 容			简 要 说 明		
X120.;					
M03 S500;					
Z-2.;					
X-120 F150;			精铣上表面		
G0 Z200.;			主轴抬起		
M05;			主轴停		
M30;			程序结束		

表 2-5　　凸模板轮廓精加工程序卡

零件号	X02	零件名称	凸模板	编程原点	上表面的中心
程序号	O0211	数控系统	FANUC 0i	编制	
程 序 内 容			简 要 说 明		
G54 G90 G17 G00 X0 .Y0.;			确定工作坐标系及加工平面		
M03 S2800;			主轴正转，转速 2 800 r/min		
G00 X-60. Y-60. Z2.;			定位到加工起点		
G01 Z-5. F250;					
G41 G01 X-40. Y-40. D01;			建立刀具半径补偿		
Y20.;			沿轮廓进行加工		
X-10. Y30.;					
X30.;					
G02 X40. Y20. R10.;					
G01 Y-10.;					
G03 X10.Y-30. R20;					
G01 X-50.;					
G40 G00 X-60.Y-60.;			取消刀具半径补偿		
G00 Z200. ;			主轴抬起		
M05;			主轴停		
M30;			程序结束		

四、拓展知识——SIEMENS 系统编程简介

（一）NC 编程基本结构

1. 程序名称

在编制程序时按以下规则确定程序名。

① 开始的两个符号必须是字母。

② 其后的符号可以是字母、数字或下划线。

③ 最多 16 个字符。

④ 得使用分隔符。

例如：ZLXl_1

2. 程序结构和内容

NC 程序由若干个程序段组成，所采用的程序段格式属于可变程序段格式。

每一个程序段执行一个加工工步，每个程序段由若干个程序字组成，最后一个程序段包含程序结束符：M02 或 M30。请看如下程序：

```
ZLX1;
N10 T1 D1;
N20 G90 G54;
N30 G60 X30 Y20 Z5 S1500 M03;
N40 G01 Z-10 F100;
N50 G91 G02 X0 Y0 I30 J0;
N60 G90 G00 Z5;
N70 G00 X0 Y0;
N80 MIRROR X0;
N90 L10;
N100 ……
……
NXXXX M30
```

3. 程序字及地址符

程序字是组成程序段的元素，由程序字构成控制器的指令。程序字（如功能字 G1、F50，坐标字 X120 等）由以下几部分组成。

① 地址符：地址符一般是一个字母。

② 数值：数值是一个数值串，它可以带正负号和小数点，正号可以省略不写。

③ 多个地址符：一个程序字可以包含多个字母，数值与字母之间还可以用符号“，”隔开。

例如，*CR*=16.5，表示圆弧半径=16.5 mm。

此外，G 功能也可以通过一个符号名进行调用。例如，SCALE，即打开比例系数。

④ 扩展地址：对于如下地址：

R　　计算参数

H　　H 功能

I，J，K　插补参数/中间点

可以通过 1～4 个数字进行地址扩展。在这种情况下，其数值可以通过“=”进行赋值。

例如：R10=5，H6=10。

4. 程序段结构

程序段由若干个字和程序段结束符“LF”组成。在程序编写过程中进行换行时或按输入键时，可以自动产生程序段结束符。本书中用“;”号表示回车换行（输入键）。

① 字顺序：程序段中有很多指令时建议按如下顺序：

N—G—X—Y—Z—F—S—T—D—M—H

② 程序段号说明：建议以 5 或 10 为间隔选择程序段号，以便修改插入程序段时赋予程序段号。

那些不需在每次运行中执行的程序段可以被跳过去，为此可在这样的程序段的段号之前输入斜线符“/”。通过操作机床控制面板或者通过 PLC 接口控制信号使跳跃程序段生效。

在程序运行过程中，一旦跳跃程序段生效，则所有带“/”符的程序段都不予执行，当然这些程序段中的指令也不予考虑。程序从下一个没带斜线符的程序段开始执行。

③ 说明：利用加注释的方法可在程序中对程序段进行说明。注释可作为对操作者的提示显示在屏幕上。例如：

```
N10 G17 G54 G94 F100 S1200 M3 D2;    主程序
N20 G00 G90 X100 Y200;
N30 G01 Y185;
N40 X112;
/N50 X118 Y180;
N60 X150 Y120;
N70 G00 G90 X200;
N80 M02
```

（二）SIEMENS 系统 G 功能代码

SIEMENS 系统数控铣床和加工中心 G 功能格式见表 2-6。

表 2-6　　数控铣床和加工中心 G 功能格式

地址	含义及赋值	说　明	编　程
D	刀具刀补号 0～9 整数不带符号	用于某个刀具 T__.的补偿参数；D0 表示补偿值=0；一个刀具最多有 9 个 D 号	D__
F	进给率（与 G4 一起可以编程停留时间）0.001～99 999.999	刀具/工件的进给速度，对应 G95，单位分别为 mm/min 或 mm/T	F__
S	主轴转速，在 G4 中表示暂停时间 0.001～99 999.999	主轴转速单位是转/分，在 G4 中作为暂停时间	S__
T	刀具号 1～32 000 整数，无符号	可以用 T 指令直接更换刀具，可由 M6 进行。这可由机床数据设定	T__

续表

地址	含义及赋值	说　明	编　程
G	G 功能（准备功能字） 已事先规定	G 功能按 G 功能组划分，一个程序段只能有一个 G 功能组中的一个 G 功能指令。G 功能按模态有效（直到被同组中其他功能替代），或者以程序段方式有效	G–
G0	快速移动	运动指令（插补方式）	G0 X__Y__Z__
G1	直线插补		G1 X__Y__Z__F__
G2	顺时针圆弧插补		G2 X__Y__Z__I__K__; 圆心和终点 G2 X__Y__CR=__F__; 半径和终点 G2 AR=__I__J__F__; 张角和圆心 G2 AR=__X__Y__F__;张角和终点
G3	逆时针圆弧插补		G3__；其他同 G2
G5	中间点圆弧插补		G5 X__Y__Z__ IX=__JY=__KZ=__F__
G33	恒螺距的螺纹切削	模态有效	S__M__; 主轴转速，方向 G33Z__K__; 在 Z 轴方向上带补偿夹具攻丝
G331	不带补偿夹具切削内螺纹		N10 SPOS=__ 主轴处于位置调节状态 N20 G331 Z__K__S__; 在 Z 轴方向不带补偿夹具攻丝；右旋螺纹或左旋螺纹通过螺距的符号（比如 K+）确定： +:　　　　同 M3 –:　　　　同 M4
G332	不带补偿夹具切削内螺纹——退刀		G332 Z__K__; 不带补偿刀具切削螺纹 i——退刀； 螺距符号同 G331
G4	暂停时间	特殊运行，程序段有效	G4 F__或 G4 S__; 自身程序段
G63	带补偿刀具切削内螺纹		G63 Z__F__S__M__ 自身程序段
G74	回参考点		G74X__Y__Z__; 自身程序段

续表

地址	含义及赋值	说 明	编 程
G75	回固定点	特殊运行，程序段有效	G75 X__Y__.Z__; 自身程序段
G158	可编程的偏置	写存储器，程序段有效	G158X__Y__Z__.; 自身程序段
G258	可编程的旋转		G258 RPL=__; 在G17到G19平面中旋转，自身程序段
G259	附加可编程旋转		G259 RPL=__; 在G17到G19平面中附加旋转，自身程序段
G25	主轴转速下限		G25S__; 自身程序段
G26	主轴转速上限		G26S__; 自身程序段
G17	*X*/*Y* 平面	平面选择模态有效	G17__所在平面的垂直轴为刀具长度补偿轴
G18	*Z*/*X* 平面		
G19	*Y*/*Z* 平面		
G40	刀尖半径补偿的取消	刀尖半径补偿模态有效	
G41	调用刀尖半径补偿，刀具在轮廓左侧移动		
G42	调用刀尖半径补偿，刀具在轮廓右侧移动		
G500	取消可设定零点偏置	可设定零点偏置模态有效	
G54	第一设定零点偏置		
G55	第二设定零点偏置		
G56	第三设定零点偏置		
G57	第四设定零点偏置		
G53	按程序段方式可设定零点偏置	取消可设定零点偏置段方式有效	
G60	准确定位	定位性能零点偏置模态有效	
G64	连续路径方式		
G9	准确定位，单程序段有效	程序的方式准停段方式有效	
G601	在G60，G9方式下准确定位，精	准停窗口模态有效	
G602	在G60，G9方式下准确定位，粗		
G70	英制尺寸	英制/公制尺寸模态有效	
G71	公制尺寸		
G90	绝对尺寸	绝对/增量尺寸模态有效	
G91	增量尺寸		
G94	进给率F，单位mm/min	进给/主轴模态有效	

续表

地址	含义及赋值		说　明	编　　程
G95	主轴进给率 F，单位 mm/T		进给/主轴模态有效	
G901	在圆弧段进给补偿“开”		进给补偿模态有效	
G900	进给补偿“关”			
G450	圆弧过渡		刀尖半径补偿时拐角特性模态有效	
G451	等距线的交点			
L	子程序名及子程序调用	7 位十进制整数无符号	可以选择 L1__L9999999； 子程序调用需要一个独立的程序段。注意 L0001 不等于 L1	L__；自身程序段
P	程序调用次数	1__9999 整数，无符号	在同一程序段中多次调用子程序。 比如：N10 L871 P3；调用三次	比如：L781 P__；自身程序段
RPL	在 G258 和 G259 时的旋转角	+/−0.000 01—359.999 9	单位为度，表示在当前平面 G17 到 G19 中可编程旋转的角度	参见 G258，G259

（三）SIEMENS 系统支持的 M 代码

支持的 M 代码见表 2-7。

表 2-7　　支持的 M 代码

代　码	意　义	格　式	功　能
M00	停止	M00	
M01	选择性暂停	M01	
M03	主轴顺时针旋转	M03	
M04	主轴逆时针旋转	M04	
M05	主轴停转	M05	
M06	换刀	T×或 T=×或 Ty=×	选择第×号刀，×范围：0～32 000，T0 取消刀具
		M06	T 生效且对应补偿 D 生效
M17	子程序结束	（1）若单独执行子程序则此功能与 M02 和 M30 相同 （2）自动取消 G64 模式	
M02	主程序结束		若主程序被其他程序调用，则功能同 M17
M30	主程序结束且返回程序开头		

习题

一、选择题（请将正确答案的序号填写在题中的括号中）

1. 用来指定圆弧插补的平面和刀具补偿平面为 *XY* 平面的指令（　）。

A. G16　B. G17　C. G18　D. G19

2. G00 在指令机床运动时（　）。

A. 允许加工　B. 不允许加工　C. 由用户事先规定

3. 在数控机床在进行 2 轴（或 3 轴）直线插补时，F 指令所指定的速度是（　）。

A. 各进给轴的进给速度　B. 2 轴（或 3 轴）合成进给速度

C. 位移量较大进给轴的进给速度

4. 数控铣床上铣削模具时，铣刀相对于零件运动的起始点称为（　）。

A. 刀位点　B. 对刀点　C. 换刀点

5. 在数控铣床上的 *XY* 平面内加工曲线外形工件，应选择（　）指令。

A. G17　B. G18　C. G19

二、判断题（请将判断结果填入括号中，正确的填"√"，错误的填"×"）

（　）1. 粗铣平面时，因加工表面质量不均，选择铣刀时直径要小一些。精铣时，铣刀直径要大，最好能包容加工面宽度。

（　）2. M 功能又叫准备功能。

（　）3. 能进行轮廓控制的数控机床，一般也能进行点位控制和直线控制。

（　）4. 用端铣方法铣平面，造成平面度误差的主要原因是铣床主轴的轴线与进给方向不垂直。顺时针圆弧插补（G02）和逆时针圆弧插补（G03）的判别方向是：沿着不在圆弧平面内的坐标轴正方向向负方向看去，顺时针方向为 G02，逆时针方向为 G03。

（　）5. 用端铣刀铣平面时，铣刀刀齿参差不齐，对铣出平面的平面度好坏没有影响。

（　）6. 加工平面任意直线应采用点位控制数控机床。

三、项目训练

1. 编写图 2-24（a）、（b）所示两个零件的数控铣削加工程序，已知毛坯 100 mm×80 mm×40 mm，材料#45。

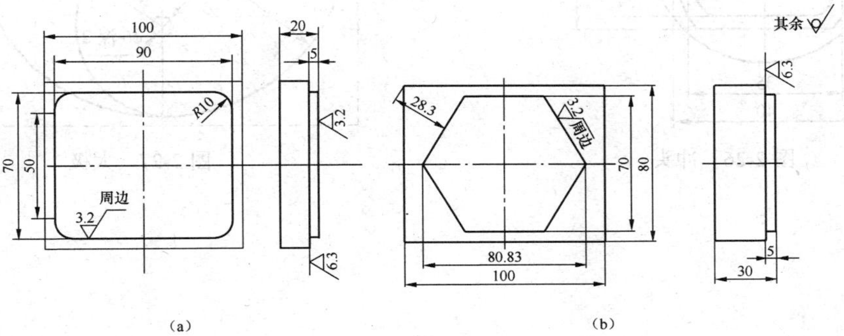

图 2-24　零件图样

2. 利用极坐标指令编写图 2-25 所示五角星底板的数控铣削加工程序，已知毛坯为ϕ100×30 mm 棒料，五星凸台高 15 mm，材料为硬铝。

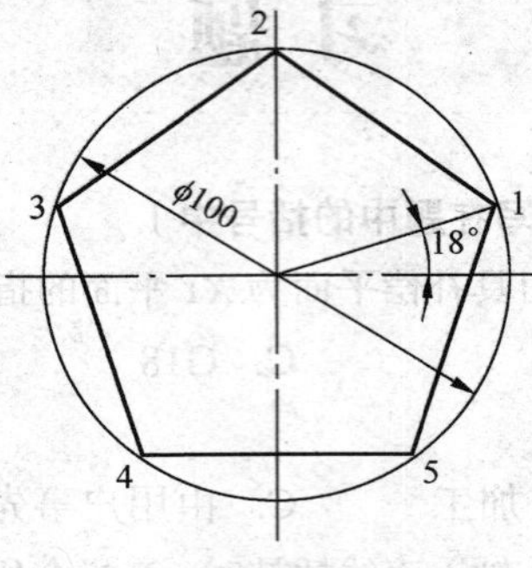

图 2-25 五角星底板

3. 分析图 2-26 所示冲头的数控铣削加工工艺，填写工序卡，编制加工程序。毛坯为ϕ50×55 mm 棒料，材料#45。

4. 分析图 2-27 所示太极的数控铣削加工工艺，填写工序卡，编制加工程序。毛坯为 100 mm×100 mm 毛坯，材料#45。

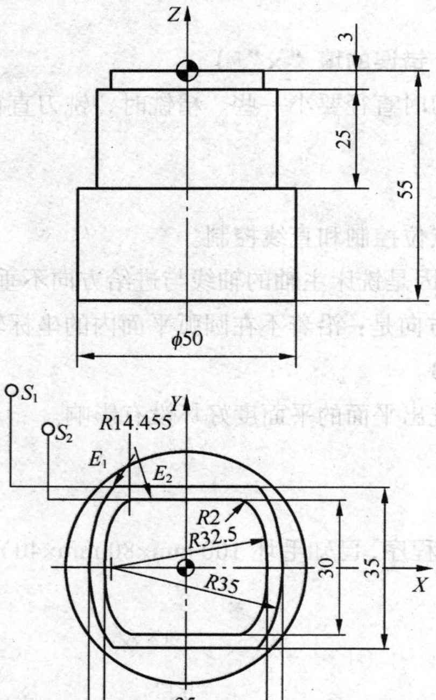

图 2-26 冲头

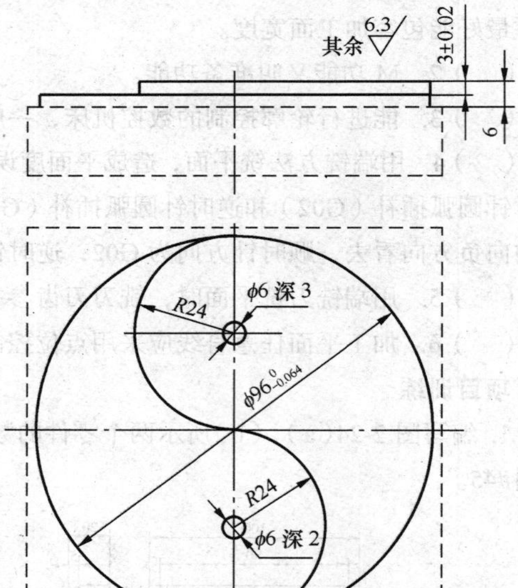

图 2-27 太极

项目三

型腔类零件的加工工艺及程序编制

【能力目标】

1. 针对加工零件，能分析型腔类零件的结构特点、特殊加工要求，理解加工技术要求
2. 会分析腔体零件的工艺性能，能正确选择设备、刀具、夹具与切削用量，能编制数控加工工艺卡
3. 能使用数控系统的基本指令正确编制型腔类零件的数控加工程序

【知识目标】

1. 掌握数控系统的 M98/M99、G68/G69、G51/G50 等指令的编程格式及应用
2. 掌握型腔类零件的结构特点和加工工艺特点，正确分析腔体零件的加工工艺
3. 掌握型腔类零件的工艺编制方法
4. 掌握型腔类零件的手工编程方法

使用数控铣床加工零件，一般说来都需要经过 4 个主要的工作环节，即确定工艺方案、编写加工程序、实际数控加工、零件测量检验。本项目主要学习腔体零件的数控加工工艺制定和程序编制。

一、项目导入

任务 1：如图 3-1 所示，为一标志图形零件，毛坯为ϕ100 mm×25 mm 的圆柱，材料为 45#钢，要求分析零件的加工工艺，填写工艺文件，编写零件的加工程序。

任务 2：如图 3-2 所示，为一型腔零件，毛坯为 80 mm×80 mm×20 mm，材料为硬铝，要求分析零件的加工工艺，填写工艺文件，编写零件的加工程序。

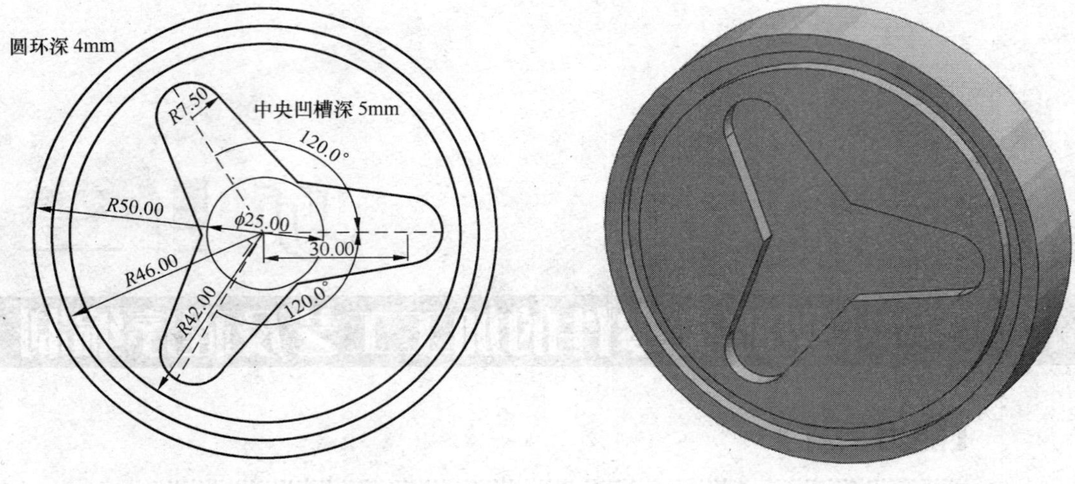

（a）零件图　　（b）立体图

图 3-1　标志图形零件

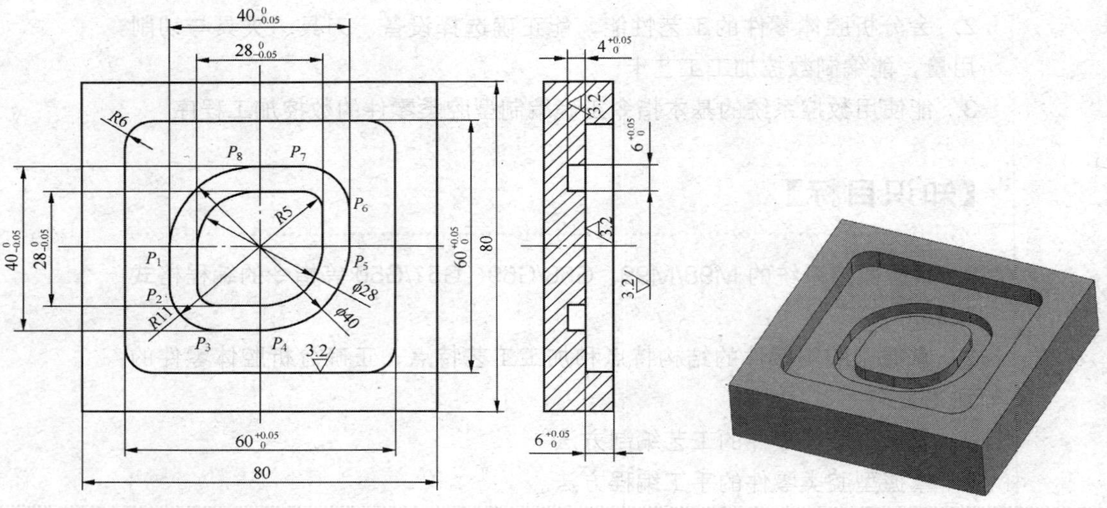

（a）零件图　　（b）立体图

图 3-2　型腔零件

（一）项目分解

型腔的铣削加工是使用数控铣削加工的主要工作内容，包括各种形状的型腔和封闭槽的铣削加工，如何制定型腔类零件的数控加工工艺，编制其加工程序，需要首先学习相关的数控铣削加工指令和工艺知识，然后完成项目要求。

（二）项目分析

根据给定的腔体零件图样，通过对图样分析，进行零件加工工艺性分析，设计加工工艺方案，编制工艺卡、刀具卡等数控加工技术文件，应用 M98/M99、G68/G69、G51/G50、G50.1/G51.1 等指令编写数控加工程序。

二、相关知识

（一）型腔铣削工艺设计

1. 挖槽和型腔加工中的进刀方式

对于封闭型腔零件的加工，下刀方式主要有垂直下刀、螺旋下刀和斜线下刀3种。

（1）垂直下刀

① 小面积切削和零件表面粗糙度要求不高的情况。

使用键槽铣刀直接垂直下刀并进行切削。虽然键槽铣刀其端部刀刃通过铣刀中心，有垂直吃刀的能力，但由于键槽铣刀只有两刃切削，加工时的平稳性也就较差，因而表面粗糙度较大；同时在同等切削条件下，键槽铣刀较立铣刀的每刃切削量大，因而刀刃的磨损也就较大，在大面积切削中的效率较低。所以，采用键槽铣刀直接垂直下刀并进行切削的方式，通常只用于小面积切削或被加工零件表面粗糙度要求不高的情况。

② 大面积切削和零件表面粗糙度要求较高的情况。

大面积的型腔一般采用加工时具有较高的平稳性和较长使用寿命的立铣刀来加工，但由于立铣刀的底切削刃没有到刀具的中心，所以立铣刀在垂直进刀时没有较大切深的能力，因此一般先采用键槽铣刀（或钻头）垂直进刀，预钻起始孔后，再换多刃立铣刀加工型腔。

（2）螺旋下刀

螺旋下刀方式是现代数控加工应用较为广泛的下刀方式，特别在模具制造行业中应用最为常见。刀片式合金模具铣刀可以进行高速切削，但和高速钢多刃立铣刀一样在垂直进刀时没有较大切深的能力。但可以通过螺旋下刀的方式，通过刀片的侧刃和底刃的切削，避开刀具中心无切削刃部分与工件的干涉，使刀具沿螺旋朝深度方向渐进，从而达到进刀的目的。这样，可以在切削的平稳性与切削效率之间取得一个较好的平衡点，如图3-3所示。

螺旋下刀也有其固有的弱点，比如切削路线较长、在比较狭窄的型腔加工中往往因为切削范围过小无法实现螺旋下刀等，所以有时需采用较大的下刀进给或钻下刀孔等方法来弥补，所以选择螺旋下刀方式时要注意灵活运用。

（3）斜线下刀

斜线下刀时刀具快速下至加工表面上1个距离后，改为以1个与工件表面成一角度的方向，以斜线的方式切入工件来达到 Z 向进刀的目的。如图3-4所示。

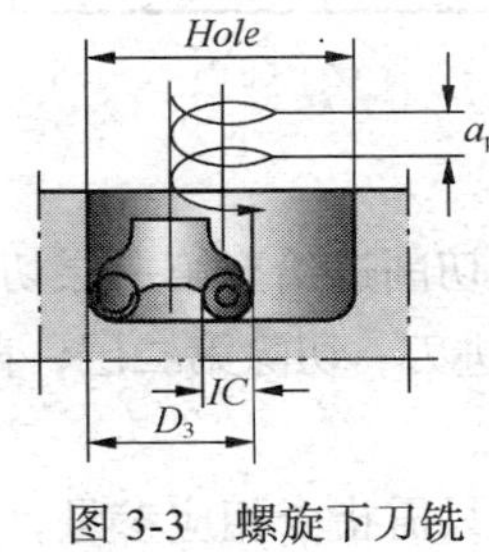

图3-3 螺旋下刀铣

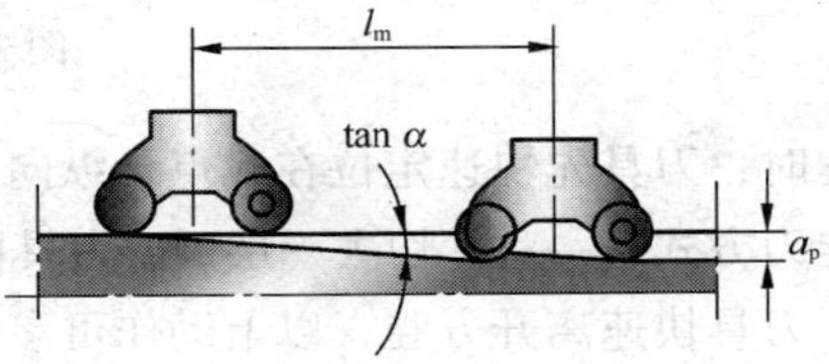

图3-4 斜线下刀铣

斜线下刀方式作为螺旋下刀方式的一种补充，通常用于因范围的限制而无法实现螺旋下刀时的长条形的型腔加工。

斜线下刀主要的参数有:斜线下刀的起始高度、切入斜线的长度、切入和反向切入角度。起始高度一般设在加工面上方 0.5～1 mm；切入斜线的长度要视型腔空间大小及铣削深度来确定，一般是斜线越长，进刀的切削路程就越长；切入角度选取得太小，斜线数增多，切削路程加长；角度太大，又会产生不好的端刃切削的情况，一般选 5°～200° 为宜。通常进刀切入角度和反向进刀切入角度取相同的值。

2. 走刀路线

（1）圆腔挖腔程序的编制

圆腔挖腔，一般从圆心开始，根据所用刀具，也可先预钻一孔，以便进刀。挖腔加工多用立铣刀或键槽铣刀。

如图 3-5 所示。挖腔时，刀具快速定位到 R 点，从 R 点转入切削进给，先铣一层，切深为 Q，在一层中，刀具按宽度（行距）H 进刀，按圆弧走刀，H 值的选取应小于刀具直径，以免留下残留，实际加工中，根据情况选取。依次进刀，直至孔的尺寸。加工完一层后，刀具快速回到孔中心，再轴向进刀（层距），加工下一层，直至到达孔底尺寸 Z。最后，快速退刀，离开孔腔。

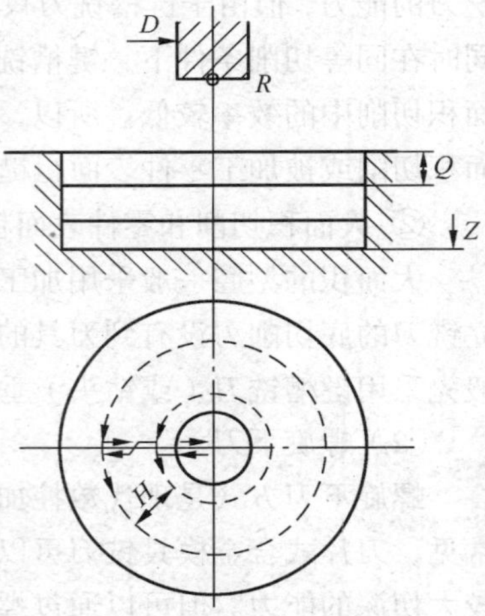

图 3-5 挖圆腔

（2）方腔挖腔程序的编制

方腔挖腔与圆腔挖腔相似，但走刀路径可有以下几种，如图 3-6 所示。

图 3-6（a）的走刀，是从角边起刀，按 Z 字形排刀。这种走刀，编程简单，但行间在两端有残留。

图 3-6（b）的走刀，是从中心起刀，或长边从（长-宽）/2 处起刀，按逐圈扩大的路线走刀，因每圈需变换终点位置尺寸，编程复杂，但腔中无残留。

图 3-6（c）的走刀，结合图 3-6（a）、图 3-6（b）2 种的优点，先以 Z 字形排刀，最后沿腔周走一刀，切去残留。

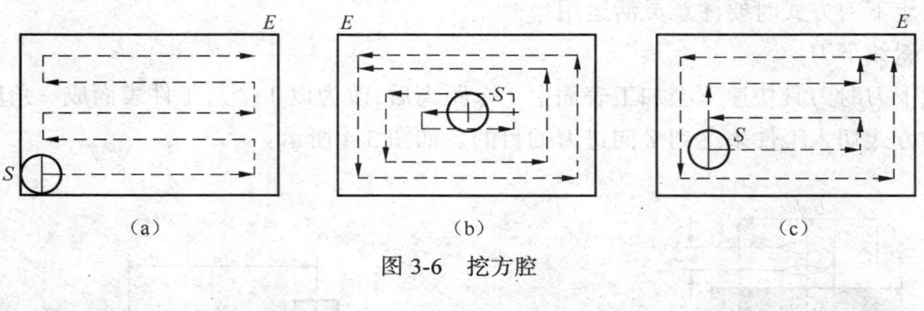

图 3-6 挖方腔

编程时，刀具先快速定位在 S 点，纵向快速定位在 R 点，再切削进给至第一层切深，按上述 3 种走刀方式选一种，切去一层后，刀具回到出发点，再纵向进刀，切除第二层，直到腔底，切完后，刀具快速离开方腔，以上动作可参阅圆腔挖腔正向视图。

同样，有的系统已将上述加工过程作为宏指令，在编程时，只需指令相应参量，即可将方腔挖出。

（3）不规则形状挖腔程序的编制

对于不规则形状的挖腔，程序较规则形状要复杂，计算工作量有时较大。为简化编程，编程员可先将其变成内轮廓进行加工，再将剩余部分变成无界平面进行铣削加工，如图 3-7 所示。由于所剩部分已远离边界，可用方格纸进行近似取值，只要不碰边界即可，这样可以简化编程。如图 3-7 双点划线所示，为剩余轮廓腔，近似取值加工，编程并不困难。

（4）带弧岛的挖腔程序的编制

带弧岛的挖腔，不但要照顾到轮廓，还要保证弧岛。为简化编程，编程员可先将腔的外形按内轮廓进行加工，再将弧岛按外轮廓进行加工，使剩余部分远离轮廓及弧岛，再按无界平面进行挖腔加工。可用方格纸进行近似取值，以简化编程。注意如下问题。

① 刀具要足够小，尤其用改变刀具半径补偿的方法进行粗、精加工时，保证刀具不碰型腔外轮廓及弧岛轮廓。

② 有时可能会在弧岛和边槽或 2 个弧岛之间出现残留，可用手动方法除去。

③ 为下刀方便，有时要先钻出下刀孔。

例：带弧岛的挖腔，零件如图 3-8 所示。

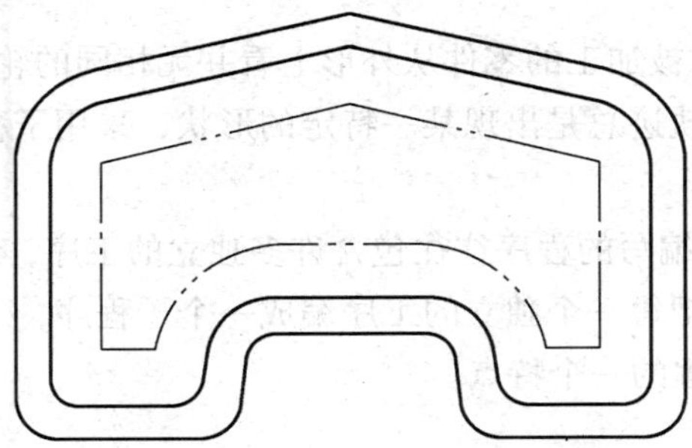

图 3-7　不规则形状型腔

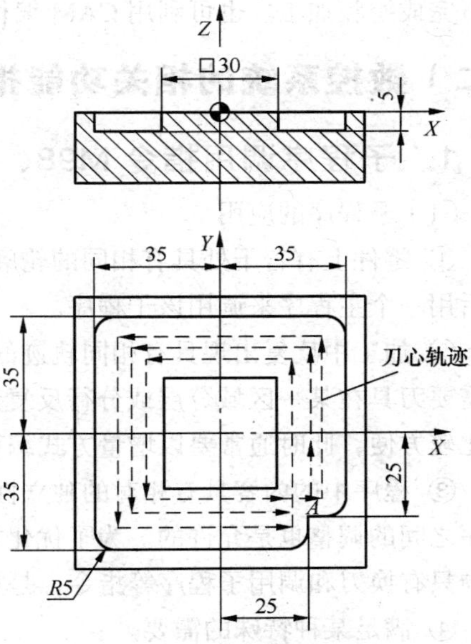

图 3-8　带弧岛的挖腔

因型腔内角为 *R*5，所以选择ϕ10 立铣刀。为走刀方便，下刀点选在 *A* 点（20，−20）并预钻ϕ10 的孔。铣削程序如下：

```
……
G90 G00 X20.0 Y-20.0; A点
G00 Z3.0;
G01 Z-5.0 F100;
```

铣腔内轮廓，用刀心编程。

```
X30.0 F50;
```

```
Y30.0;
X-30.0;
Y-30.0;
X20.0;
铣弧岛
Y20.0;
X-20.0;
Y-20.0;
X25;
去残留
Y25.0;
X-25.0;
Y-25.0;
X18.0;
G00 Z200.0 M05;
……
```

有的系统已有上述型腔加工过程的宏指令功能，在编程时，可按程序格式指令相应参量，即可完成挖腔加工。也可利用CAM编程软件，辅助处理出加工程序。

（二）数控系统的相关功能指令

1. 子程序调用指令M98、M99

（1）子程序的应用

① 零件上有若干处具有相同的轮廓形状。在这种情况下，只编写一个轮廓形状的子程序，然后用一个主程序来调用该子程序。

② 加工中反复出现具有相同轨迹的走刀路线。被加工的零件从外形上看并无相同的轮廓，但需要刀具在某一区域分层或分行反复走刀，走刀轨迹总是出现某一特定的形状，采用子程序就比较方便，此时通常要以增量方式编程。

③ 程序中的内容具有相对的独立性。加工中心编写的程序往往包含许多独立的工序，有时工序之间的调整也是允许的。为了优化加工顺序，把每一个独立的工序编成一个子程序，主程序中只有换刀和调用子程序等指令，是加工中心编程的一个特点。

④ 满足某种特殊的需要。

（2）子程序格式

```
O××××;  子程序号
N010 __ __ __ __ __;
N020 __ __ __ __ __;
……
N200 __ __ __ __ __;
N210 M99;  子程序结束
```

说明如下。

① 在子程序的开头，继“O”之后规定子程序号；

② M99为子程序结束指令，M99不一定要单独使用一个程序段，如下所示也是允许的：

G00 X _ Y _ M99。

（3）子程序的调用

子程序的调用指令的具体格式各系统各不相同。FAUNC 系统的子程序调用指令格式为：

M98 P××××L××××

其中，M98 为调用子程序指令字。地址 P 后面的 4 位数字为子程序号。地址 L 后面的数字为重复调用的次数，系统允许重复调用次数为 9 999 次。如果只调用一次，此项可省略不写。

例如，M98P1006L4，表示 1 006 号子程序重复调用 4 次。子程序调用指令可以与移动指令放在一个程序段中。

（4）应用举例

零件如图 3-9 所示，用 $\phi 8$ 键槽铣刀加工 10 mm 深的槽，每次 Z 轴下刀 2.5 mm，试利用子程序编写程序。

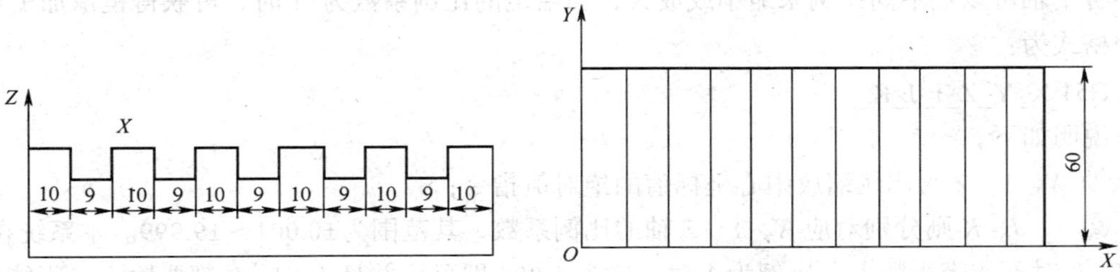

图 3-9　子程序编程

```
O100                                  主程序号
N0010 G92 X0 Y0 Z20.0;                建立工件坐标系
N0020 M03 S800;                       主轴开启
N0030 G90 G00 X-4.0 Y-10.0M08;        快速定位，冷却液开
N0040 Z0;                             主轴下移
N0050 M98 P110 L4;                    调用子程序 110 号 4 次
N0060 G90 G00 Z20.0 M05;              主轴抬刀，主轴关闭
N0070 X0 Y0 M09;                      回到坐标原点，冷却液关闭
N0080 M30;                            程序结束

O110                                  子程序号
G91 G00 Z-2.5;                        下刀 2.5 mm
M98 P120 L5;                          调用子程序 120 号 5 次
G00 X-99.0;                           X 向返回；
M99;                                  子程序结束

O120;                                 子程序号
G91 G00 X18.0;                        X 向前进 18 mm
G01 Y76.0 F100;                       沿 Y 轴切削 76 mm
G01 X1.0;                             沿 X 向前进 1 mm
G01 Y-76.0;                           沿 Y 轴反向切削 76 mm
M99;                                  子程序结束
```

2. 比例缩放指令 G50、G51

使用 G50、G51 指令，可使原编程尺寸按指定比例缩小或放大；也可让图形按指定规律产生镜像变换。G51 为比例编程指令，G50 为撤销比例编程指令。G50、G51 均为模态代码。

（1）各轴按相同比例编程

指令格式为：G51X_Y_Z_P_；

说明如下。

① X、Y、Z 为比例缩放中心坐标值的绝对值指令；

② P 为比例系数，最小输入量为 0.001，比例系数的范围为：0.001～999.999；该指令以后的移动指令，均从比例中心点开始，实际移动量为原数值的 P 倍。P 值对偏移量无影响。

例如，在图 3-10 中，P_1～P_4 为原加工图形，P_1'～P_4'为比例编程的图形，P_0 为比例中心。

（2）各轴以不同比例编程

各个轴可以按不同比例来缩小或放大，当给定的比例系数为-1 时，可获得镜像加工功能。指令格式为：

G51 X_Y_Z_I_J_K_

说明如下。

① X、Y、Z 为比例缩放中心坐标值的绝对值指令；

② I、J、K 则分别对应 X、Y、Z 轴的比例系数，其范围为±0.001～±9.999。本系统在设定 I、J、K 时不能带小数点，比例为 1 时，输入 1 000 即可。并且 I、J、K 都要输入，不能省略。比例系数与图形的关系如图 3-11 所示。其中：b/a：X 轴系数；d/c：Y 轴系数；O：比例中心。

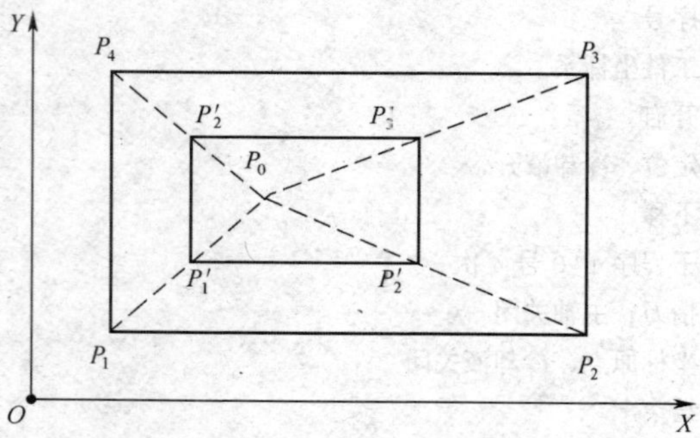

图 3-10 各轴按相同比例编程

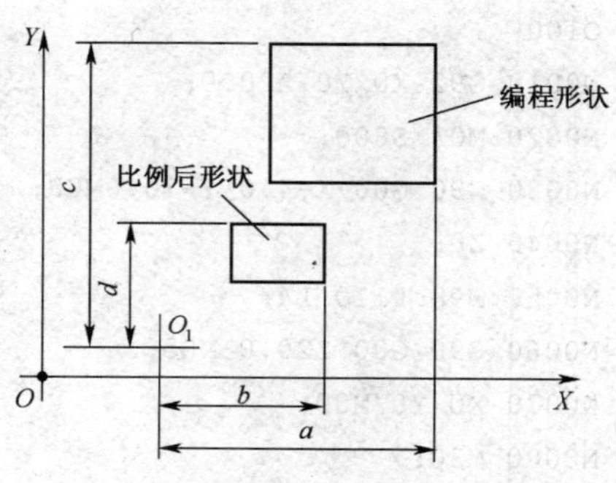

图 3-11 各轴按不同比例编程

（3）比例缩放指令取消 G50

G50：缩放取消

（4）应用比例缩放指令注意事项

① 比例缩放对刀具半径补偿值，刀具长度补偿值和刀具偏置无效。

② 在缩放状态，不能指令返回参考点的 G 代码（G27～G30 等）和指令坐标系的 G 代码（G52～G59，G92 等）。若必须指令这些 G 代码，应在取消缩放功能后指定。

③ 位置显示的是比例缩放后的坐标值。

④ 当在指定平面有一个轴执行镜像时，其结果如下。

圆弧指令——旋转方向反向；

刀具半径补偿——偏置方向反向；

坐标系旋转——旋转角反向；

⑤ 在以下的固定循环中，Z 轴的移动缩放无效。

深孔钻循环（G83、G73）的切入值 Q 和返回值 d；精镗循环（G76）；背镗循环（G87）中 X 轴和 Y 轴的偏移值 Q；手动运行时，移动距离不能用缩放功能增减。

（5）应用举例

如图 3-12 所示，为镜像功能的应用实例。其中比例系数取为+1 000 或－1 000，设刀具起始点在 O 点，参考程序如下。

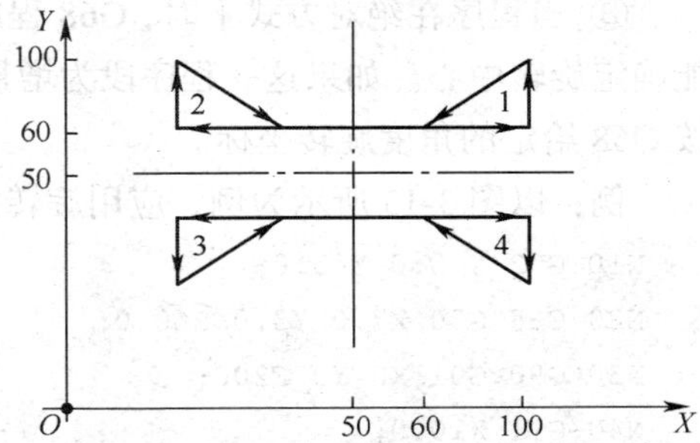

图 3-12　镜像功能

主程序：

```
O100
N10 G00 G90;
N20 M98P9000;
N30 G51X50.0Y50.0I-1000J1000;
N40 M98P9000;
N50 G51X50.0Y50.0I-1000J-1000;
N60 M98P9000;
N70 G51X50.0Y50.0I1000J-1000;
N80 M98P9000;
N90 G50;
N100 M30;
```

子程序：

```
O9000
N10 G00G90X60.0Y60.0;
N20 G01X100.0F100;
N30 G01X100.0Y100.0;
N40 G01X60.0Y60.0;
N50 M99;
```

3. 坐标系旋转指令 G68、G69

坐标系旋转指令 G68、G69 可使编程图形按指定旋转中心及旋转方向旋转一定的角度。用该功能可将工件旋转某一指定角度。另外，如果工件的形状由许多相同的图形组成，则可将图形单元编成子程序，然后用主程序的旋转指令调用。这样可简化编程、省时、省存储空间。G68 表示开始坐标旋转，G69 用于撤销旋转功能。

指令格式：

G68 X_Y_R_；设定坐标系旋转

G69；　　　　　取消坐标系旋转

说明如下。

① X、Y 为旋转中心的坐标值（坐标值可以是 X、Y、Z 中的任意两个，由平面选择指令 G17/G18/G19 确定）。当 X、Y 省略时，G68 指令以当前位置为旋转中心；

② *R* 为旋转角度，逆时针旋转定义为正向，顺时针旋转定义为负向。旋转角度范围−360°～360°，最小角度单位为 0.001°。当 *R* 省略时，按系统参数确定旋转角度；

③ 当程序在绝对方式下时，G68 程序段后的第一个程序段必须使用绝对方式移动指令，才能确定旋转中心。如果这一程序段为增量方式移动指令，那么系统将以当前位置为旋转中心，按 G68 给定的角度旋转坐标。

例：以图 3-13 所示为例，应用旋转指令的参考程序如下。

```
N10 G92 X-5.0 Y-5.0;
N20 G68 G90 X7.0 Y3.0 R60.0;
N30 G90 G01 X0 Y0 F200;
N40 G91 X10.0;
N50 G02 Y10.0 R10.0;
N60 G03 X-10.0 I-5.0 J-5.0;
N70 G01 Y-10.0;
N80 G69 G90 X-5.0 Y-5.0;
N90 M02;
```

④ 坐标系旋转功能与其他功能的旋转平面一定要包含在刀具半径补偿平面内。

例：应用坐标系旋转指令编写图 3-14 所示的零件轮廓的加工程序，要求采用刀具半径补偿功能。

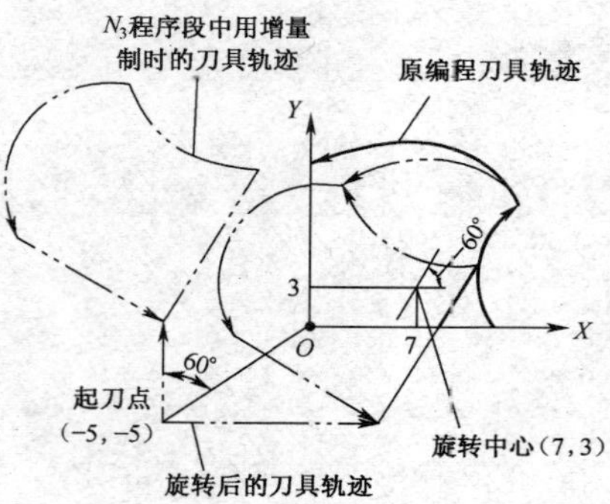

图 3-13 坐标系的旋转

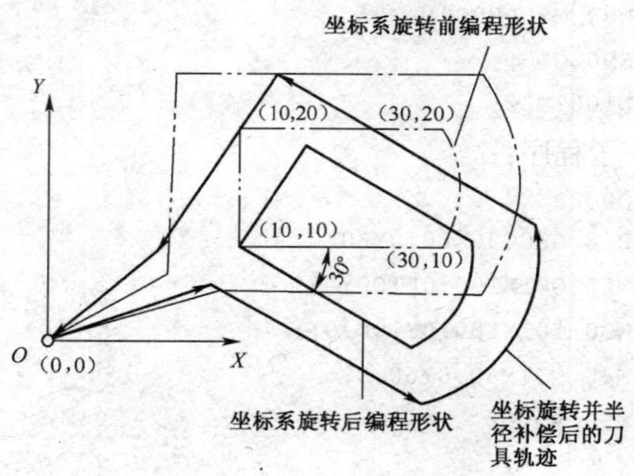

图 3-14 旋转与刀具半径补偿

```
N10 G92 X0 Y0;
N20 G68 R-30.0;
N30 G42 G90 X10.0 Y10.0 F100 D01;
N40 G91 X20.0;
N50 G03 Y10.0 I-10.0 J5.0;
N60 G01 X-20.0;
N70 Y-10.0;
N80 G69 G40 G90 X0 Y0;
N90 M02;
```

当选用半径为 *R*5 的立铣刀时，设置刀具半径补偿偏置号 H01 的数值为 5。

⑤ 在比例模式时，再执行坐标旋转指令，旋转中心坐标也执行比例操作，但旋转角度不受

影响，这时各指令的排列顺序如下。

```
G51…;
G68…;
G41/G42…;
G40…;
G69…;
G50…;
```

三、项目实施

（一）某标志图形零件的工艺设计与编程

如图 3-1 所示，为某标志图形零件，毛坯为ϕ100×25 mm 的圆柱，材料为 45#钢调质，硬度 200~250HBS，分析其加工工艺并编制数控加工程序。

1．加工工艺分析

（1）零件图工艺分析

此零件图纸标注尺寸齐全，分析图样可知：中心型腔为 3 个凹槽成 120° 的夹角，可以考虑用旋转坐标进行加工；外部环形凹槽深 4 mm、宽 4 mm，用ϕ4 的键槽刀加工。

（2）选择加工设备

对平面腔体零件的数控铣削加工，一般采用 2 轴以上联动的数控铣床，因此，首先要考虑的是零件的外形尺寸和重量，使其在铣床的允许范围以内；其次，考虑数控铣床的精度是否能满足腔体零件的设计要求；最后，因为此零件对 3 个腔体的圆周分布要求较高，根据以上 3 条即可确定所要使用 2 轴以上联动的数控加工中心。

（3）确定装夹方案

根据零件特点，采用三爪卡盘装夹，下垫垫铁。

（4）确定加工顺序及走刀路线

外部环形凹槽用ϕ4 键槽刀直接下刀，一次加工成形，不再精铣。内部型腔分粗、精加工进行。首先铣削型腔中心圆腔，然后粗加工旋转转臂内腔。

内部型腔精加工采用坐标系旋转指令，采用逆铣，各连接圆弧及基点的坐标如图 3-15 所示。

（5）刀具及切削参数的选择

根据零件的结构特点，铣削零件中心圆形腔体内轮廓时，铣刀直径受槽宽限制，同时考虑 45#钢属于一般材料，加工性能较好，取为ϕ12 mm。粗加工和精加工均选用ϕ12 高速钢立铣刀。其次，由于立铣刀不能在 Z 方向上直接下刀，所以铣削 3 个均布腔体之前要用键槽刀做出立铣刀加工前的预孔。刀具及切削参数的选择见表 3-1。

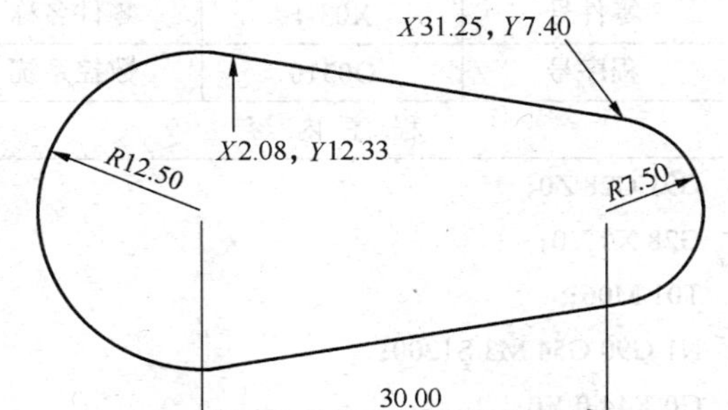

图 3-15 基点的坐标示意图

表 3-1　　数控加工刀具卡片

工序	加 工 内 容	刀具	刀具类型	主轴转速 n（r/min）	进给量（mm）	半径补偿	长度补偿
1	圆形凹槽	T01	$\phi4$ 键槽刀	1 200	50	无	H01
2	内轮廓粗加工	T02	$\phi12$ 立铣刀	800	80	无	H02
3	内轮廓精加工	T02	$\phi12$ 立铣刀	800	120	D01（6.0）	H02

（6）填写工艺文件

将各工步的加工内容、所用刀具和切削用量填入平面槽形凸轮数控加工工序卡，见表 3-2。

表 3-2　　标志图形零件数控加工工序卡片

数控加工工序卡片

（单位）	数控加工工序卡片	产品名称或代号	零件名称	材料	零件图号
			标志图形	45	
工序号	程序编号	夹具名称	夹具编号	使用设备	车　间
	O0001 O0002	三爪卡盘		加工中心	数控实训中心

工步号	工步内容	刀具号	刀具规格	主轴转速 n（r/min）	进给速度 F（mm/min）	背吃刀量 a_p（mm）	量具	备注
1	圆形凹槽	T01	$\phi4$ 键槽刀	1 200	50		游标卡尺	
	内轮廓粗加工	T02	$\phi12$ 立铣刀	800	80			
2	内轮廓精加工	T02	$\phi12$ 立铣刀	800	120		样板游标卡尺	
3	清理、入库							
编制		审核		共　页			第　页	

2. 编制加工程序

① 工件坐标系建立：坐标系原点取在工件上表面的中心。

② 基本坐标计算：内腔精加工采用各连接圆弧及基点的坐标，如图 3-15 所示。

③ 参考程序：标志图形的精加工主程序和子程序见表 3-3 和表 3-4 程序单。

表 3-3　　标志图形的数控加工主程序卡

零件号	X03-1	零件名称	标志图形	编程原点	上表面的中心
程序号	O0310	数控系统	FANUC 0i	编制	

程 序 内 容	简 要 说 明
G91 G28 Z0;	
G28 X0 Y0;	
T01 M06;	调用刀具
N1 G90 G54 M3 S1200;	1 号键槽刀加工圆形凹槽，设定加工初始化状态
G0 X44.0 Y0;	
G43 Z100.0 H01;	调长度补偿
Z2.0;	

续表

零件号	X03-1	零件名称	标志图形	编程原点	上表面的中心
程序号	O0310	数控系统	FANUC 0i	编制	

程 序 内 容	简 要 说 明
G1 Z-4.0 F20;	键槽刀，底部有切削刃，可直接下刀
G3 I-44.0 F50;	
G0 Z100.0;	
M05;	
G91 G28 Z0;	
G28 X0 Y0;	
N2 T02 M06;	内轮廓开粗，换ϕ12 立铣刀，内轮廓粗加工
G90 M3 S800;	加工中心全圆起刀点
G00 X6.5 Y0;	
G43 Z100.0 H02;	调 2 号刀长度补偿值
Z2.0;	
G1 Z0 F40;	
G3 Z-2.5 I-6.5;	
Z-5.0 I-6.5;	螺旋下刀，切深 5 mm
G3 I-6.5;	
G1 X0 Y0 F80;	中心的全圆加工到位
G16 X30.0 Y0;	用极坐标编程便于去除余量
X0 Y0 F200;	
X30.0 Y120.0 F80;	
X0 Y0 F200;	
X30.0 Y240.0 F80;	
X0 Y0 F200;	
G15;	取消极坐标
G0 Z2.0;	取消极坐标，提刀
N3 M98 P0311 L3;	内轮廓精修，调用 3 次子程序
G69;	取消旋转坐标系
G0 Z100.0;	设定加工结束状态
M5;	
G91 G28 Z0;	
G28 X0 Y0;	
M30;	

表 3-4　　内腔转臂加工子程序程序卡

零件号	X03-1	零件名称	标志图形	编程原点	上表面的中心
程序号	O0311	数控系统	FANUC 0i	编制	
程 序 内 容			简 要 说 明		
G68 X0 Y0 G91 R120.0;			使用旋转坐标系，设定角度增量为 120°		
G90 G0 X0 Y0;			恢复绝对编程，调刀到下刀位置		
G1 Z-5.0 F120;					
G42 X2.08 Y12.33 D02;			设定为逆铣		
G1 X31.25 Y7.4;					
G2 Y-7.4 R7.5;					
G1 X2.08 Y-12.33;					
G40 X0 Y0;			取消刀补		
G0 Z2.0;					
M99;			子程序返回		

（二）编写某型腔零件的加工程序

如图 3-2 所示，为一型腔零件，毛坯为 80 mm×80 mm×20 mm，材料为硬铝，要求分析零件的加工工艺，填写工艺文件，编写零件的加工程序。

1. 加工工艺分析

（1）工、量、刀具选择

① 工具选择：工件采用平口钳装夹，试切法对刀。

② 量具选择：槽深度用深度游标卡尺测量，槽宽等轮廓尺寸用游标卡尺测量，圆弧用半径规测量，表面质量用粗糙度样板检测，另选用百分表校正平口钳及工件上表面。

③ 刀具选择：矩形凹槽拐角半径为 *R*6mm，所选刀直径必须小于ϕ12mm，选ϕ10mm，且粗、精加工分开。粗加工铣刀用键槽铣刀，精加工铣刀选能垂直下刀的立铣刀或键槽铣刀。环形槽最小拐角半径为 *R*11mm，所选刀具直径最小为ϕ22mm，但环形槽槽宽为 6mm，故所选铣刀直径不能大于ϕ6mm，故选择ϕ5mm 铣刀，粗、精加工同上。

（2）加工工艺方案

① 加工工艺路线制定：此例应先加工矩形方槽再加工中间环形槽。若先加工中间环形槽，一方面槽较深，刀具易断；另一方面加工矩形方槽时会在环形槽中产生飞边，影响环形槽宽度尺寸。

② 加工方案：矩形槽深 6mm，不能一次加工至深度尺寸，粗加工需分层铣削。在每一层表面加工中因铣刀直径为 10 mm，还需采用环切法切除多余部分材料，如图 3-16（a）所示（其中 *A*、*B*、*C*、*D*……点坐标需要求解）。精加工采用圆弧切入和切出方法以避免轮廓表面产生刀痕，如图 3-16（b）所示。环形槽加工深度为 4mm，粗加工也应分两次进刀，槽两边曲线形状不同，应分别进行粗、精加工；粗、精加工程序可用同一程序，只需在加工过程中设置不同的刀具半径补偿值即可。

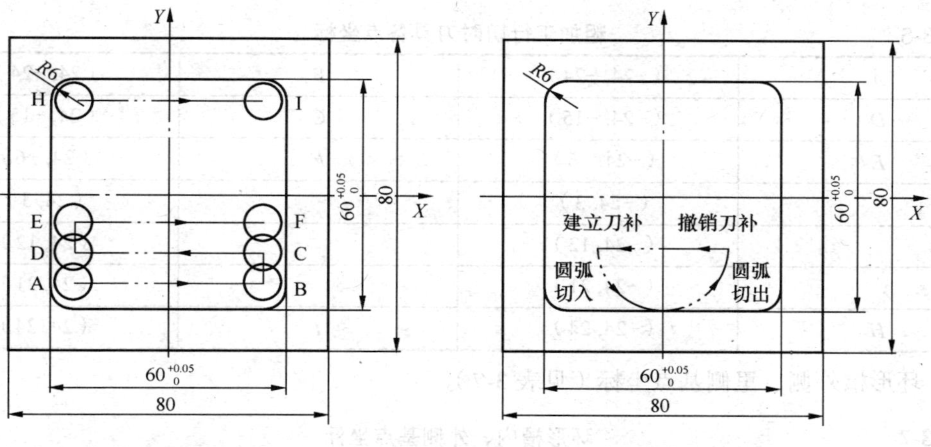

图 3-16　矩形腔槽加工路线

③ 合理切削用量选择：加工材料为硬铝，硬度较低，切削力较小，切削速度可较高，但由于铣刀直径小，下刀深度和进给速度应较小，所以 Z 向下刀每层 2 mm，除最后一刀外，粗加工留精加工余量 0.2 mm，具体见表 3-5。

表 3-5　　粗、精铣削用量

刀　具	直径（mm）	工作内容	V_f（mm/min）	n（r/mm）	下刀深度（mm）
高速钢键槽粗铣刀（T1）	ϕ10	垂直进给	50	1 000	2
		表面直线进给	70	1 000	2
		表面圆弧进给	70	1 000	2
高速钢键槽粗铣刀（T2）	ϕ5	垂直进给	40	1 200	2
		表面直线进给	60	1 200	2
		表面圆弧进给	60	1 200	2
高速钢立铣刀、精铣刀（T3）	ϕ10	垂直进给	50	1 200	0.2
		表面直线进给	60	1 200	0.2
		表面圆弧进给	60	1 200	0.2
高速钢立铣刀、精铣刀（T4）	ϕ5	垂直进给	40	1 500	0.2
		表面直线进给	60	1 500	0.2
		表面圆弧进给	60	1 500	0.2

2. 参考程序编制

（1）工件坐标系建立

根据工件坐标系建立原则，X、Y 零点建在工件几何中心上，Z 零点建立在工件上表面。

（2）基点坐标计算

① 粗加工行切时各点坐标计算。轮廓留加工余量 1mm，行距 9mm，A、D、E、…、H 各点 X 坐标一样，Y 坐标依次大一个行距。B、C、F、…、I 等各点也是 X 坐标相同，Y 坐标依次大一个行距 9mm。各点坐标见表 3-6。

表 3-6 粗加工行切时刀具各点坐标

A	(−24, −24)	*B*	(24, −24)
D	(−24, −15)	*C*	(24, −15)
E	(−24, −6)	*F*	(24, −6)
	(−24, 3)		(24, 3)
	(−24, 12)		(24, 12)
	(−24, 21)		(24, 21)
H	(−24, 24)	*I*	(24, 24)

② 环形槽外侧、里侧基点坐标（见表 3-7）。

表 3-7 环形槽内、外侧基点坐标

基点	槽外侧（*X*，*Y*）	槽内侧（*X*，*Y*）	基点	槽外侧（*X*，*Y*）	槽内侧（*X*，*Y*）
P_1	(−20,0)	(−14, 0)	P_5	(20, 0)	(14, 0)
P_2	(−20, −9)	(−14, −9)	P_6	(20, 9)	(14, 9)
P_3	(−9, −20)	(−9, −14)	P_7	(9, 20)	(9, 14)
P_4	(0, −20)	(0, −14)	P_7	(0, 20)	(0, 14)

③ 方形槽基点坐标（略）。

（3）参考程序

表 3-8 型腔零件 2 的数控加工程序卡

零件号	X03-2	零件名称	型腔零件 2	编程原点	上表面的中心
程序号	O0320	数控系统	FANUC 0i	编制	

程 序 内 容	简 要 说 明
G40 G90 G80 G49 G69;	设定加工初始化状态
G54 M03 S1000 T1;	设定加工参数
G0 G43 X-24. Y-24. Z5. H01;	
G1 Z-2. F50;	下刀
M98 P0321;	粗加工矩形槽第 1 层
G1 Z-4 F50;	
M98 P0321;	粗加工矩形槽第 2 层
G1 Z-5.8 F50;	
M98 P0321;	粗加工矩形槽第 3 层
G0 Z100.;	
M5;	主轴停
M0;	程序停，手动换 $\phi5$ 铣刀
M3 S1200 T2;	
G41 X-20 Y0 D2;	建立刀具半径补偿
G1 G43 Z-8. H02 F50;	下刀
M98 P0323;	粗加工环形槽外侧面
G1 Z-9.8 F50;	

续表

零件号	X03-2	零件名称	型腔零件 2	编程原点	上表面的中心
程序号	O0302	数控系统	FANUC 0i	编制	

程 序 内 容	简 要 说 明
M98 P0323；	粗加工环形槽外侧面
G0 Z5.；	
G40 X-10. Y-10.；	取消刀具半径补偿
G41 X-14. Y0 D2；	建立刀具半径补偿
G1 Z-8. F50；	
M98 P0324；	粗加工环形槽里侧面
G1 Z-9.8 F50；	
M98 P0324；	粗加工环形槽里侧面
G0 Z100.；	
G40 X0 Y0；	取消刀具半径补偿
M5；	
M0；	程序停，手动换精加工刀具
M3 S1200 T3；	设置精加工参数
G0 G43 X.-24 Y-24. Z5. H03；	
G1 Z-6. F50；	
M98 P0321；	精加工矩形槽底面
G0 Z5.；	
X0 Y0；	
G1 Z-6. F40；	
M98 P0322；	精加工矩形槽侧面
G0 Z100.；	
M5；	
M0；	程序停，手动换ϕ5 精铣刀
M3 S1500 T4；	设置精加工参数
G0 G41 X-20. Y0 D4；	建立刀具半径补偿
G1 G43 Z-10. H04 F50；	
M98 P0323；	精加工环形槽外侧面
G0 Z5.；	
G40 X-10. Y10.；	取消刀具半径补偿
G41 X-14. Y0 D4；	建立刀具半径补偿
G1 Z-10. F50；	
M98 P0324；	精加工环形槽里侧面
G0 Z10.；	
G40 X0 Y0 G49；	取消刀具半径补偿
M2；	程序结束

表 3-9　　矩形槽粗加工子程序的数控加工程序卡

零件号	X03-2	零件名称	型腔零件 2	编程原点	上表面的中心
程序号	O0321	数控系统	FANUC 0i	编制	
程 序 内 容			简 要 说 明		
G1 X24. Y-24. F70;			加工矩形槽从 *A* 点行切至 *I* 点		
Y-15.;					
X-24.;					
Y-6.;					
X24.;					
Y3.;					
X-24.;					
Y12.;					
X24.;					
Y21.;					
X-24.;					
Y24.;					
X24.;					
G0 Z5.;			抬刀		
X-24. Y-24.;					
M99;			子程序结束		

表 3-10　　矩形槽精加工子程序的数控加工程序卡

零件号	X03-2	零件名称	型腔零件 2	编程原点	上表面的中心
程序号	O0322	数控系统	FANUC 0i	编制	
程 序 内 容			简 要 说 明		
G1 G41 X-5. Y-25. D3 F70;			建立刀具半径补偿		
G3 X0 Y-30. R5;			圆弧切入		
G1 X24.;					
G3 X30. Y-24. R6;					
G1 Y24.;					
G3 X24. Y30. R6;					
G1 X-24.;					
G3 X-30. Y24. R6;					
G1 Y-24.;					
G3 X-24. Y-30. R6;					
G1 X0;					
G3 X5. Y-2.5.R5;			圆弧切出		
G1 G40 X0 Y0;			取消刀具半径补偿		
M99;			子程序结束		

表 3-11　　环形槽外侧面加工子程序的数控加工程序卡

零件号	X03-2	零件名称	型腔零件 2	编程原点	上表面的中心
程序号	O0323	数控系统	FANUC 0i	编制	
程 序 内 容			简 要 说 明		
G1 X-20. Y-9. F70;			直线加工至 P_2 点		
G3 X-9. Y-20. R11;			圆弧加工至 P_3 点		
G1 X0;			直线加工至 P_4 点		
G3 X20. Y0. R20.;			圆弧加工至 P_5 点		
G1 Y9.;			直线加工至 P_6 点		
G3 X9. Y20. R11;			圆弧加工至 P_7 点		
G1 X0;			直线加工至 P_8 点		
G3 X-20. Y0 R20.;			圆弧加工至 P_1 点		
M99;			子程序结束		

表 3-12　　环形槽侧面加工子程序的数控加工程序卡

零件号	X03-2	零件名称	型腔零件 2	编程原点	上表面的中心
程序号	O0324	数控系统	FANUC 0i	编制	
程 序 内 容			简 要 说 明		
G2 X0 Y14 R14 F70;			圆弧加工至 P_8 点		
G1 X9;			直线加工至 P_7 点		
G2 X14 Y9 R5;			圆弧加工至 P_6 点		
G1 Y0;			直线加工至 P_5 点		
G2 X0 Y-14 R14;			圆弧加工至 P_4 点		
G1 X-9;			直线加工至 P_3 点		
G2 X-14 Y-9 R5;			圆弧加工至 P_2 点		
G1 Y0;			直线加工至 P_1 点		
M99;			子程序结束		

四、拓展知识——西门子 802S/C 系统相关指令

（一）子程序

1. 子程序程序名

① 子程序程序名可以自由选择，但必须符合以下规定：开始两个符号必须是字母；其他符号为字母、数字或下划线；最多 8 个字符；没有分隔符。例：LRAHMEN8。

② 在子程序中还可以使用地址 L×××××××，其后面的值可以有 7 位，只能为整数。

③ 注意：地址字 L 之后的每个零均有意义，不可省略。例：L128 并非 L0128 或 L00128，它们分别表示 3 个不同的子程序。

2. 子程序结构及子程序结束

① 子程序的结构与主程序的结构一样，在子程序后一个程序段也是用 M2 结束程序运行。子程序结束后返回主程序。

② 除了用 M2 指令外，还可以用 RET 指令结束子程序。RET 要求占用一个独立的程序段。用 RET 指令结束子程序、返回主程序时不会中断 G64 连续路径运行方式。用 M2 指令则会中断 G64 运行方式，并进入停止状态。

3. 子程序调用

① 在一个程序中（主程序或子程序）可以直接用程序名调用子程序。子程序调用要求占用一个独立的程序段。例：

```
N10  L785;            调用子程序 L785
N20  LRAHMEN8;        调用子程序 LRAHMEN8
```

② 子程序重复调用次数 P××××。如果要求多次地执行某一子程序，则在编程时必须在所调用子程序的程序名后用地址 P 写入调用次数，最大次数可以为 9 999（P1～P9 999）。

例：N10　L785　P3 ；调用子程序 L785，运行 3 次。

（二）可编程的零点偏置和坐标轴旋转指令 G158、G258、G259

1. 功能

如果工件上在不同的位置有重复出现的形状或结构，或者选用了 1 个新的参考点，在这种情况下就需要使用可编程零点偏置。由此就产生 1 个当前工件坐标系，新输入的尺寸均是在该坐标系中的数据尺寸，如图 3-17 所示。

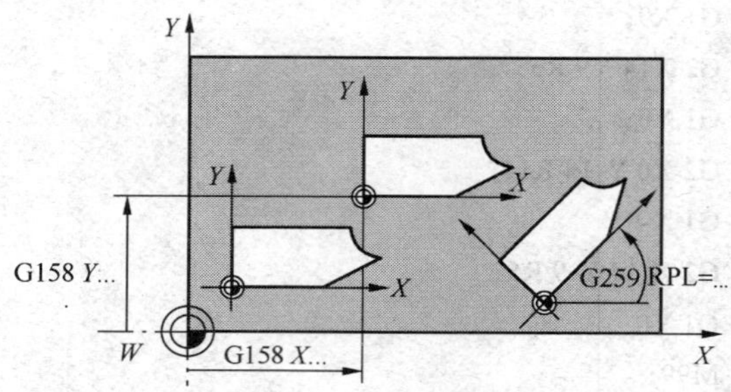

图 3-17　可编程零点偏置、坐标系旋转

2. 编程格式

G158 X__Y_ Z_；可编程的偏置，取消以前的偏置和旋转

G258 RPL=__ ；可编程的旋转，取消以前的偏置和旋转

G259 RPL=__ ；附加的可编程旋转

3. 说明

① G158、G258、G259 指令各自要求一个独立的程序段。

② 用 G158 指令可以对所有的坐标轴编程零点偏置。后面的 G158 指令取代所有以前的可编程零点偏移指令和坐标轴旋转指令，也就是说编程 1 个新的 G158 指令后所有旧的指令均清除。

③ 用 G258 指令可以在当前坐标平面中编程 1 个坐标轴旋转。新的 G258 指令取代所有以前的可编程零点偏移指令和坐标轴旋转指令，也就是说编程 1 个新的 G258 指令后所有旧的指令均清除。在不同平面的坐标平面中旋转角正方向的规定如图 3-18 所示。

④ 附加的坐标旋转 G259。用 G259 指令可以在当前平面中编程 1 个坐标旋转。如果已经有 1 个 G158、G258、G259 指令生效，则在 G259 指令下编程的旋转附加到当前编程的偏置或坐标旋转上。

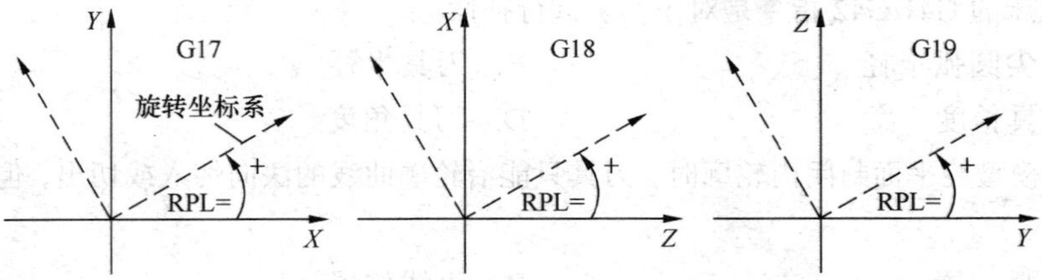

图 3-18　不同坐标平面中旋转角正方向的规定

4. 取消偏移和坐标旋转

程序段 G158 指令后无坐标轴名，或者在 G258 指令下没有写 RPL=__的语句，表示取消当前的可编程零点偏移和坐标轴旋转设定。

编程举例：如图 3-19 所示，程序如下。

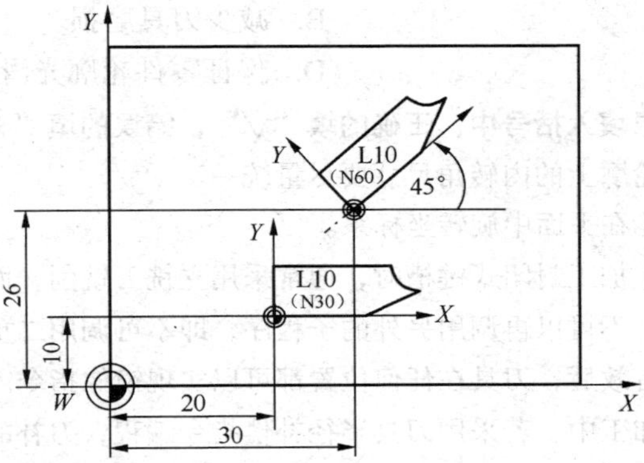

图 3-19　可编程零点偏置和坐标系旋转编程举例

```
N10 G17 ;               X/Y 平面
N20 G158 X20 Y10 ;      可编程零点偏移
N30 L10 ;               子程序调用，其中包含待偏移的几何量
N40 G158 X30 Y26 ;      新的零点偏移
N50 G259 RPL=45 ;       附加坐标轴旋转 45°
N60 L10 ;               子程序调用
N70 G158 ;              取消可偏移和旋转
……
```

习 题

一、选择题（请将正确答案的序号填写在题中的括号中）

1. 有些零件需要在不同的位置上重复加工同样的轮廓形状，应采用（　）。

A. 比例加工功能　　B. 镜像加工功能

C. 旋转功能　　D. 子程序调用功能

2. 数控铣床的 G41/G42 指令是对（ ）进行补偿。

A. 刀尖圆弧半径　　B. 刀具半径

C. 刀具长度　　D. 刀具角度

3. 铣削凹模型腔平面封闭内轮廓时，刀具只能沿轮廓曲线的法向切入或切出，但刀具的切入切出点应选在（ ）。

A. 圆弧位置　　B. 直线位置

C. 两几何元素交点位置

4. 铣削外轮廓时，为避免切入/切出产生刀痕，最好采用（ ）。

A. 法向切入/切出　　B. 切向切入/切出

C. 斜向切入/切出　　D. 直线切入/切出

5. 铣削平面零件的外表面轮廓时，常采用沿零件轮廓曲线的延长线切向切入和切出零件表面，以便于（ ）。

A. 提高效率　　B. 减少刀具磨损

C. 提高精度　　D. 保证零件轮廓光滑

二、判断题（请将判断结果填入括号中，正确的填“√”，错误的填“×”）

（ ）1. 被加工零件轮廓上的内转角尺寸要尽量统一。

（ ）2. G68 指令只能在平面中旋转坐标系。

（ ）3. 在立式铣床上加工封闭式键槽时，通常采用立铣刀铣削，而且不必钻落刀孔。

（ ）4. 在子程序中，不可以再调用另外的子程序，即不可调用二重子程序。

（ ）5. 在镜像功能有效后，刀具在任何位置都可以实现镜像指令。

（ ）6. 在轮廓铣削加工中，若采用刀具半径补偿指令编程，刀补的建立与取消应在轮廓上进行，这样的程序才能保证零件的加工精度。

三、项目训练

1. 分析图 3-20 所示各型腔零件的加工工艺，编制加工程序并完成加工。已知图（a）毛坯为 140mm×100mm×15mm，图（b）毛坯为 110mm×60mm×25mm，图（c）毛坯为 110mm×110mm×15mm，材料均为 45#钢。

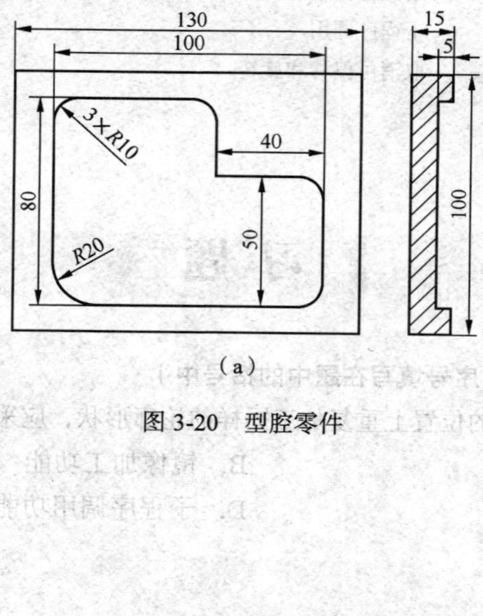

（a）

图 3-20 型腔零件

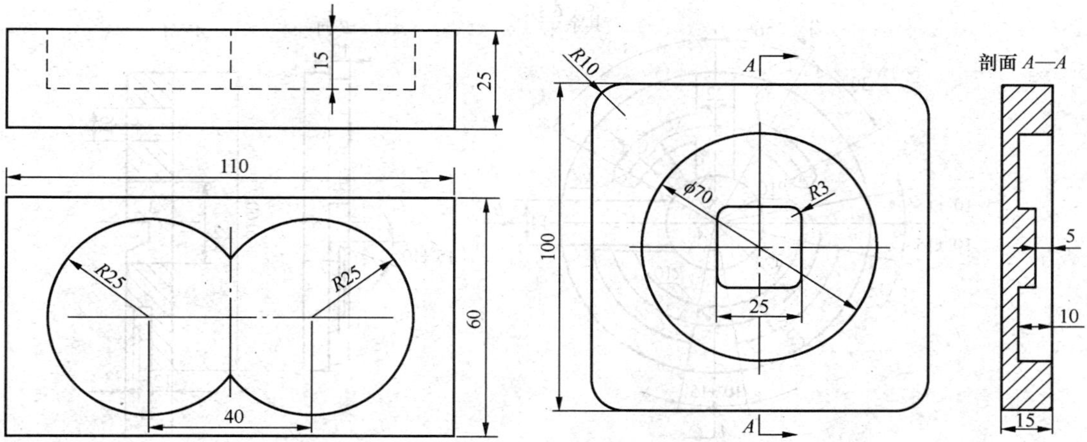

（b）　　　　　　　　　　（c）

图 3-20　型腔零件（续）

2. 如图 3-21 所示，要求编制 B 字槽零件的数控加工程序，并完成零件的加工。已知毛坯为 70 mm×70 mm×10 mm 板材，材料为 45#钢，6 面已加工。

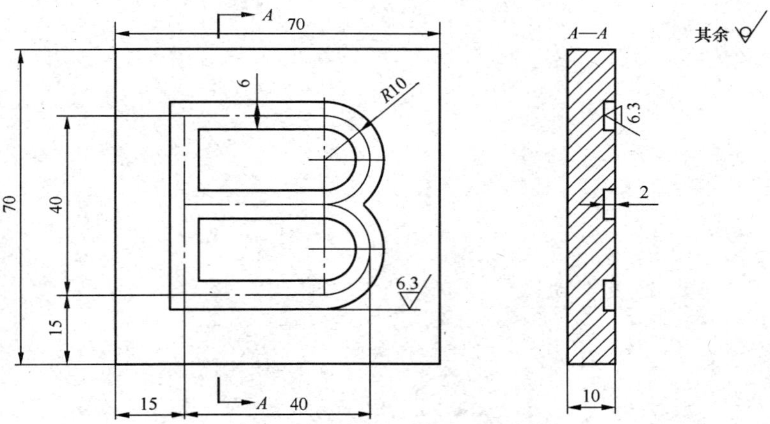

图 3-21　B 字槽零件

3. 分析图 3-22 所示各板类零件的加工工艺，编写零件的数控铣削加工程序。

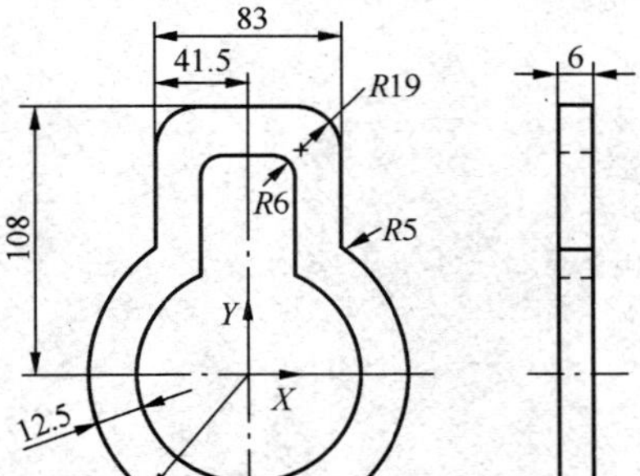

（a）

图 3-22　板类零件

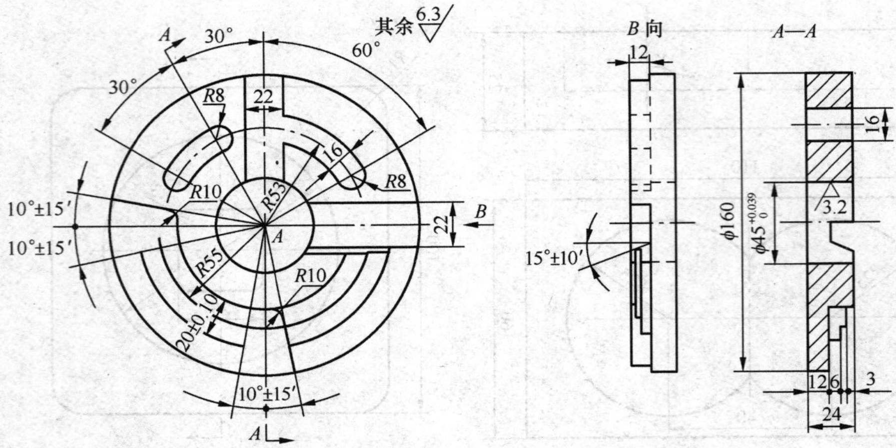
其余 6.3
30°
60°
30°
R8
22
16
R8
R10
R53
22
B
10°±15′
10°±15′
A
R55
R10
20±0.10
10°±15′
A
B 向
12
15°±10′
A—A
16
3.2
ϕ160
ϕ45
12
6
3
24

（b）

图 3-22　板类零件（续）

项目四

孔系零件的加工工艺及程序编制

【能力目标】

1. 针对加工零件，能分析孔系零件的结构特点、特殊加工要求，理解加工技术要求
2. 会分析孔系零件的工艺性能，能正确选择设备、刀具、夹具与切削用量，能编制数控加工工艺卡
3. 能使用数控系统的基本指令正确编制孔系零件的数控加工程序

【知识目标】

1. 掌握数控系统的孔加工循环 G73、G81、G80、G83、G84 等指令的编程格式及应用
2. 掌握孔系零件的结构特点和加工工艺特点，正确分析孔系零件的加工工艺
3. 掌握孔系零件的工艺编制方法
4. 掌握孔系零件的手工编程方法

一、项目导入

某注塑模具中的垫板，零件图样如图 4-1 所示，已知材料为 45#钢，毛坯为 100 mm×80 mm×22 mm，要求分析零件的加工工艺，填写工艺文件，编写零件的加工程序。

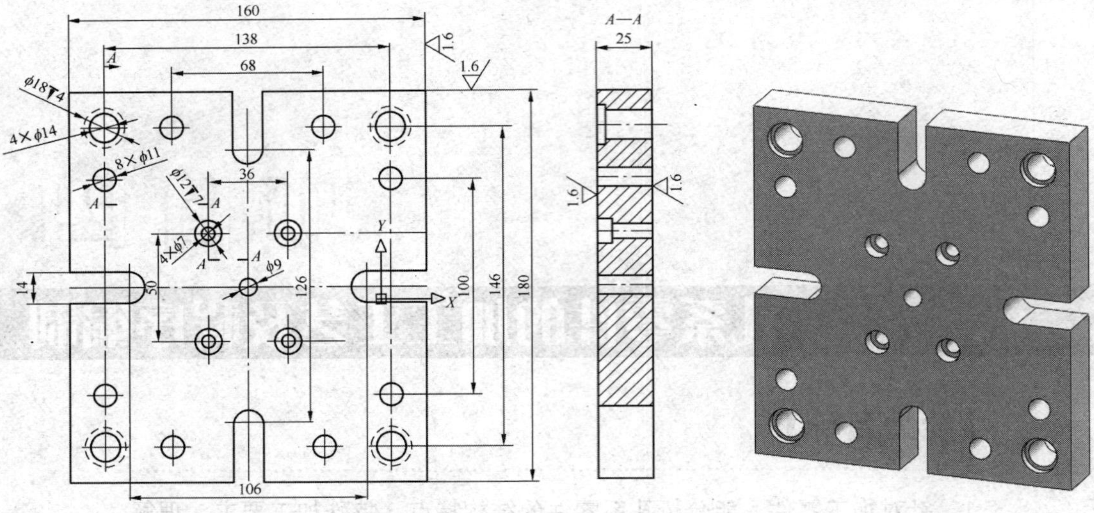

（a）零件图　　（b）立体图

图 4-1　垫板

二、相关知识

（一）孔加工的工艺设计

1．孔加工的主要方法

（1）点孔

点孔用于钻孔加工之前，由中心钻来完成。由于麻花钻的横刃具有一定的长度，引钻时不易定心，加工时钻头旋转轴线不稳定，因此利用中心钻在平面上先预钻一个凹坑，便于钻头钻入时定心。由于中心钻的直径较小，加工时主轴转速不得低于 1 000 r/min。

（2）钻孔

钻孔是用钻头在工件实体材料上加工孔的方法。钻孔最常用的刀是具麻花钻。一般麻花钻用高速钢制造。钻孔精度一般可达到 IT10～IT11 级，表面粗糙度为 R_a50～12.5，钻孔直径范围为 0.1～100 mm，钻孔深度变化范围也很大，广泛应用于孔的粗加工，也可作为不重要孔的最终加工。

（3）扩孔

扩孔是用扩孔钻对工件上已有孔进行扩大加工，扩孔钻有 3～4 个主切削刃，没有横刃，它的刚性及导向性好。扩孔加工精度一般可达到 IT9～IT10 级，表面粗糙度为 R_a6.3～3.2。扩孔常用于已铸出、锻出或钻出孔的扩大，可作为精度要求不高孔的最终加工或绞孔、磨孔前的预加工。常用于直径在 10～100 mm 范围内的孔加工。一般工件的扩孔使用麻花钻，对于精度要求较高或生产批量较大时应用扩孔，扩孔加工余量 0.4～0.5 mm。

（4）锪孔

锪孔是指用锪钻或锪刀刮平孔的端面或切出沉孔的加工方法，通常用于加工沉头螺钉的沉头孔、锥孔、小凸台面等。锪孔时切削速度不易过高，以免产生径向振纹或出现多棱形等质量问题。

（5）铰孔

铰孔是利用绞刀从工件孔壁上切削微量金属层，以提高其尺寸精度和表面粗糙度值的方法。铰孔精度等级可达到 IT7～IT8 级，表面粗糙度为 R_a1.6～0.8，适用于孔的半精加工及精加工。铰孔是定尺寸刀具，有 6～12 个切削刃，刚性和导向性比扩孔钻更好，适用于加工中小直径孔。铰孔之前，工件应经过钻孔、扩孔等加工，铰孔的加工余量参考表 4-1。

表 4-1　　铰孔余量（直径量）

孔的直径（mm）	ϕ8	ϕ8～ϕ21	ϕ21～ϕ32	ϕ33～ϕ50	ϕ51～ϕ70
铰孔余量（mm）	0.1～0.2	0.15～0.25	0.2～0.3	0.25～0.35	0.25～0.35

（6）镗孔

镗孔是利用镗刀对工件上已有尺寸较大孔的加工，特别适合于加工分布在同一表面或不同表面上的孔距和位置精度要求较高的孔系。镗孔加工精度等级可达到 IT7 级，表面粗糙度为 R_a1.6～0.8，应用于高精度加工场合。镗孔时，要求镗刀和镗杆必须具有足够的刚性；镗刀夹紧牢固，装卸和调整方便，具有可靠的断屑和排屑措施，确保切削顺利折断和排出，精镗孔的余量一般单边小于 0.4 mm。镗刀的种类很多，图 4-2 所示为单刃镗刀结构示意图，图 4-3 所示为微调镗刀结构示意图。

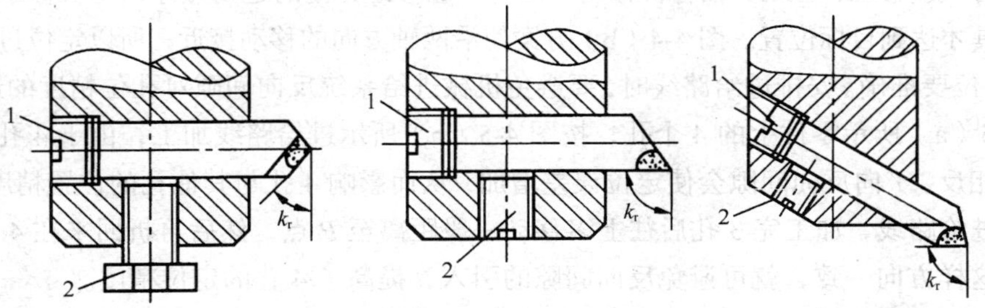

（a）通孔车刀　（b）阶梯孔镗刀　（c）盲孔镗刀

图 4-2　单刃镗刀结构示意图

1—调节螺钉　2—紧固螺钉

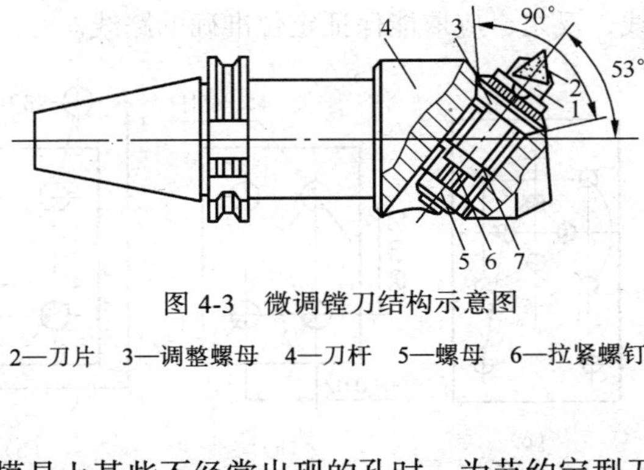

图 4-3　微调镗刀结构示意图

1—刀体　2—刀片　3—调整螺母　4—刀杆　5—螺母　6—拉紧螺钉　7—导向键

（7）铣孔

在加工单件产品或模具上某些不经常出现的孔时，为节约定型刀具成本，利用铣刀进行铣削加工。铣孔也适用于加工尺寸较大的孔，对于高精度机床，铣孔可以代替铰削或镗削。

2. 孔加工的常用方法选择

① 对于直径大于ϕ30 mm 的已铸出或锻出的毛坯孔的孔加工，一般采用粗镗—半精镗—孔口倒角—精镗的加工方案；

② 孔径较大的可采用立铣刀粗铣—精铣加工方案；

③ 孔中空刀槽可用锯片铣刀在孔半精镗之后、精镗之前铣削完成，也可用镗刀进行单刀镗削，但单刀镗削效率较低；

④ 对于直径小于ϕ30 mm 无底孔的孔加工，通常采用锪平端面—打中心孔—钻孔—扩孔—孔口倒角—铰孔的加工方案，对有同轴度要求的小孔，需采用锪平端面—打中心孔—钻孔—半精镗—孔口倒角—精镗（或铰）加工方案。

3. 孔加工工艺

孔加工时，一般是首先将刀具在 *XY* 平面内快速定位运动到孔中心线的位置上，然后刀具再沿 *Z* 向（轴向）运动进行加工。所以孔加工进给路线的确定包括。

（1）确定 *XY* 平面内的进给路线

孔加工时，刀具在 *XY* 平面内运动属点位运动，确定进给路线时，主要考虑。

① 定位要迅速。在刀具不与工件、夹具和机床碰撞的前提下空行程时间尽可能短。例如，加工图 4-4（a）所示零件。按图 4-4（b）所示进给路线进给比按图 4-4（c）所示进给路线进给节省定位时间近一半。这是因为在点运动情况下，刀具由一点运动到另一点时，通常是沿 *XY* 坐标轴方向同时快速移动，当 *XY* 轴各自移动不同时，短移距方向的运动先停，待长移距方向的运动停止后刀具才达到目标位置。图 4-4（b）方案使沿两轴方向的移动接近，所以定位过程迅速。

② 定位要准确。安排进给路线时，要避免机械进给系统反向间隙对孔位精度的影响。例如，镗削图 4-5（a）所示零件上的 4 个孔，按图 4-5（b）所示进给路线加工，由于 4 孔与 1、2、3 孔位方向相反，*Y* 向反向间隙会使定位误差增加，从而影响 4 孔与其他孔的位置精度。按图 4-5（c）所示进给路线，加工完 3 孔后往上多移动一段距离至 *P* 点，然后再折回来在 4 孔处进行定位加工，这样方向一致，就可避免反向间隙的引入，提高了 4 孔的定位精度。

定位迅速和定位精度有时两者难以同时满足，在上述两例中，图 4-4（b）是按最短路线进给，但不是从同一方向趋近目标位置，影响了刀具定位精度，图 4-5（c）是从同一方向趋近目标位置，但不是最短路线，增加了刀具的空行程。这时应抓主要矛盾，若按最短路线进给能保证定位精度，则取最短路线，反之，应取能保证定位准确的路线。

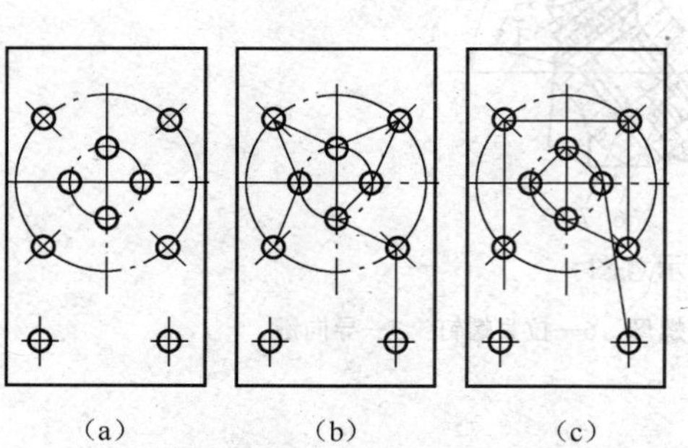

图 4-4 最短进给路线设计

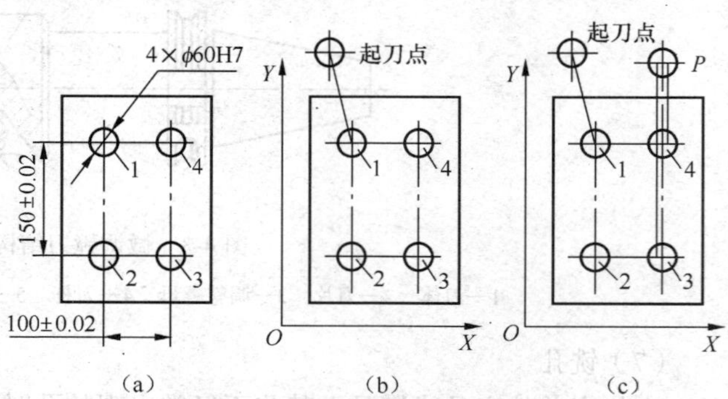

图 4-5 准确定位进给路线设计

（2）确定 Z 向（轴向）的进给路线

刀具在 Z 向的进给路线分为快速移动进给路线和工作进给路线。刀具先从起始平面快速运动到距工件加工表面一定距离的 R 平面（距工件加工表面一定切入距离的平面）上，然后按工件进给速度进行加工。图 4-6（a）所示为加工单个孔时刀具的进给路线。

对多孔加工，为减少刀具空行程进给时间，加工中间孔时，刀具不必退回到初始平面，只要退到 R 平面上即可，其进给路线如图 4-6（b）所示。

在工作进给路线中，工作进给距离 Z_f 包括被加工孔的深度 H、刀具的切入距离 Z_a 和切出距离 Z_0（加工通孔），如图 4-7 所示。

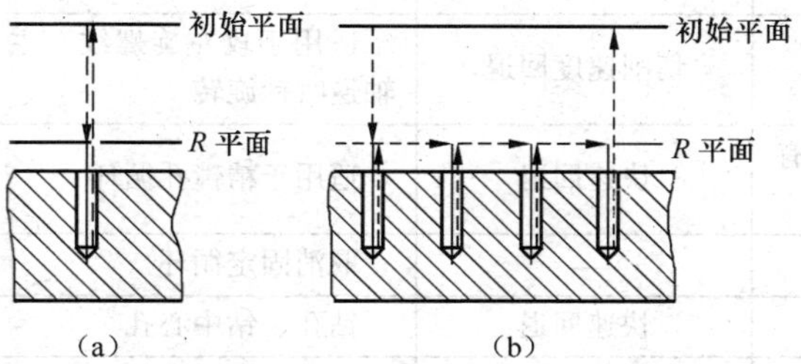

图 4-6　刀具 Z 向（轴向）进给路线设计

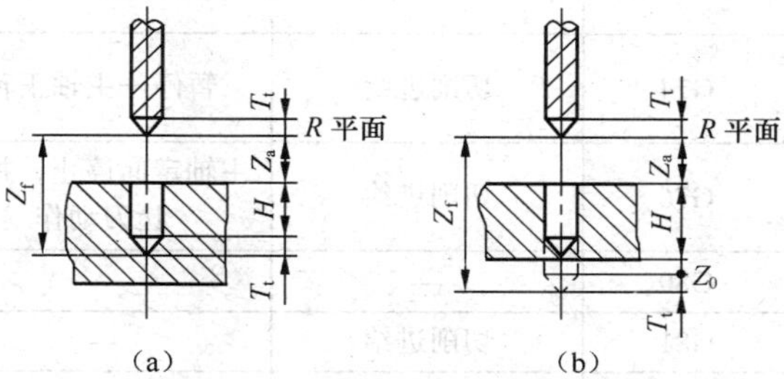

图 4-7　工作进给距离计算图

加工不通孔时，工作进给距离为

$$Z_f=Z_a+H+T_t$$

加工通孔时，工作进给距离为

$$Z_f=Z_a+H+Z_0+T_t$$

式中刀具切入、切出距离的经验数据见表 4-2。

表 4-2　　刀具切入切出距离参考值　　单位：mm

表面状态 / 加工方法	已加工表面	毛坯表面	表面状态 / 加工方法	已加工表面	毛坯表面
钻孔	2～3	5～8	铰孔	3～5	5～8
扩孔	3～5	5～8	铣削	3～5	5～10
镗孔	3～5	5～8	攻螺纹	5～10	5～10

4. 螺纹的加工方法及螺纹加工方法选择

螺纹加工主要方法：攻螺纹、铣螺纹。

内螺纹的加工根据孔径的大小，一般情况下，M6～M20 之间的螺纹，通常采用攻螺纹的方法加工。因为加工中心上攻小直径螺纹丝锥容易折断，M6 以下的螺纹，可在加工中心上完成底孔加工再通过其他手段攻螺纹。对于外螺纹或 M20 以上的内螺纹，一般采用铣削加工方法。

（二）孔加工固定循环指令

1. 孔加工固定循环指令动作分析

（1）孔加工固定循环指令

孔加工是最常用的加工工序，现代 CNC 系统一般都具备孔加工固定循环功能，主要用于钻孔、镗孔和攻螺纹等加工。

应用孔加工固定循环功能，使得其他方法需要几个程序段完成的功能，在一个程序段就可以完成一个孔加工的全部动作。继续加工孔时，如果孔加工的动作无需变更，则程序中所有模态的数据可以不写，因此可以大大简化程序。固定循环功能指令见表4-3。

表4-3　固定循环指令

G代码	孔加工动作（−Z方向）	在孔底的动作	刀具返回方式（+Z方向）	应用
G73	间歇进给	—	快速回退	适用于高速往复排屑钻深孔
G74	切削进给	暂停—主轴正转	切削速度回退	适用于攻左旋螺纹，主轴逆时针旋转
G76	切削进给	主轴定向停止，并有让刀动作	快速回退	适用于精镗孔循环
G80	—	—	—	取消固定循环
G81	切削进给	—	快速回退	钻孔、钻中心孔
G82	切削进给	主轴暂停	快速回退	适用于锪孔、镗盲孔、台阶孔
G83	间歇进给	—	快速回退	适用于往复排屑钻深孔
G84	切削进给	暂停—主轴反转	切削速度回退	适用于攻右旋螺纹，主轴顺时针旋转
G85	切削进给	—	切削速度回退	适用于镗孔循环
G86	切削进给	主轴停止	快速回退	适用于镗孔循环
G87	切削进给	主轴停止	手动或快速回退	适用于向后反镗孔循环
G88	切削进给	暂停—主轴停止	手动或快速回退	适用于镗孔循环
G89	切削进给	主轴暂停	切削速度回退	适用于镗孔循环

（2）孔加工循环指令的动作分析

孔加工固定循环通常包含以下6个动作，如图4-8所示。

动作1：*X*轴和*Y*轴定位，刀具快速定位到孔位坐标（*X*，*Y*），*B*即为循环起点，*Z*向进至起始高度。

动作2：快进到*R*点平面。刀具自起点沿*Z*轴方向快速进给到*R*点平面。

动作3：孔加工过程（如钻孔、镗孔、攻螺纹等），以切削进给的方式执行孔加工的动作。

动作4：孔底的动作（如进给暂停、刀具偏移、主轴准停、主轴反转等）。

动作5：刀具快速返回*R*点平面。继续孔的加工而又可以安全移动刀具时选择*R*点。

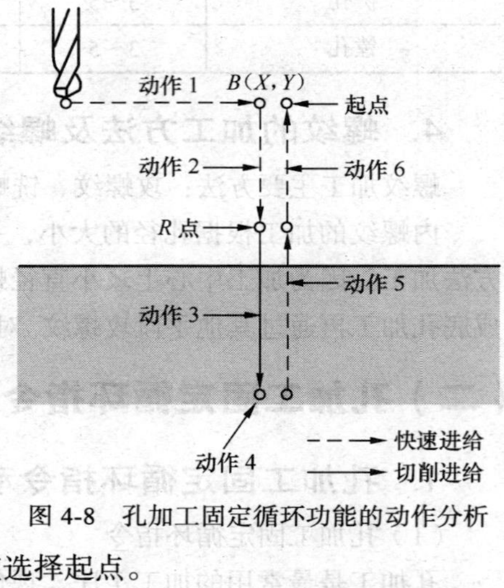

图4-8　孔加工固定循环功能的动作分析

动作6：刀具快速返回到起点。孔加工完成后一般应选择起点。

说明如下。

① 初始平面：初始平面是为安全下刀而规定的一个平面。初始平面到零件表面的距离可以任意设定在一个安全的高度上，当使用同一把刀具加工若干孔时，只有孔间存在障碍需要跳跃或全部孔加工完毕时，才使用 G98 指令使刀具返回到初始平面上的起点。

② R 点平面：R 点平面又叫做 R 参考平面，这个平面是刀具下刀时快进转为工进的高度平面，距工件表面的距离（又称刀具切入距离）主要考虑工件表面尺寸的变化，一般可取 2～5 mm。使用 G99 指令时，刀具将返回到该平面上的 R 点。

③ 孔底平面：加工不通孔时孔底平面就是孔底的 Z 轴高度，加工通孔时一般刀具还要伸出工件底平面一段距离（又称刀具切出距离），主要是保证全部孔深都加工到尺寸，钻削加工时还应考虑钻头钻尖对孔深的影响。

④ 定位平面：由平面选择指令 G17、G18 或 G19 决定。定位轴是除了钻孔轴以外的轴。

⑤ 数据形式：固定循环指令中 R 与 Z 的数据指定与 G90 或 G91 的方式选择有关，选择 G90 或 G91 时的坐标计算方法。选择 G90 方式时 R 与 Z 一律取其终点坐标值，选择 G91 方式时则 R 是指自起点到 R 点的距离，Z 是指自 R 点到孔底平面上 Z 点的距离。如图 4-9 所示。

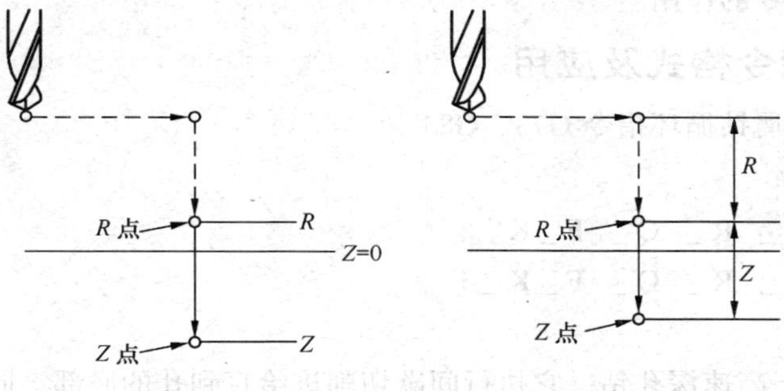

（a）G90 方式　　（b）G91 方式

图 4-9　G90/G91 对孔加工固定循环指令的影响示意图

⑥ 返回点平面指令 G98、G99：由 G98 或 G99 两个模态指令控制刀具在孔加工完成后返回时到达的平面。在 G98 模态下孔加工完成后，刀具返回到初始平面，在 G99 模态下，则返回到 R 点平面。如图 4-10 所示。

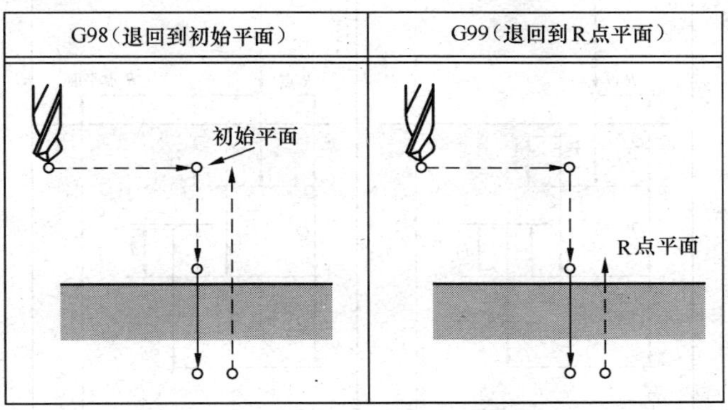

图 4-10　G98/G99 对孔加工固定循环指令的影响示意图

2. 常用孔加工固定循环指令格式

指令格式：G90(G91)G98(G99)G××X_Y_Z_R_Q_P_F_K_;

G××为孔加工方式，对应于具体的固定循环指令。孔加工固定循环指令参数及其含义见表4-4。

表4-4　孔加工固定循环指令参数及其含义

参　数	含　义
X、Y	*X*、*Y*值为孔位置数据，刀具以快进的方式到达（*X*，*Y*）点
Z	*Z*值为孔深。G90方式，*Z*值为孔底的绝对值；G91方式，*Z*值是*R*点平面到孔底的距离
R	*R*值用来确定安全平面（*R*点平面），如图4-10所示。*R*点平面高于工件表面。G90方式，*R*值为绝对值；G91方式，*R*值为从起始平面（*B*点平面）到*R*点平面的增量
Q	*Q*值在G73或G83方式下，规定分步切深；在G76或G87方式中规定刀具退让值
P	*P*值规定在孔底的暂停时间，单位为ms，用整数表示
F	*F*值为进给速度，单位为mm/min
K	*K*值为循环次数，执行一次可不写。如果是*K*0，则按系统存储加工数据执行加工

固定循环指令是模态指令，可用G80取消循环。此外G00、G01、G02、G03等同组代码也起取消固定循环指令的作用。

3. 各循环指令格式及应用

（1）深孔往复排屑钻循环指令G73、G83

指令格式：

G73 X_ Y_ Z_ R_ Q_ F_K_；

G83 X_ Y_ Z_ R_ Q_ F_K_；

说明如下。

① G73指令用于高速深孔钻，它执行间歇切削进给直到孔的底部，同时从孔中排除切屑。动作步骤如图4-11所示。*Q*为每次切削进给的背吃刀量，*K*为重复次数。

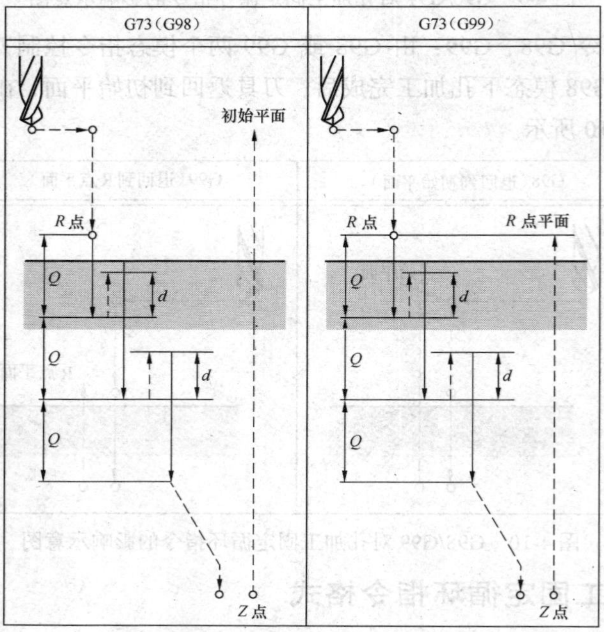

图4-11　高速深孔钻循环G73指令动作步骤

② G83 指令用于深孔钻，执行间歇切削进给到孔的底部，钻孔过程中从孔中排除切屑。动作步骤如图 4-12 所示。

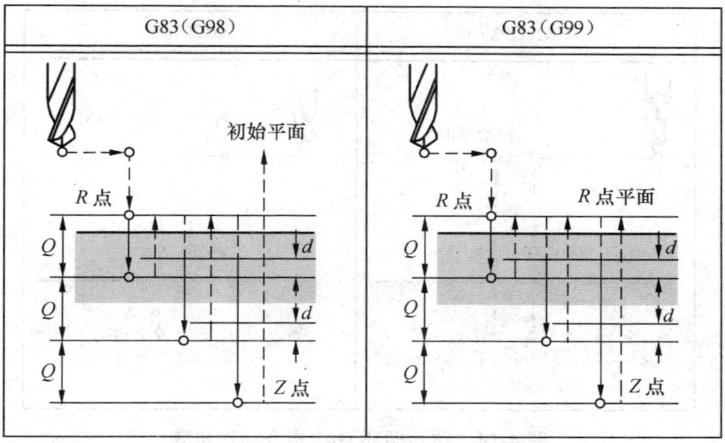

图 4-12　深孔钻循环 G83 指令动作步骤

③ G83 与 G73 指令不同之处是：每次刀具间歇进给后回退至 *R* 点平面。在第二次及以后的切削进给中执行快速移动到上次钻孔结束之前的一点，距离由系统参数来设定。当要加工的孔较深时可采用此方式。参数意义同 G73 指令。

④ 深孔的界定。孔的深度大于 3 倍孔径的孔称为深孔。从便于排屑的角度考虑，有时孔的深度并没有达到上述比例，也采用深孔加工指令。

（2）钻孔循环指令 G81、G82

指令格式：

G81 X＿ Y＿ Z＿ R＿ F＿K＿；

G82 X＿ Y＿ Z＿ R＿ P＿ F＿ K＿；

说明如下。

① G81 指令用于正常钻孔，切削进给执行到孔底，然后刀具从孔底快速移动退回，动作步骤如图 4-13 所示。参数意义同前。

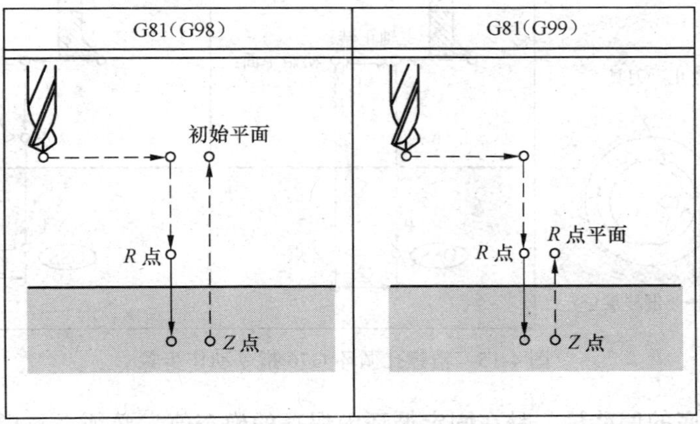

图 4-13　钻孔循环 G81 指令动作步骤

② G82 指令用于正常钻孔，切削进给执行到孔底，暂停，然后刀具从孔底快速移动退回，

动作步骤如图 4-14 所示。该指令除了要在孔底暂停外，其他动作与 G81 指令相同。参数意义同前。

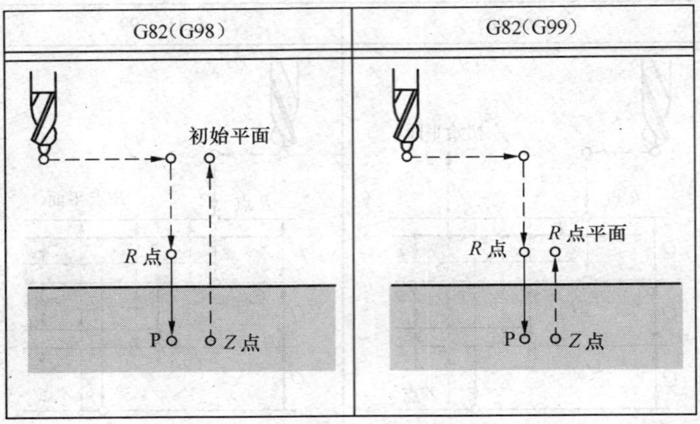

图 4-14　钻孔循环 G82 指令动作步骤

（3）镗孔循环指令 G76、G85、G86、G87、G88、G89

指令格式：

G76 X_　Y_　Z_　R_　Q_　P_　F_K_；

G85 X_　Y_　Z_　R_　F_K_；

G86 X_　Y_　Z_　R_　F_K_；

G87 X_　Y_　Z_　R_　Q_　P_F_K_；

G88 X_　Y_　Z_　R_P_F_K_；

G89 G_　X_　Y_　Z_　R_　P_　F_；

说明如下。

① 精镗孔循环指令 G76 用于镗削精密孔，当到达孔底时主轴停止切削，刀具离开工件的被加工表面，并返回，动作步骤如图 4-15 所示。

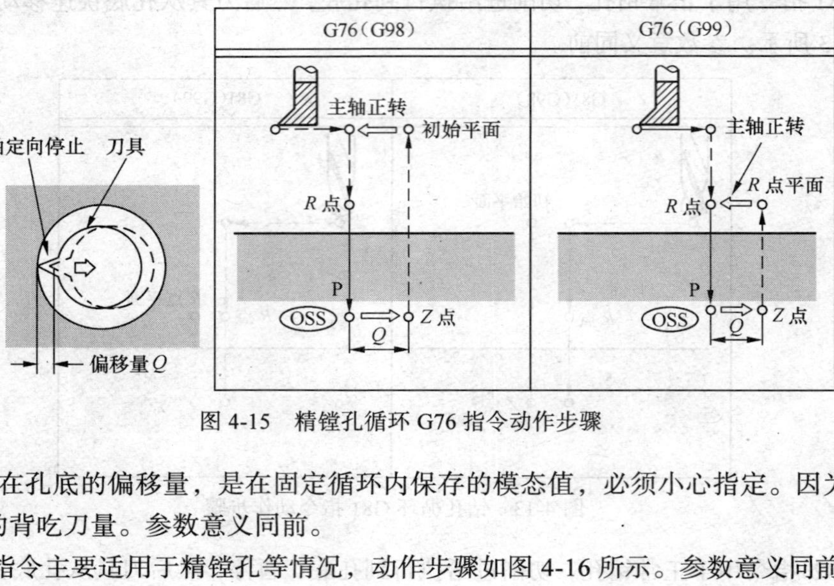

图 4-15　精镗孔循环 G76 指令动作步骤

② Q 为在孔底的偏移量，是在固定循环内保存的模态值，必须小心指定。因为它也用作 G73 和 G83 的背吃刀量。参数意义同前。

③ G85 指令主要适用于精镗孔等情况，动作步骤如图 4-16 所示。参数意义同前。

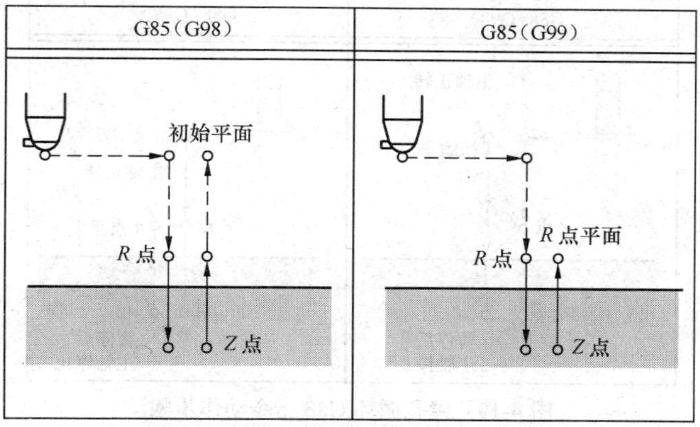

图 4-16　精镗孔循环 G85 指令动作步骤

④ 镗孔循环指令 G86 指令与 G85 指令的区别是：在到达孔底位置后，主轴停止，并快速退出，动作步骤如图 4-17 所示。参数意义同前。

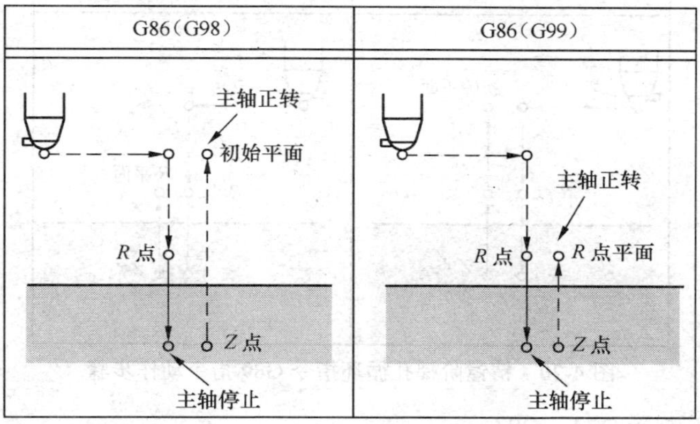

图 4-17　镗孔循环 G86 指令动作步骤

⑤ 反镗孔循环指令 G87 用于精密镗孔。动作步骤如图 4-18 所示。参数意义同 G76 指令。

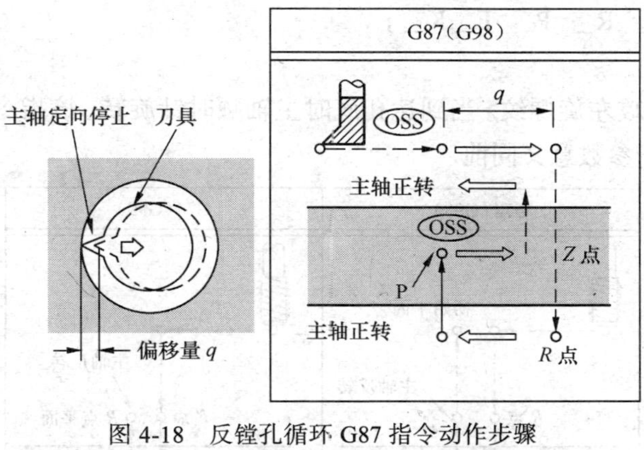

图 4-18　反镗孔循环 G87 指令动作步骤

⑥ 镗孔循环指令 G88 用于镗孔，当镗孔完成后，执行暂停；然后主轴停止，刀具从孔底 Z 点手动返回到 R 点，在 R 点主轴正转，并且执行快速移动到初始位置，动作步骤如图 4-19 所示。参数意义同 G76 指令。

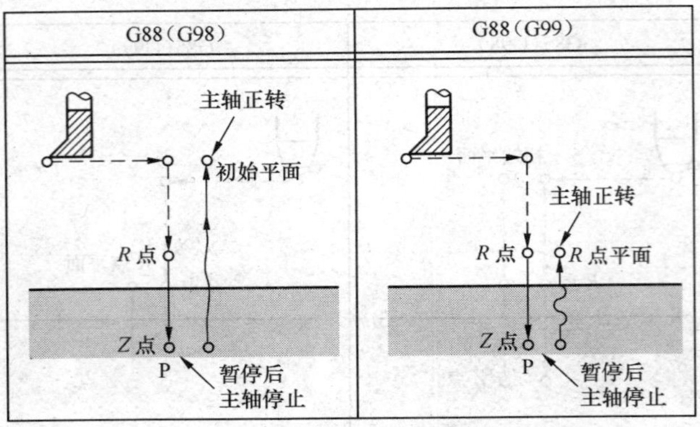

图 4-19 镗孔循环 G88 指令动作步骤

⑦ 精镗阶梯孔循环指令 G89 指令与 G85 指令的区别是：在到达孔底位置后，进给暂停，动作步骤如图 4-20 所示。参数意义同前。

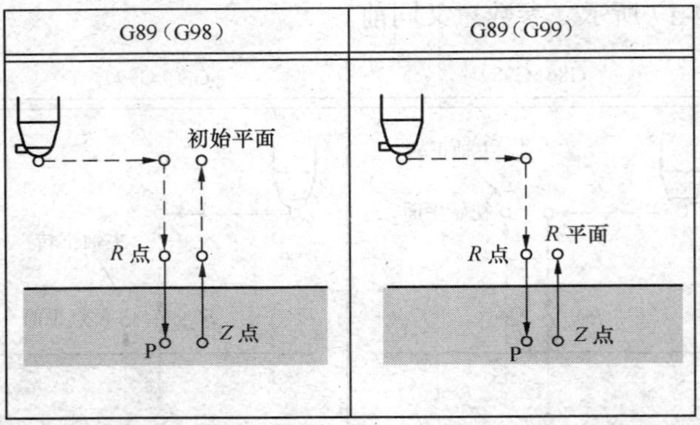

图 4-20 精镗阶梯孔循环指令 G89 指令动作步骤

（4）攻螺纹循环指令 G74、G84

指令格式：

G74 X_ Y_ Z_ R_ P_ F_K_；

G84 X_ Y_ Z_ R_ P_ F_K_；

说明如下。

① G74 循环执行攻左旋螺纹。当到达孔底时主轴顺时针旋转。该指令的动作步序如图 4-21 所示。P 为暂停时间。参数意义同前。

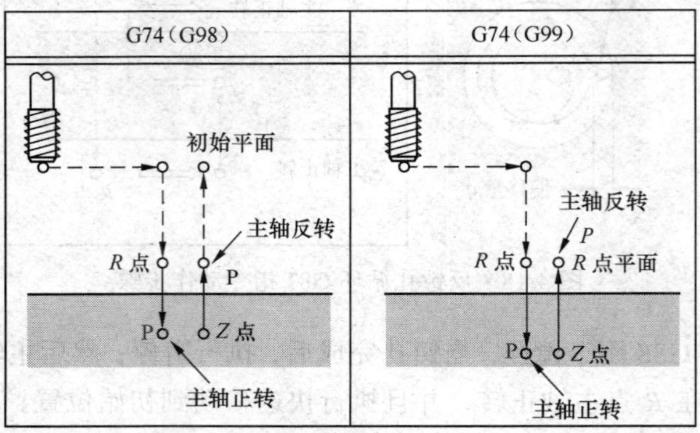

图 4-21 攻左旋螺纹循环 G74 指令动作步骤

② G84 循环执行攻右旋螺纹，当到达孔底时主轴逆时针旋转，该指令的动作步序如图 4-22 所示。参数意义同 G74 指令。

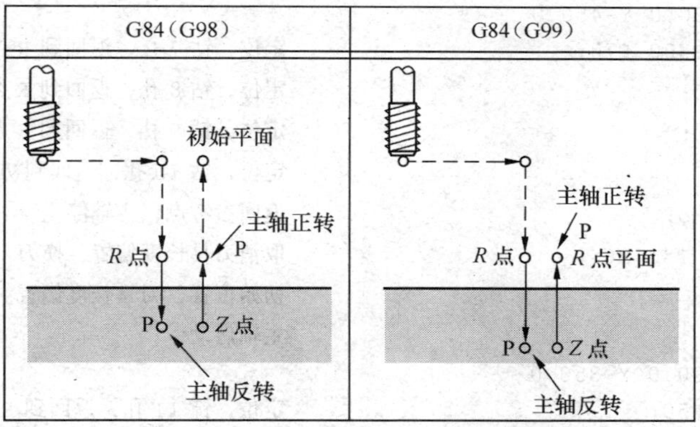

图 4-22　攻右旋螺纹循环 G84 指令动作步骤

③ 比较：G84 指令主轴在孔底反转，返回到 *R* 点平面后主轴恢复正转；G74 指令主轴在孔底正转，返回到 *R* 点平面后主轴恢复反转。如果在程序段中指令了暂停并有效（在使用专用的攻螺纹装置时，这是非常必要的），则在刀具到达孔底和返回 *R* 点时先执行暂停的动作，在攻螺纹期间忽略进给倍率且不能停车，即使使用了进给保持，加工也不停止，直至完成该固定循环。

（5）取消孔加工循环指令 G80

格式：G80；

说明：G80 为取消孔加工循环指令，它与其他孔加工循环指令成对使用。

4. 程序举例

使用刀具长度偏置和固定循环的编程举例：如图 4-23 所示。

偏置值+200.0 被设置在偏置号 No.11 中，+190.0 被设置在偏置号 No.15 中，而+150.0 被设置在偏置号 No.31 中。

编程举例：

```
O0001;
N001 G92 X0 Y0 Z0;                          在参考点设置工件坐标
N002 G90 G00 Z250.0 T11 M6;                 刀具交换
N003 G43 Z0 H11;                            初始位置，刀具长度偏置
N004 S300 M3;                               主轴启动
N005 G99 G81 X400.0 Y-350.0
Z-153.0 R-97.0 F120;                        定位，钻 1 孔
N006 Y-550.0;                               定位，钻 2 孔，并返回到 R 点位置
N007 G98 Y-750.0;                           定位，钻 3 孔，并返回到 I 点位置
N008 G99 X1200.0;                           定位，钻 4 孔，并返回到 R 点位置
N009 Y-550.0;                               定位，钻 5 孔，并返回到 R 点位置
N010 G98 Y-350.0;                           定位，钻 6 孔，并返回到 I 点位置
N011 G00 X0 Y0 M5;                          返回参考点，主轴停止
```

```
N012 G49 Z250.0 T15 M6;                    取消刀具长度偏置，换刀
N013 G43 Z0 H15;                           初始位置，刀具长度偏置
N014 S200 M3;                              主轴启动
N015 G99 G82 X550.0 Y-450.0
Z-130.0 R-97.0 P300 F70;                   定位，钻 7 孔，返回到 R 点位置
N016 G98 Y-650.0;                          定位，钻 8 孔，返回到 R 点位置
N017 G99 X1050.0;                          定位，钻 9 孔，返回到 R 点位置
N018 G98 Y-450.0;                          定位，钻 10 孔，返回到初始位置
N019 G00 X0 Y0 M5;                         返回参考点，主轴停止
N020 G49 Z250.0 T31 M6;                    取消刀具长度偏置，换刀
N021 G43 Z0 H31;                           初始位置，刀具长度偏置
N022 S100 M3;                              主轴启动
N023 G85 G99 X800.0 Y-350.0
Z-153.0 R-47.0 F50;                        定位，镗 11 孔，返回到 R 点位置
N024 G91 Y-200.0 K2;                       定位，镗 12，13 孔，返回到 R 点位置
N025 G28 X0 Y0 M5;                         返回参考点，主轴停止
N026 G80 G49 Z0;                           取消刀具长度偏置
N027 M30;                                  程序停止
```

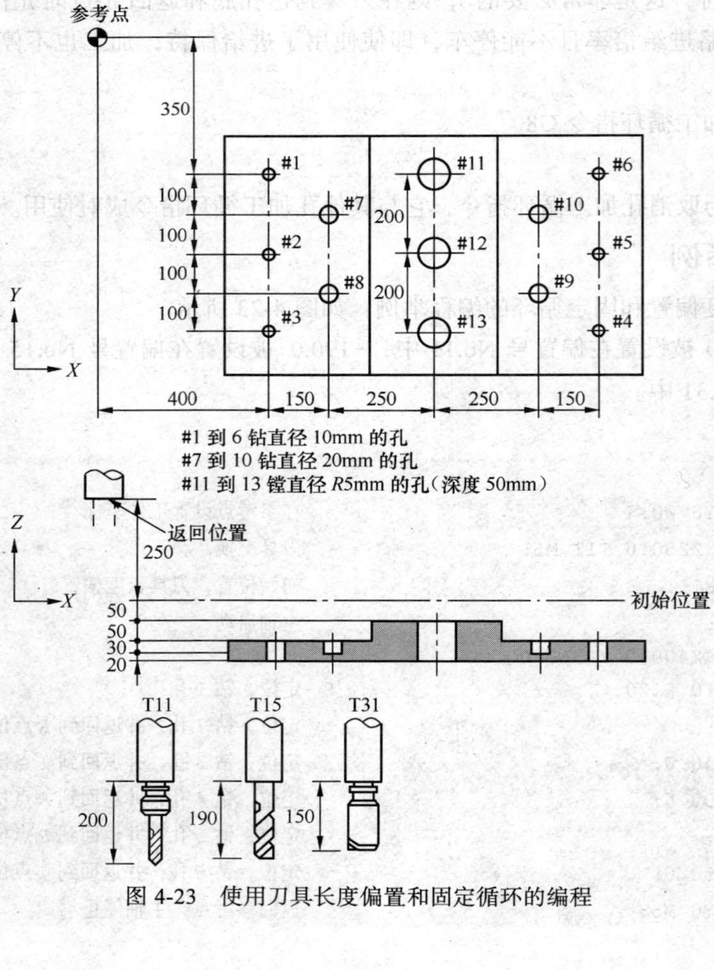

图 4-23　使用刀具长度偏置和固定循环的编程

三、项目实施

（一）加工工艺分析

图 4-1 所示为某注塑模垫板零件图，其外部尺寸及 4 边的 U 型槽都已经由前道工序加工，本工序的任务是在铣床上加工孔系。零件材料为 45#钢，其数控铣床加工工艺分析如下。

（1）零件图工艺分析

垫板零件的孔，几何元素之间关系描述清楚完整，$\phi 9$ 为拉杆过孔，$4\times\phi 7$ 与 $8\times\phi 11$ 各孔均为螺栓过孔，$4\times\phi 14$ 为导柱孔，精度要求较高。整个垫板外轮廓面与底面有垂直度要求，并且表面粗糙度都要求较高，为 $R_a 1.6$。零件材料为 45#钢，切削加工性能较好。

（2）选择加工设备

对垫板零件孔系的数控铣削钻孔加工，一般采用 2 轴以上联动的数控铣床，因此，首先要考虑的是零件的外形尺寸和重量，使其在铣床的允许范围以内；其次，考虑数控铣床的精度是否能满足各孔的设计要求；最后，看孔的最大深度是否在刀具允许的范围之内。根据以上 3 条即可确定所要使用 2 轴以上联动的数控铣床。

（3）确定装夹方案

根据零件的结构特点，加工垫板各孔时，以底面定位基准，采用 4 个 14 mm 宽的 U 型槽压紧定位，采用双螺母夹紧，提高装夹刚性，防止铣削时振动。

（4）确定加工顺序及进给路线，确定加工顺序及走刀路线

加工顺序的拟定按照基面先行、先粗后精的原则确定。因此应先加工用作定位基准的各中心孔，然后再加工各孔到要求的尺寸。其中 $4\times\phi 14$ 的导柱孔采用钻孔—铰孔方案加工，为保证加工精度，粗、精加工应分开，其余各孔精度要求一般，采用相应规格的钻头直接钻孔即可。

（5）刀具选择

根据零件的结构特点，钻削各孔时，钻头、铰刀直径受孔尺寸限制，同时考虑 HT200 属于一般材料，加工性能较好。钻孔加工可选用较快的进给，精加工铰孔时可选用铰刀用较慢的进给。所选刀具及其加工表面，见表 4-5 所列某垫板孔系数控加工刀具卡片。

表 4-5　　某垫板孔系数控加工刀具卡片

产品名称或代号		×××	产品名称或代号		零件名称	垫板	零件图号	X04
序号	刀具	规格名称		数量	刀长度补偿号	加工表面	备注	
1	T01	$\phi 3$ 中心钻		1	H1	钻 7 mm 深中心孔		
2	T02	$\phi 11$ 钻头		1	H2	$\phi 7$ 孔加工、其余孔钻通孔		
3	T03	$\phi 7$ 钻头		1	H3	$\phi 9$ 孔粗加工		
4	T04	$\phi 9$ 钻头		1	H4	$8\times\phi 11$ 孔加工		
5	T05	$\phi 13.8$ 钻头		1	H5	$4\times\phi 14$ 孔粗加工		

续表

产品名称或代号	×××	产品名称或代号	零件名称	垫板	零件图号	X04
序号	刀具	规格名称	数量	刀长度补偿号	加工表面	备注
6	T06	ϕ12 立铣刀	1	H6	ϕ12 深 7 孔的加工	
7	T07	ϕ18 立铣刀	1	H7	ϕ18 深 4 孔的加工	
8	T08	ϕ14 铰刀	1	H8	4×ϕ14 孔精加工	
编制 ×××	审核 ××	批准 ×××		年 月 日	共 页	第 页

（6）切削用量的选择

垫板孔系中精铰 4×ϕ14 的导柱孔时留 0.1 mm 铰削余量。选择主轴转速与进给速度时，先查切削用量手册，确定切削速度与每齿进给量，然后按式 1-1 和式 1-2 计算进给速度和主轴转速。

（7）填写数控加工工序卡片

将各工步的加工内容、所用刀具和切削用量填入平面槽形凸轮数控加工工序卡，见表 4-6。

表 4-6　　垫板的数控加工工序卡片

数控加工工序卡片		产品名称或代号		零件名称		零件图号	
		×××		垫板		X04	
工序号	程序编号	夹具名称		使用设备		车间	
01	00410	螺旋压板		MVC400		数控中心	
工步号	工步内容	刀具号	刀具规格	主轴转速 n（r/min）	进给速度 F（mm/min）	背吃刀量 a_p（mm）	备注
1	钻中心孔	T01	ϕ3 中心钻	1000	30		
2	ϕ7 孔加工、其余孔预钻通孔	T02	ϕ7 钻头	500	35	3.5	钻通孔
3	ϕ9 孔加工	T03	ϕ9 钻头	500	40	4.5	钻通孔
4	8×ϕ11 孔加工	T04	ϕ11 钻头	500	40	5.5	钻通孔
5	4×ϕ14 孔粗加工	T05	ϕ13.8 钻头	400	40	6.9	钻通孔
6	ϕ12 深 7 孔的加工	T06	ϕ12 立铣刀	400	40	3	
7	ϕ18 深 4 孔的加工	T07	ϕ18 立铣刀	350	40	4	
8	4×ϕ14 孔精加工	T08	ϕ14 铰刀	250	25		
编制 ×××	审核 ×××	批准 ×××		年 月 日		共 页	第 页

（二）编写加工程序

垫板的加工程序见表 4-7 程序单。

表 4-7　　垫板的数控加工程序卡

零件号	X04	零件名称	垫板	编程原点	上表面的中心
程序号	O040	数控系统	FANUC 0i	编制	
程 序 内 容			简 要 说 明		
N100 G21; N102 G0 G17 G40 G49 G80 G90; N104 T1 M6; N106 G0 G90 G54 X0. Y0. S1000 M3; N108 G43 H1 Z100.M08; N110 G98 G81 Z-7. R10. F30.; N112 X-18. Y-25.; N114 X-64. Y-50.; N116 Y-74.; N118 X-34.; N120 X34.; N122 X64.; N124 Y-50.; N126 X18. Y-25.; N128 Y25.; N130 X64. Y50.; N132 Y74.; N134 X34.; N136 X-34.; N138 X-64.; N140 Y50.; N142 X-18. Y25.; N144 G80 M09; N146 M5; N148 G91 G28 Z0.; N150 G28 X0. Y0. ; N152 M01;			钻垫板孔系中各孔的中心孔		
N154 T2 M6; N156 G0 G90 G54 X0. Y0. S500 M3; N158 G43 H2 Z100. M08; N160 G98 G83 Z-30. R10. Q5. F35; N162 X-18. Y-25.; N164 X-64. Y-50.; N166 Y-74.; N168 X-34.; N170 X34.; N172 X64.; N174 Y-50.; N176 X18. Y-25.; N178 Y25.; N180 X64. Y50.; N182 Y74.; N184 X34.; N186 X-34.; N188 X-64. N190 Y50.; N192 X-18. Y25.; N194 G80 M09; N196 M5;			φ7 孔粗加工、其余孔预钻通孔		

续表

零件号	X04	零件名称	垫板	编程原点	上表面的中心
程序号	O040	数控系统	FANUC 0i	编制	

程 序 内 容	简 要 说 明
N198 G91 G28 Z0.; N200 G28 X0. Y0.; N202 M01;	
N204 T3 M6; N206 G0 G90 G54 X0. Y0. S500 M3; N208 G43 H3 Z100. M08; N210 G98 G83 Z-30. R10. Q5.F40; N212 G80 M09; N214 M5; N216 G91 G28 Z0.; N218 G28 X0. Y0.; N220 M01;	φ9 孔加工
N222 T4 M6; N224 G0 G90 G54 X0. Y0. S500 M5; N226 G43 H4 Z100. M08; N228 G98 G83 X-64. Y-50. Z-30. R10. Q5. F40; N230 X-34. Y-74.; N232 X34.; N234 X64. Y-50.; N236 Y50.; N238 X34. Y74.; N240 X-34.; N242 X-64. Y50.; N244 G80 M09; N246 M5; N248 G91 G28 Z0.; N250 G28 X0. Y0.; N252 M01;	8×φ11 孔加工
N254 T5 M6; N256 G0 G90 G54 X0. Y0. S400 M3; ; N258 G43 H5 Z100. M08; N260 G98 G83 X-64. Y-74. Z-30. R10. Q5. F40; N262 X64.; N264 Y74.; N268 X-64.; N270 G80 M09; N274 M5; N276 G91 G28 Z0.; N278 G28 X0. Y0.; N280 M01	4×φ14 孔粗加工
N282 T6 M6; N284 G0 G90 G54 X0. Y0. S400 M3;	φ12 深 7 沉孔的加工

续表

零件号	X04	零件名称	垫板	编程原点	上表面的中心
程序号	O040	数控系统	FANUC 0i	编制	

程 序 内 容	简 要 说 明
N286 G43 H6 Z100. M08; N288 G98 G82 X-18.Y-25.Z-7.R10.P2000 F40.; N290 X18.; N292 Y25.; N294 X-18.; N296 G80 M09; N298 M5; N300 G91 G28 Z0.; N302 G28 X0. Y0.; N304 M01;	
N306 T7 M6; N308 G0 G90 G54 X0. Y0. S350 M3; N310 G43 H7 Z100. M08; N312 G98 G82 X-64.Y-74.Z-4. R10. P2000 F40; N314 X64.; N316 Y74.; N318 X-64.; N320 G80 M09; N322 M5; N324 G91 G28 Z0.; N326 G28 X0. Y0.; N328 M01;	φ18 深 4 沉孔的加工
N330 T8 M6; N332 G0 G90 G54 X0. Y0. S250 M3; N334 G43 H8 Z100. M08; N336 G98 G81 X-64. Y-74. Z-30. R10. F25; N338 X64.; N340 Y74.; N342 X-64.; N344 G80 M09; N346 M5; N348 G91 G28 Z0.; N350 G28 X0. Y0.; N352 M30;	4×φ14 孔精加工

四、拓展知识——西门子 802S/C 系统固定循环功能

（一）SIEMENS 系统固定循环功能

SIEMENS 系统中使用的固定循环功能见表 4-8。

表 4-8 西门子 802S/C 系统固定循环

地 址	含义及赋值	说 明	编 程
LCYC….	调用标准循环事先规定的值	用一个独立的程序段调用标准循环，传送参数必须已经赋值 传送参数	
LCYC82	钻削、端面锪孔	R101:退回平面（绝对） R102:安全距离 R103:参考平面（绝对） R104:最后钻深（绝对） R105:在此钻削深度停留时间	N10 R101=….. R102=… … N20 LCYC82; 自身程序段
LCYC83	深孔钻削	R101:退回平面（绝对） R102:安全距离 R103:参考平面（绝对） R104:最后钻深（绝对） R105:在此钻削深度停留时间 R107:钻削进给率 R108:首钻进给率 R109 在起始点和排屑时停留时间 R110:首钻深度（绝对） R111:递减量 R127:加工方式 段屑=0，退刀排屑=1	N10 R101=….. R102=… … N20 LCYC83; 自身程序段
LCYC840	带补偿夹具切削内螺纹	R101:退回平面（绝对） R102:安全距离 R103:参考平面（绝对） R104:最后钻深（绝对） R106:螺纹导程值 R126:攻丝时主轴旋转方向	N10 R101=….. R102=…… N20 LCYC840; 自身程序段
LCYC84	不带补偿夹具切削内螺纹	R101:退回平面（绝对） R102:安全距离 R103:参考平面（绝对） R104:最后钻深（绝对） R105:在此钻削深度停留时间	N10 R101=….. R102=… … N20 LCYC84; 自身程序段

续表

地　址	含义及赋值	说　明	编　程
LCYC84	不带补偿夹具切削内螺纹	R106:螺纹导程值 R112:攻丝速度 R113:退刀速度	
LCYC85	镗孔—1	R101:退回平面（绝对） R102:安全距离 R103:参考平面（绝对） R104:最后钻深（绝对） R105:在此钻削深度停留时间 R107:钻削进给率 R108:退刀时进给率	N10 R101=….. R102=… … N20 LCYC85; 自身程序段
LCYC60	线性孔排列	R115:钻孔或攻丝循环号值：82，84，840，85（相应与 LCYC…..） R116:横坐标参考点 R117:纵坐标参考点 R118:第一孔到参考点的距离 R119:孔数 R120:平面中孔排列直线的角度 R121 孔间距离	N10 R101=….. R102=… … N20 LCYC60; 自身程序段
LCYC61	圆弧孔排列	R115:钻孔或攻丝循环号值：82，84，840，85（相应与 LCYC…..） R116:圆弧圆心横坐标（绝对） R117:圆弧圆心纵坐标（绝对） R118:圆弧半径 R119:孔数 R120:起始角 （−180<R120<180） R121:角增量	N10 R101=….. R102=… … N20 LCYC61; 自身程序段
LCYC75	铣凹槽和键槽	R101:退回平面（绝对） R102:安全距离 R103:参考平面（绝对） R104:凹槽深度（绝对） R116:凹槽圆心横坐标 R117:凹槽圆心纵坐标 R118:凹槽长度 R119:凹槽宽度 R120:拐角半径 R121:最大进刀深度 R122:深度进刀深度进给率 R123:表面加工的进给率 R124:平面加工的精加工余量 R125:深度加工的精加工余量	N10 R101=….. R102=… … N20 LCYC75; 自身程序段

续表

地　址	含义及赋值	说　明	编　程
LCYC75	铣凹槽和键槽	R126:铣削方向值： 2 用于 G2，3 用于 G3 R127:铣削类型值： 1 用于粗加工，2 用于精加工	

（二）各固定循环功能及应用

1. 钻削循环

（1）指令格式

LCYC82

功能：刀具以编程的主轴转速和进给速度钻孔，到达最后钻深后，可实现孔底停留，退刀时应快速退刀。循环过程如图 4-24 所示。各参数见表 4-8。

（2）应用举例

用钻削循环 LCYC82 加工图 4-25 所示孔，孔底停留时间 2s，安全间隙 4 mm。试编制程序。

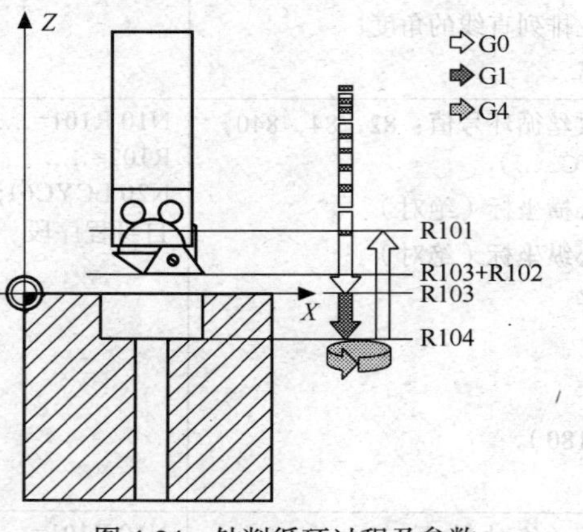

图 4-24　钻削循环过程及参数

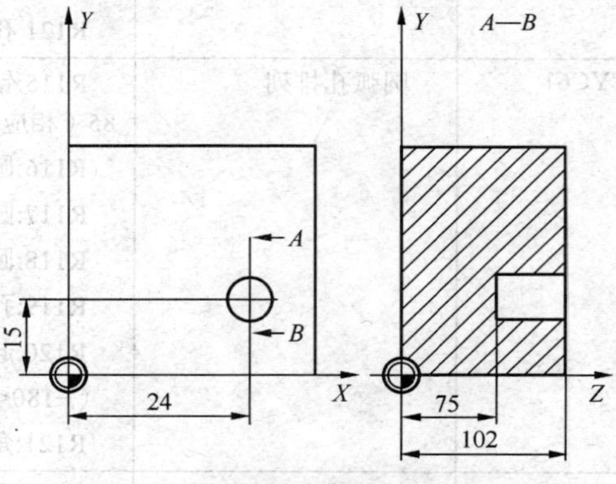

图 4-25　钻削循环应用

```
N10 G0 G17 G90 F100 T2 D2 S500 M3;
N20 X24 Y15;
N30 R101=110 R102=4 R103=102 R104=75 R105=2;
N40 LCYC82;
N50 M2;
```

2. 镗削循环

（1）指令格式

LCYC85

功能：刀具以编程的主轴转速和进给速度镗孔，到达最后镗深后，可实现孔底停留，进刀及退刀时分别以参数指定速度退刀。如图 4-26 所示。各参数见表 4-8。

（2）应用举例

用镗削循环 LCYC85 加工图 4-27 所示孔，无孔底停留时间，安全间隙 2 mm。试编写程序。

```
N10 G0 G18 G90 F1000 T2 D2 S500 M3;
N20 X50 Y105 Z70;
N30 R101=105 R102=2 R103=102 R104=77 R105=0 R107=200 R108=100;
N40 LCYC85;
N50 M2;
```

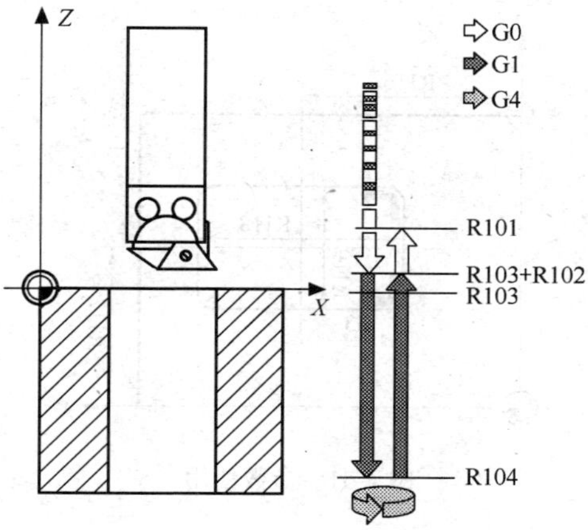

图 4-26　镗削循环过程及参数

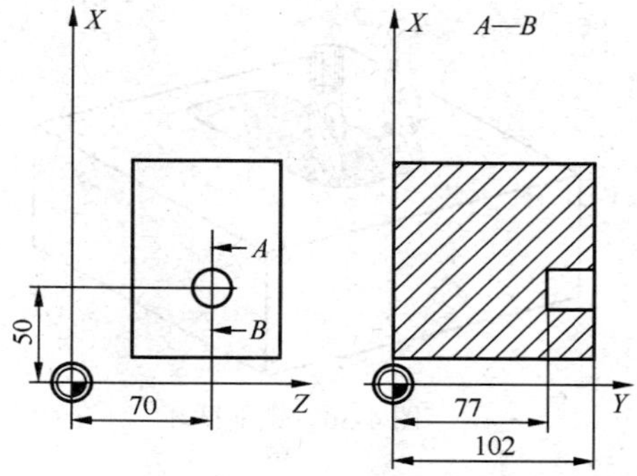

图 4-27　镗削循环应用

3. 线性孔排列钻削

（1）指令格式

LCYC60

功能：加工线性排列孔如图 4-28 所示，孔加工循环类型用参数 R115 指定，各参数见表 4-8。

（2）应用举例

用钻削循环 LCYC82 加工图 4-29 所示孔，孔底停留时间 2s，安全间隙 4 mm。

```
N10 G0 G18 G90 F100 T2 D2 S500 M3;
N20 X50 Y110 Z50;
N30 R101=105 R102=4 R103=102 R104=22 R105=2;
N40 R115=82 R116=30 R117=20  R118=20 R119=0 R120=0 R121=20;
N50 LCYC60;
N60 M2;
```

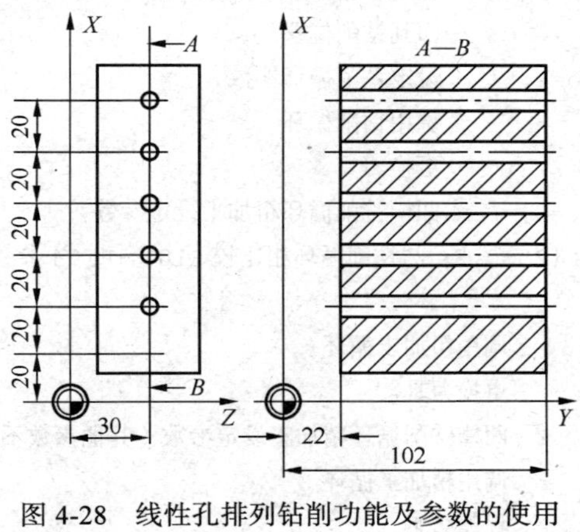

图 4-28　线性孔排列钻削功能及参数的使用

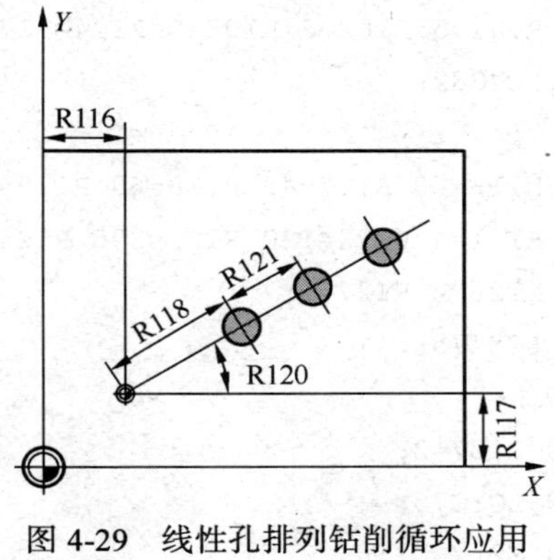

图 4-29　线性孔排列钻削循环应用

4. 矩形槽、键槽和圆形凹槽的铣削循环

（1）循环功能

通过设定相应的参数，利用此循环可以铣削矩形槽、键槽及圆形凹槽，循环加工可分为粗加工和精加工，如图 4-30 所示。循环参数见表 4-8，表中参数使用情况，如图 4-31 所示。

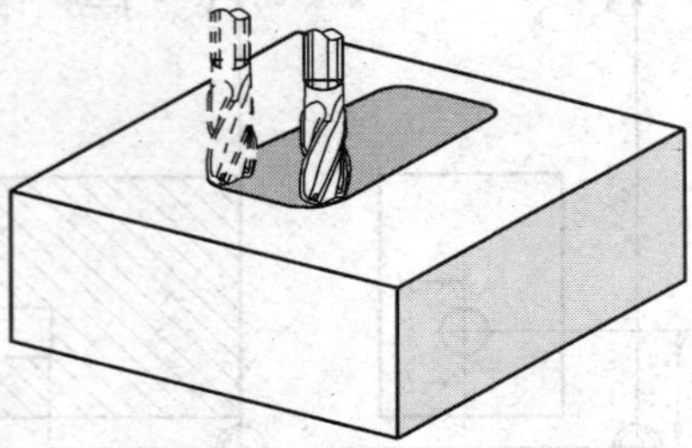

图 4-30 铣削循环

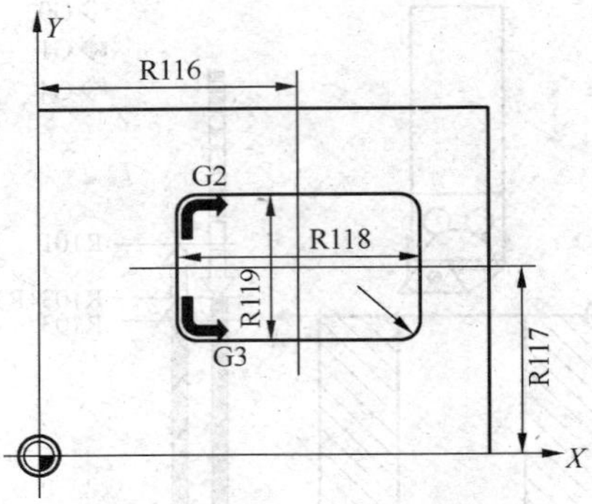

图 4-31 参数使用

（2）调用格式

LCYC75

加工矩形槽时通过参数设置长度、宽度、深度；如果凹槽宽度等同于 2 倍的圆角半径，则铣削一个键槽；通过参数设定凹槽长度=凹槽宽度=2 倍的圆角半径，可以铣削一个直径为凹槽长度或凹槽宽度的圆形凹槽。加工时，一般在槽中心处已预先加工出导向底孔，铣刀从垂直于凹槽深度方向的槽中心处开始进刀。如果没有钻底孔，则该循环要求使用带端面齿的铣刀，从而可以铣削中心孔。在调用程序中应设定主轴的转速和方向，在调用循环之前必须先建立刀具补偿。

（3）应用举例

① 凹槽铣削。如图 4-32 所示，加工一个长度为 60 mm，宽度为 40 mm，圆角半径 *R*8 mm，深度为 17.5 mm 的凹槽。凹槽边的精加工的余量为 0.75 mm，深度为 0.5 mm，*Z* 轴上到参考平面的安全间隙为 0.5 mm。凹槽的中心点坐标为 *X*60，*Y*40，最大进刀深度为 4 mm，加工分为粗加工和精加工。加工程序如下。

```
N10 G0 G17 G90 F200 S300 M3 T4 D1;                    确定工艺参数
N20 X60 Y40 Z5;                                       回到钻削位置
N30 R101=5 R102=2 R103=9 R104=-17.5 R105=2;           设定钻削循环参数
N40 LCYC82;                                           调用钻削循环
N50……;                                                更换刀具
N60 R116=60 R117=40 R118=60 R119=40 R120=8;           凹槽铣削循环粗加工设定参数
N70 R121=4 R122=120 R123=300 R124=0.75 R125=0.5; 与钻削循环相比较 R101～R104 参数不变
N80 R126=2 R127=1;
N90 LCYC75;                                   调用粗加工循环
N100……;                                       更换刀具
N110 R127=2;                                  凹槽铣削循环精加工设定参数（其他参数不变）
N120 LCYC75;                                  调用精加工循环
N130 M2;                                      程序结束
```

② 圆形槽铣削。在图 4-33 中，使用此程序可以在 *YZ* 平面上加工一个圆形凹槽，中心点坐标为 *Z50X50*，凹槽深 20 mm，深度方向进给轴为 *X* 轴，没有给出精加工余量，也就是说使用粗加工加工此凹槽。使用的铣刀带端面齿，可以切削中心。

```
N10 G0 G19 G90 S200 M3 T1 D1;                            规定工艺参数
N20 Z60 X40 Y5;                                          回到起始位
N30 R101=4 R102=2 R103=0 R104=-20 R116=50 R117=50;       凹槽铣削循环设定参数
N40 R118=50 R119=50 R120=50 R121=4 R122=100;             凹槽铣削循环设定参数
N50 R123=200 R124=0 R125=0R126=0 R127=1;                 凹槽铣削循环设定参数
N60 LCYC75;                                              调用循环
N70 M2;                                                  循环结束
```

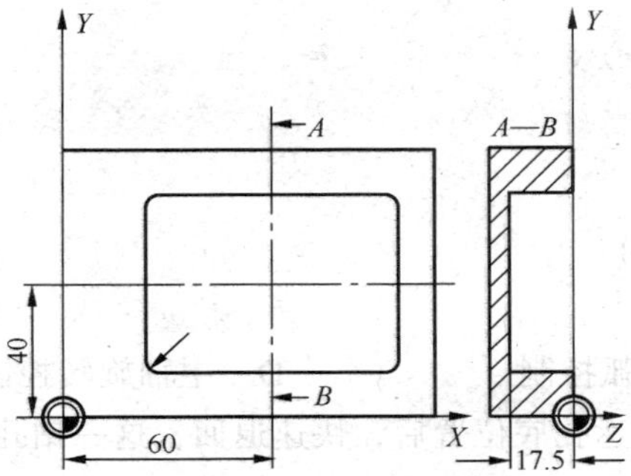

图 4-32　凹槽铣削

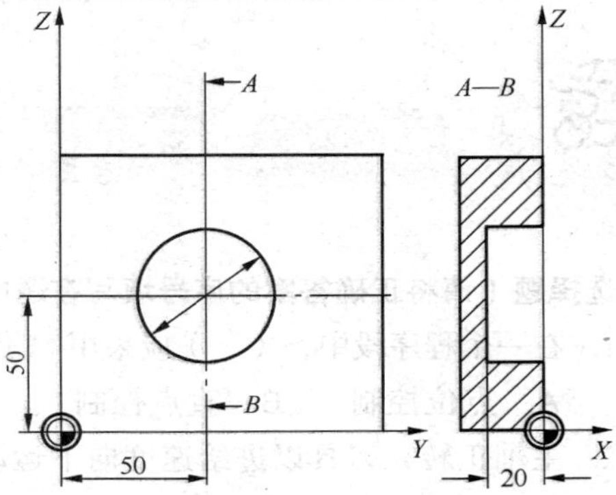

图 4-33　圆形槽铣削

③ 键槽铣削。在图 4-34 中，使用此程序加工 *YZ* 平面上一个圆上的 4 个槽,相互间成 90°角,起始角为 45°。在调用程序中,坐标系已经作了旋转和移动。键槽的尺寸如下:长度为 30 mm，宽度为 15 mm，深度为 23 mm。安全间隙 1 mm，铣削方向 G2，深度进给最大 6 mm。键槽用粗加工（精加工余量为零）加工，铣刀带断面齿，可以加工中心。

```
N10 G0 G19 G90 T10 D1 S400 M3;                           规定工艺参数
N20 Y20 Z50 X5;                                          回到起始位
N30 R101=5 R102=1 R103=0 R104=-23 R116=35 R117=0;        铣削循环设定参数
N40 R118=30 R119=15 R120=15 R121=6 R122=200;             铣削循环设定参数
N50 R123=300 R124=0 R125=0 R126=2 R127=1;                铣削循环设定参数
N60 G158 Y40 Z45;                   建立坐标系 Z1—Y1，移动到 Z45Y40
N70 G259 RPL45;                     旋转坐标系 45°
N80 LCYC75;                         调用循环，铣削第 1 个槽
N90 G259 RPL90;                     继续旋转 Z1—Y1 坐标系 90°，铣削第 2 个槽
N100 LCYC75;                        调用循环，铣削第 2 个槽
N110 G259 RPL90;                    继续旋转 Z1—Y1 坐标系 90°，铣削第 3 个槽
N120 LCYC75;                        铣削第 3 个槽
N130 G259 RPL90;                    继续旋转 Z1—Y1 坐标系 90°，铣削第 4 个槽
N140 LCYC75;                        铣削第 4 个槽
N150 G259 RPL45;                    恢复到原坐标系，角度为 0
N160 G158 Y-40 Z-45;                返回移动部分
N170 Y20 Z50 X5;                    回到出发位置
M2;                                 程序结束
```

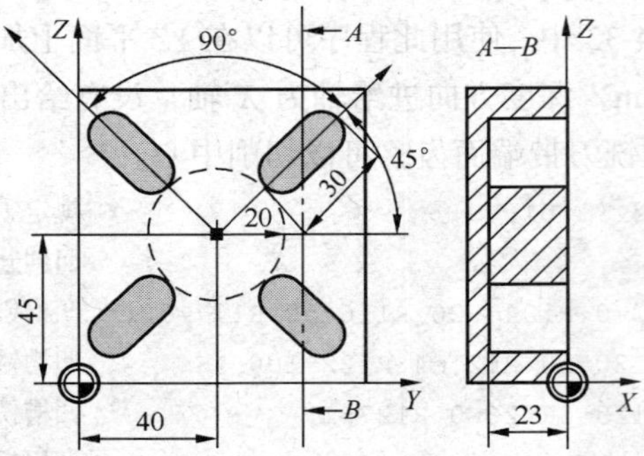

图 4-34　键槽铣削

习 题

一、选择题（请将正确答案的序号填写在题中的括号中）

1. 在一个程序段中，（　）应采用 M 代码。

A. 点位控制　B. 直点控制　C. 圆弧控制　D. 主轴旋转控制

2. 主轴正转，刀具以进给速度向下运动钻孔，到达孔底位置后，快速退回，这一钻孔指令是（　）。

A. G81　B. G82　C. G83　D. G84

3. 在工件上既有平面需要加工，又有孔需要加工时，可采用（　）。

A. 粗铣平面—钻孔—精铣平面　B. 先加工平面，后加工孔

C. 先加工孔，后加工平面　D. 任何一种形式

4. 钻削时的切削热大部分由（　）传散出去。

A. 刀具　B. 工件　C. 切屑　D. 空气

5. 位置精度较高的孔系加工时，特别要注意孔的加工顺序的安排，主要是考虑到（　）。

A. 坐标轴的反向间隙　B. 刀具的耐用度

C. 控制振动　D. 加工表面质量

二、判断题（请将判断结果填入括号中，正确的填"√"，错误的填"×"）

（　）1. 圆弧插补用半径编程时，当圆弧所对应的圆心角大于 180° 时半径取负值。

（　）2. 一个主程序调用另一个主程序称为主程序嵌套。

（　）3. 顺时针圆弧插补（G02）和逆时针圆弧插补（G03）的判别方向是：沿着不在圆弧平面内的坐标轴正方向向负方向看去，顺时针方向为 G02，逆时针方向为 G03。

（　）4. 在数控铣床上加工整圆时，为避免工件表面产生刀痕，刀具从起始点沿圆弧表面的切线方向进入，进行圆弧铣削加工；整圆加工完毕退刀时，顺着圆弧表面的切线方向退出。

（　）5. C73、C83 为攻丝循环指令。

（　）6. 点位控制的特点是，可以以任意途径达到要计算的点，因为在定位过程中不进行加工。

三、项目训练

1. 应用孔加工循环指令编写图 4-35 所示两个零件的孔加工程序，材料为 45#钢。

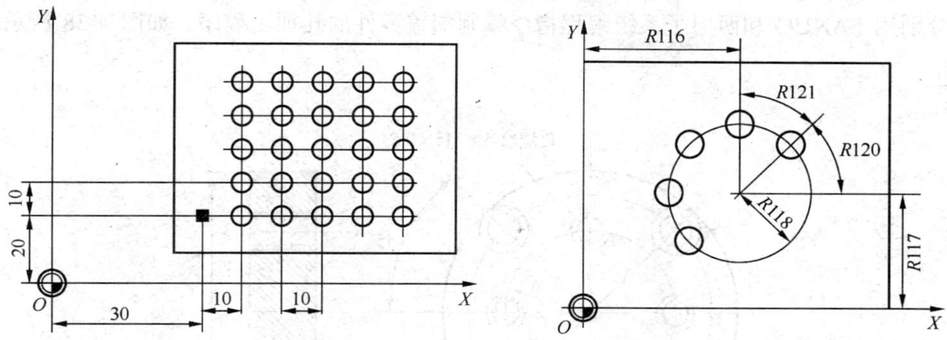

（a）矩阵孔排列加工　　（b）圆弧孔排列加工

图 4-35

2. 分析图 4-36 所示连杆的数控加工工艺，填写工序卡，编制孔加工程序。材料 45#钢。

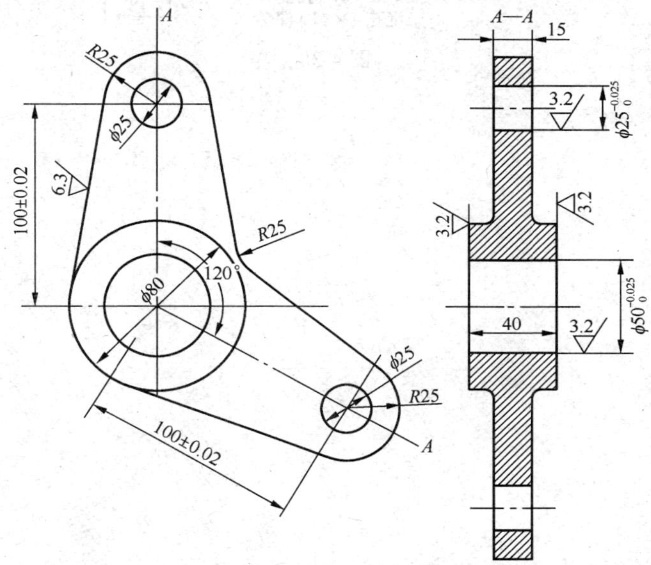

图 4-36

3. 分析图 4-37 所示支座零件的数控加工工艺，填写工序卡，编制孔加工程序。材料 45#钢。

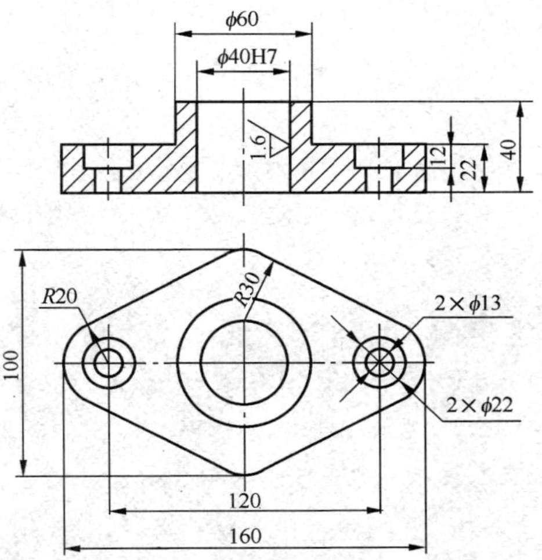

图 4-37

4. 分别用 FANUC 和西门子系统编程指令编制端盖零件的孔加工程序，如图 4-38 所示。材料为 45#钢。

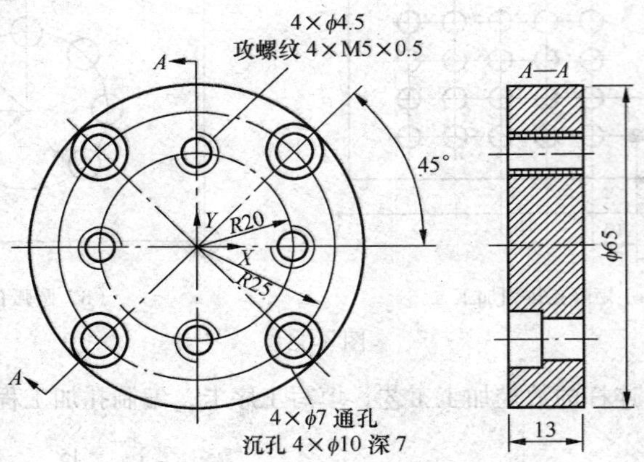

图 4-38

项目五

曲面铣削加工工艺及程序编制

【能力目标】

能使用宏指令编写加工程序用于曲面铣削加工

【知识目标】

掌握 FANUC 0i MC 用户宏指令含义及使用方法

一、项目导入

如图 5-1 所示零件，毛坯 100 mm×100 mm×50 mm，材料为 45#钢，采用数控铣床加工。假定：零件已进行粗加工和半精加工，本项目分析如何使用宏程序进行凹球面的精加工。

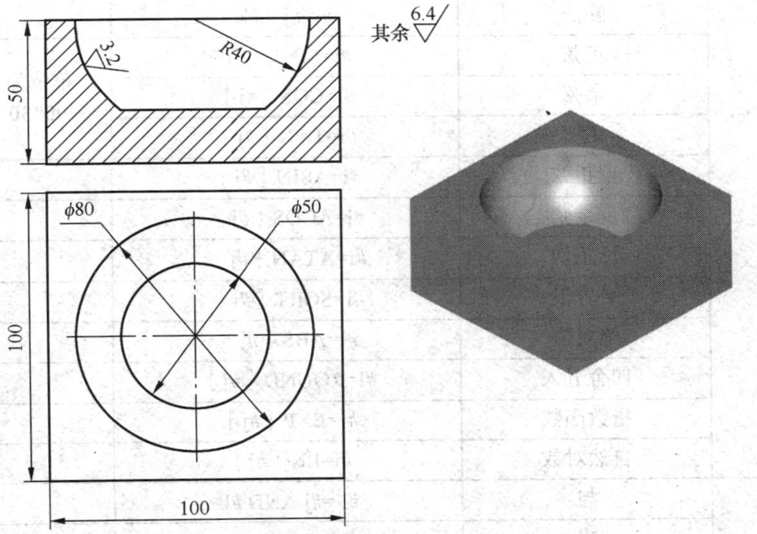

图 5-1　零件图

二、相关知识

（一）认识宏程序

宏程序是一种编程方法，它不仅可以让编程者按照数控系统规定的格式编写数控程序，还可以允许编程者在程序中进行简单逻辑运算与初等数学运算，从而拓展编程的灵活性与适用性。

（二）FANUC 0i MC 用户宏程序使用方法

1. 变量的表示

FANUC 0i MC 数控系统中，变量的格式是在“#”符号后加变量号码，如：#10 表示 10 号变量。

2. 变量的引用

变量的使用方法和常量一致，只是变量的值可以被替换。

3. 变量的运算

宏程序的重要特征为可实现变量的运算功能。变量的运算见表 5-1。

表 5-1　　用户宏程序变量运算

运算		格式	说明
算术运算	赋值	#i=#j	
	加法	#i=#j + #k	
	减法	#i=#j – #k	
	乘法	#i=#j * #k	
	除法	#i=#j / #k	
	正弦	#i=SIN［#j］	单位为度，而非弧度。90°30′应表示为 90.5°
	余弦	#i=COS［#j］	
	正切	#i=TAN［#j］	
	反正弦	#i=ASIN［#j］	
	反余弦	#i=ACOS［#j］	
	反正切	#i=ATAN［#j］	
	平方根	#i=SQRT［#j］	
	绝对值	#i=ABS［#j］	
	四舍五入	#i=ROUND［#j］	
	指数函数	#i=EXP［#j］	
	自然对数	#i=LN［#j］	
逻辑运算	与	#i =#j AND #k	
	或	#i=#j OR #k	
	异或	#i=#j XOR #k	

宏程序的运算优先顺序为：

① 函数运算；

② 乘除法运算、逻辑与；

③ 加减法运算、逻辑或、逻辑异或。

可以采用［ ］来改变运算顺序，最多可以有5级括号嵌套。

4. 宏程序中的程序运行控制指令

（1）无条件转移指令

指令使用格式：GOTO n；n为顺序号。

例如：N100 ……；

N110 GOTO 150；

N120 ……；

……；

N150 ……；

即程序从N110直接跳转到N150，不再执行N120与N150之间地程序。

（2）有条件转移指令

指令使用格式：IF［逻辑条件］GOTO n；n为顺序号。

其含义为：当逻辑条件为真时，执行GOTO n，否则顺序执行下一行程序。用户宏程序逻辑条件表达式见表5-2。

表5-2 用户宏程序逻辑条件表达式

逻 辑 条 件	含 义
#j EQ #k	判断#j 是否 = #k
#j NE #k	判断#j 是否≠#k
#j GT #k	判断#j 是否 > #k
#j LT #k	判断#j 是否 < #k
#j GE #k	判断#j 是否≥#k
#j LE #k	判断#j 是否≤#k

例如：IF［#10 EQ #20］GOTO 10；

（3）循环指令

指令使用格式：WHILE［逻辑条件］DO n ；

……

END n；

当逻辑条件为真时，程序执行DO n 和END n之间的程序，当逻辑条件为假时，程序执行END n后的程序。n的取值为1、2、3。

例如：WHILE［#20 GT #30］DO 1；

G01 X10.0 Y10.0 F100 ；

END 1；

5. 宏程序中的调用

FANUC 0i MC 数控系统中用户宏程序调用格式为：

G65 P 程序号 L 宏程序被重复调用几次 <自变量赋值>

如：G65 P1234 L3 A10.0 B100.0 C200.0 其中 1234 为被调用的宏程序号，L3 表示重复调用 3 次，A10.0 表示向#1 赋值 10.0，B100.0 表示向#2 赋值 100.0，C200.0 表示向#3 赋值 200.0。FANUC 0i MC 用户宏程序自变量赋值与变量号码对应关系，见表 5-3。

表 5-3 用户宏程序自变量赋值与变量号码对应关系

赋值地址	变量号码	赋值地址	变量号码
A	#1	Q	#17
B	#2	R	#18
C	#3	S	#19
D	#7	T	#20
E	#8	U	#21
F	#9	V	#22
H	#11	W	#23
I	#4	X	#24
J	#5	Y	#25
K	#6	Z	#26
M	#13		

三、项目实施

如图 5-1 为型腔类零件，毛坯 100 mm×100 mm×50 mm，材料为 45#钢，采用数控铣床加工。假定：零件已进行粗加工和半精加工，这里只分析用球头铣刀进行精加工凹球面的宏程序。

（一）加工工艺分析

1. 零件图工艺分析

该零件外形比较简单。其主要特征为由球面内壁组成的型腔。其表面粗糙度为 $R_a3.2$，要求较高，其他形位公差要求较低。该零件材料为 45#钢，切削加工性能较好。

2. 选择加工方案

根据零件形状及加工精度要求，一次装夹完成所有加工内容。

3. 确定装夹方案

零件毛坯外形为规则的正方形，因此加工时选择平口机用虎钳。装夹高度 25 mm，因此须在虎钳定位基面加垫铁。

4. 刀具及切削用量的选择

型腔内壁球面的加工，选择ϕ10 mm 的球头铣刀。

5. 填写工艺文件

将各工步的加工内容所需刀具等填入零件数控加工工序卡，见表 5-4。

表 5-4　　零件数控加工工序卡片

单位名称		数控加工工序卡片	产品名称		零件名称		材料	零件图号
							45#	
工序号		程序编号	夹具名称		夹具编号		使用设备	车间
		O1001 O9001	机用平口虎钳					
工步号	工步内容	刀具号	刀具规格（mm）	主轴转速（r/min）	进给速度（mm/min）	背吃刀量（mm）	量具	提示
1	精铣型腔内壁凹球面达图纸要求	1	ϕ10 球头铣刀	1 900	400			
编制		审核		共　页		第　页		

（二）编制加工程序

1. 加工凹球面的宏程序思路

设：球头铣刀的半径为：SR

球头铣刀 Z 向步进角为：α

则球头铣刀切削时球刀刀心坐标为：

$$\begin{cases} x=(40-SR)\times\cos\alpha \\ z=(40-SR)\times\sin\alpha \end{cases}$$

加工过程：随着步进角α从 0° 向−90° 递进，球头铣刀逐步向下铣削，当 X=25 时，球头铣刀铣到零件底部，加工结束。

> **提示** 由于球头铣刀的外形特点。在凹球面与底面相接的区域会出现铣不到的现象，可以采取更换小直径刀具等工艺方法弥补，这里不再详述。

2. 加工凹球面的宏程序

（1）主程序采用 G65 P9001 Aa Bb Cc Dd 的形式调用宏程序，其中：

A_a：凹球面顶部大圆半径（40 mm）；

B_b：凹球面底部小圆半径（25 mm）；

C_c：球头铣刀刃口半径（采用ϕ10 球头铣刀，刃口半径为 5 mm）；

D_d：步进角α的步进量（取步进角为 0.5°）；

（2）宏程序中各变量含义

#101: 定义凹球面顶部大圆半径；

#102: 定义凹球面底部小圆半径；

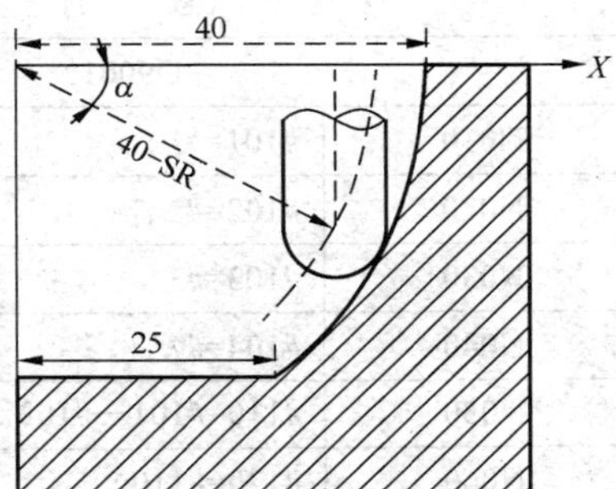

图 5-2　加工分析图

#103：定义球头铣刀刃口半径；

#104：定义步进角的步进量；

#110：定义球头铣刀刀心运动的初始半径；

#120：定义球头铣刀刀心运动的 X 坐标；

#130：定义球头铣刀刀心运动的 Z 坐标；

#140：定义球头铣刀下降角；

#150：定义球头铣刀下降最大深度；

（3）主程序

分别见表 5-5、表 5-6。

表 5-5 主程序一

程　序		注　解
O1001;		程序名（主程序）
N010	G17G21G40G49;	设定机床工作的初始状态
N020	G91G28Z0;	机床运动至换刀位置
N030	M06T01;	换 1 号刀
N040	G43H01;	机床调用 1 号刀的刀具长度补偿
N050	G90G54G00X0Y0Z10.0M08;	刀具快速运动至工件坐标系下绝对坐标（0，0，10）处，冷却液打开
N060	M03S1900;	主轴正转，转速 1 900 r/min
N070	G65P9001A40.0B25.0C5.0D0.5;	调用宏程序 O9001 向#1 变量赋值 40（定义凹球面顶部大圆半径） 向#2 变量赋值 25（定义凹球面底部小圆半径） 向#3 变量赋值 5（定义球头铣刀刃口半径） 向#7 变量赋值 0.5（定义步进角 α 的步进量）
N080	G49G00Z100.0M09; ;	退刀，取消长度补偿，冷却液关
N090	G00X0Y0M05; ;	刀具快速移动到（0，0）的位置主轴停转
N100	M30;	程序结束

表 5-6 主程序二

程　序		注　解
O9001;		程序名（宏程序）
N010	#101=#1 ;	将#1 变量赋值给#101
N020	#102=#2 ;	将#2 变量赋值给#102
N030	#103=#3 ;	将#3 变量赋值给#103
N040	#104=#7 ;	将#7 变量赋值给#104
N050	#110=#101—#103 ;	计算球头铣刀刀心运动的初始半径
N060	#120=#110 ;	定义球头铣刀刀心 X 坐标
N070	#130=0 ;	定义球头铣刀刀心 Z 坐标初始值 0
N080	#140=0 ;	定义球头铣刀下降初始角 0°

续表

程　序		注　解
N080	#150=−[SQRT[[#101−#103] *[#101−#103] −#102*#102] −#103];	计算球头铣刀下降最大深度
N090	G00 X[#120]　;	X 轴快速定位
N100	G01 Z[#130] F50 ;	Z 轴刀具与工件表面接触
N110	WHILE [#130 GT #150] DO 1 ;	判断是否到达凹球面底部小圆半径 25 mm
N120	#120=#110*COS[#140] ;	计算球头铣刀刀心 X 坐标
N130	#130=#110*SIN[#140] ;	计算球头铣刀刀心 Z 坐标
N140	G01 X[#120] Z[#130] F400 ;	X、Z 轴联动进刀
N150	G02 I − [#120] ;	铣削整圆
N160	#140=#140 − #104 ;	取下降步进角步进量 0.5°
N170	END 1 ;	返回循环
N180	M99 ;	返回主程序

注：上述程序在 FANUC 0i MC 系统下上机验证通过。

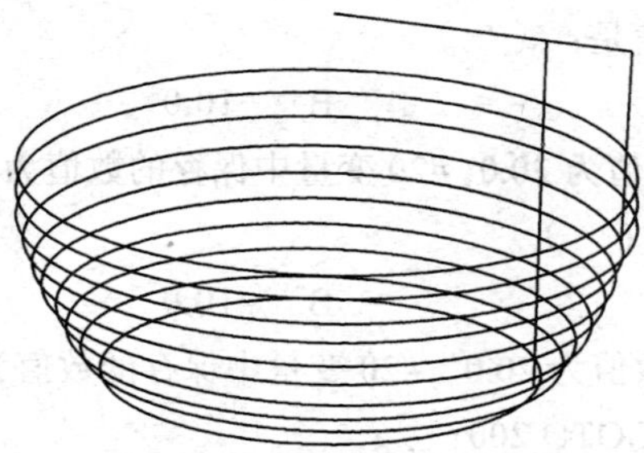

图 5-3　实际加工刀路等角视图（为使示图清晰，步进角为 5°）

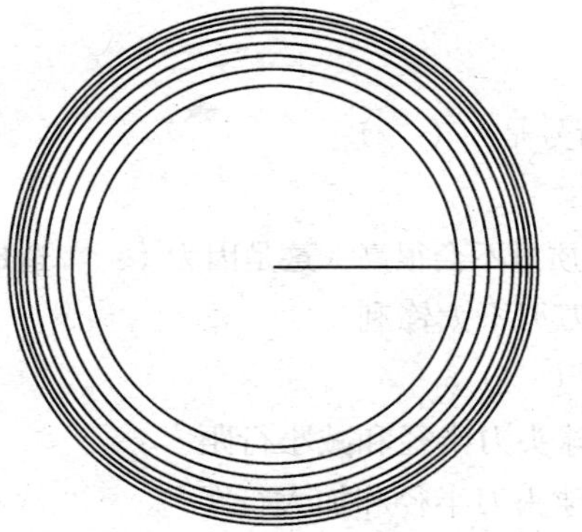

图 5-4　实际加工刀路俯视图（为使示图清晰，步进角为 5°）

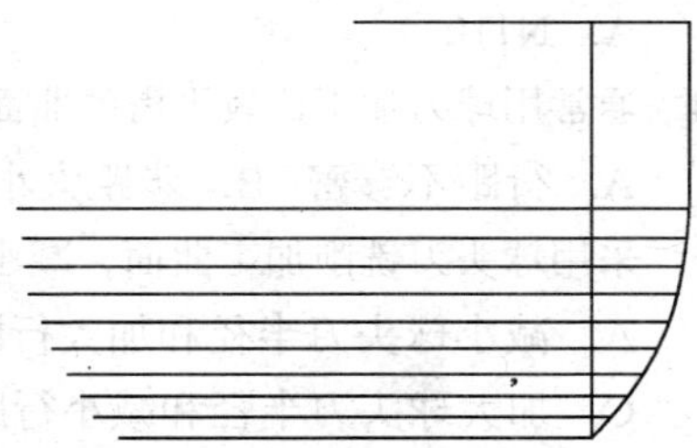

图 5-5　实际加工刀路侧视图（为使示图清晰，步进角为 5°）

通过上述程序可以看出，只要改变对#1、#2、#3、#7 四个变量的赋值，就可以灵活适应不同零件（仅针对凹球面零件）、不同直径刀具、不同工艺（步进角）的加工，而不必编写新的程序，从而大大提高编程效率。

四、拓展知识

不仅在 FANUC 0i MC 系统中提供了用户宏指令编程功能，在 FANUC 其他中、高端的系统也提供相应的功能。如：FANUC 16i/18i/21i 等，用户宏指令编程功能在 Sinumerik 数控系统中被称为"R 参数编程"，在 Fidia 系统中被称为"参数编程"，在 Heidenhain 系统中被称为"Q 参数编程"，虽然称呼不同，但其实质内容基本是相同的。

习题

一、选择题（请将正确答案的序号填写在题中的括号中）

1. 如果#10 变量中保存的数值为 20.0，#20 变量中保存的数值为 10.0，则在执行完 G01 Z［#10—#20］语句后，Z 的坐标值是：（ ）。

A. 10.0　　　　B. −10.0

2. 如果#10 变量中保存的数值为 20.0，#20 变量中保存的数值为 10.0，则在执行完#10=#20—#10 语句后，#10 变量中的数值是：（ ）。

A. 10.0　　　　B. −10.0

3. 如果#10 变量中保存的数值为 20.0，#20 变量中保存的数值为 10.0，

```
N100 IF［#10 EQ #20］GOTO 200;
N110 G01X10.0;
……
N200 G01Y10.0;
```

则在执行完 N100 语句后，下一行被执行的语句的的行号是：（ ）。

A. N110　　　　B. N200

4. 通常用球刀加工比较平滑的曲面时，表面粗糙度的质量不会很高。这是因为（ ）造成的。

A. 行距不够密　B. 步距太小　　C. 球刀刀刃不太锋利

5. 采用球头刀铣削加工曲面，减小残留高度的办法是（ ）。

A. 减小球头刀半径和加大行距　　B. 减小球头刀半径和减小行距

C. 加大球头刀半径和减小行距　　D. 加大球头刀半径和加大行距

二、判断题（请将判断结果填入括号中，正确的填"√"，错误的填"×"）

（ ）1. FANUC 0i MC 用户宏指令只能按照程序行号顺序执行程序。

（ ）2. FANUC 0i MC 用户宏指令既可以进行变量的初等函数运算又可以进行变量的逻辑判断。

（ ）3. "#10=#20"表示 10 号变量与 20 号变量大小相等。

（ ）4. 用户宏程序最大的特点是使用变量。

（ ）5. G65 是非模态调用宏程序的指令。

（ ）6. 曲率变化不大，精度要求不高的曲面轮廓，宜采用 3 轴联动加工。

项目六 数控铣床（加工中心）的界面操作

【能力目标】

1. 熟悉数控加工的生产环境、熟悉典型 FANUC 0i MC 数控系统操作面板及各按钮功能
2. 能正确进行数控铣床（加工中心）的开、关机操作和手动控制

【知识目标】

1. 了解数控铣床（加工中心）加工的安全操作规程，理解典型数控铣床（加工中心）的机床控制面板各操作按钮的含义
2. 数控铣床（加工中心）的基本操作方法及步骤和对操作者的有关要求，掌握数控车削加工中的基本操作技能

一、项目导入

熟悉数控铣床或加工中心的开、关机操作，并手动运行机床各轴。

二、相关知识

（一）数控铣床（加工中心）的操作规程

严格遵循数控机床的安全操作规程，不仅是保障人身和设备安全的需要，也是保证数控机床能够正常工作、达到技术性能、充分发挥其加工优势的需要。因此，在数控机床的使用和操作中必须严格遵循数控机床的安全操作规程。

数控铣床及加工中心主要用于非回转体类零件的加工，特别是在模具制造业应用广泛。其安全操作规程如下。

1. 开机前应遵守的操作规程

① 穿戴好工作服，戴好工作帽，禁止戴手套操作机床。

② 详细阅读机床的使用说明书，在未熟悉机床操作前，切勿随意动机床，以免发生安全事故。

③ 操作前必须熟知每个按钮的作用以及操作注意事项。

④ 注意机床各个部位警示牌上所警示的内容。

⑤ 按照机床说明书要求加装润滑油、液压油、切削液，接通外接气源。

⑥ 机床周围的工具要摆放整齐，要便于拿放。检查是否已将搬手、楔子等工具从机床上拿开。

⑦ 加工前必须关上机床的防护门。

2. 在加工操作中应当遵守的操作规程

① 文明生产，精力集中，杜绝酗酒和疲劳操作；禁止打闹、闲谈、睡觉和任意离开岗位。

② 机床在通电状态时，操作者千万不要打开和接触机床上示有闪电符号的、装有强电装置的部位，以防被电击伤。

③ 注意检查工件和刀具是否装夹正确、可靠；在刀具装夹完毕后，应当采用手动方式进行试切。

④ 机床运行过程中，不要清除切屑，要避免用手接触机床运动部件。

⑤ 清除切屑时，要使用一定的工具，应当注意不要被切屑划破手脚。

⑥ 要测量工件时，必须在机床停止状态下进行。

⑦ 在打雷时，不要开机床。因为雷击时的瞬时高电压和大电流易冲击机床，造成烧坏模块或丢失改变数据，造成不必要的损失。

3. 工作结束后应当遵守的操作规程

① 如实填写好交接班记录，发现问题要及时反映。

② 要打扫干净工作场地，擦拭干净机床，应注意保持机床及控制设备的清洁。

③ 切断系统电源，关好门窗后才能离开。

（二）数控机床控制面板

1. 数控机床典型控制面板

FANUC 0i MC 数控系统的数控铣床或加工中心的控制面板通常由上下两部分组成。上半部分为数控系统控制面板，下半部分为机床操作面板。项目六至项目八以宇龙仿真软件中，南通 XH713A 数控立式加工中心为例介绍数控加工中心的操作方法。

机床操作面板主要由操作模式开关，主轴倍率调整旋钮，进给速度调节旋钮，各种辅助功能选择开关、手轮、各种指示灯等组成。各按钮、旋钮开关的位置、结构由机床厂家自行设计制造，因此，各种机床厂家的机床操作面板各不相同。不同厂家生产的同一类型数控机床操作控制方式大同小异，但为了凸显自己的特色，不同的机床生产厂家即使选配同一数控系统，其机床控制面板也不尽相同。另外，国产数控机床的控制面板基本上采用中文提示，而国外机床生产厂家的机床控制面板大都采用英文或提示符号。以下 2 个例图显示的都是采用 FANUC 0i

MC 数控系统，其机床控制面板的功能相近，而形式则不同。数控机床典型控制面板，如图 6-1、图 6-2 所示。

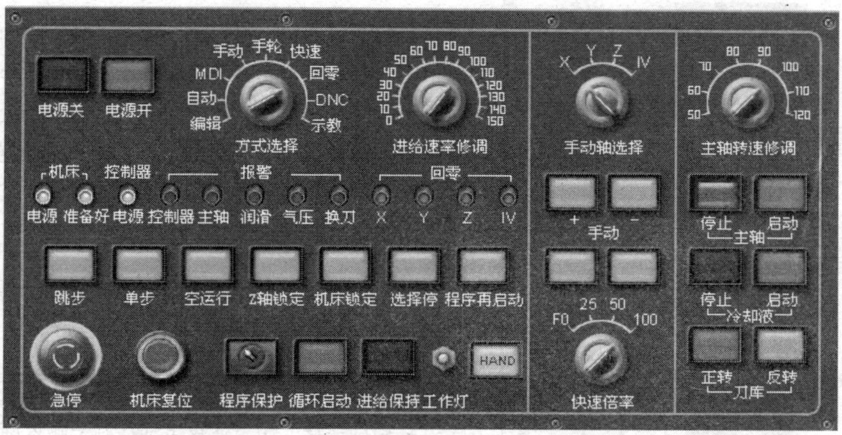

图 6-1　典型数控机床控制面板（一）

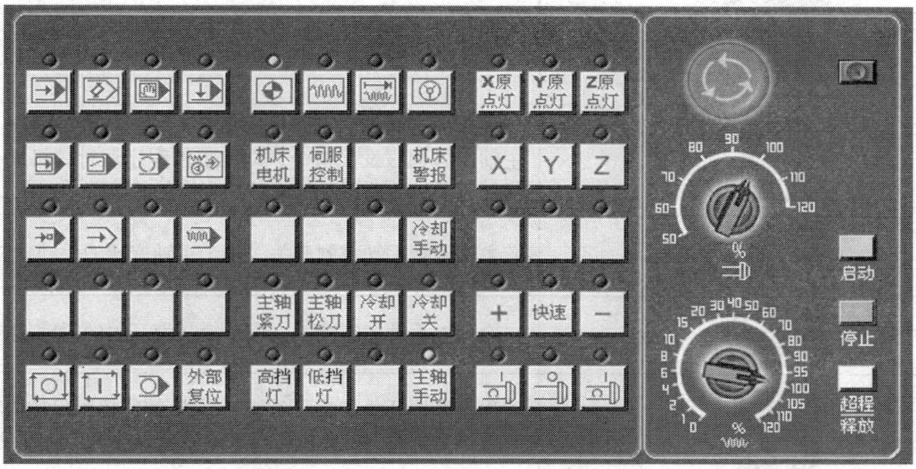

图 6-2　典型数控机床控制面板（二）

2. 面板各功能按钮（旋钮）功能说明

表 6-1　　　　　　机床控制面板常用按钮功能说明

功能按钮（旋钮）	功 能 说 明
	电源开关，用于控制系统供、断电控制开关
	急停旋钮，安全控制开关。按下急停按钮，机床移动立即停止，并且所有的输出如主轴的转动等都会关闭
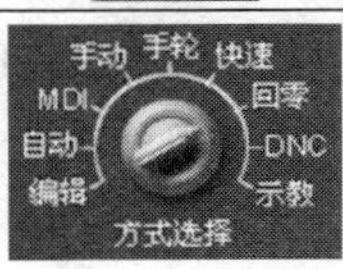	机床工作模式选择旋钮（按钮），用于选择机床的工作模式

续表

功能按钮（旋钮）	功 能 说 明
	进给倍率选择，用于控制程序中F的倍率。若程序为“F200”，当前倍率50%，则机床移动的实际速度为100 mm/m
	快速倍率选择，用于控制程序中G00的速度倍率。若当前倍率“25”，则机床将以系统默认G00速度的25%为当前G00的移动速度
	主轴转速倍率选择，用于控制程序中S的倍率。若程序为“S500”，当前倍率50%,则机床主轴的实际转速为250r/min
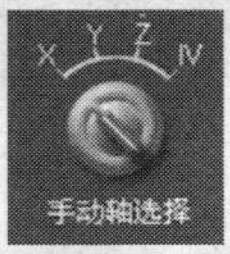	手动控制轴选择，用于选择手动控制下哪个轴运动
	循环启动开关，用于启动数控程序自动运行
	机床锁定开关，打开机床锁定开关后，数控程序不向机床主轴及各伺服发出指令，即使数控程序运行，机床也不会有任何运动。主要用于校验数控程序的正确性
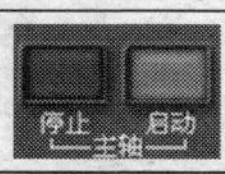	主轴旋转手动控制开关，用于主轴旋转的手动控制
	冷却液手动控制开关，用于冷却液开关的手动控制
	程序保护开关，此开关处于“0”的位置可保护内存程序及参数不被修改，需要执行存入或修改操作时，此开关应置“1”
	单程序段执行按钮，自动操作执行程序时，每按一下该按钮，只执行一个程序段
	空运行功能按钮，自动或MDI方式时，此按钮接通，机床按空运行方式执行程序
	程序段跳步功能按钮，自动操作时此按钮接通，程序中有“\”的程序段将不执行

3. 数控机床操作模式

数控机床通常只能工作在特定的一种操作模式下。数控机床一般有7种操作模式，分别为下面相应按钮开关（或旋钮）。操作机床时，首先要选定一种操作方式再进行相关的操作。不同机床生产厂家在机床控制面板上提供的机床工作模式、选择方式不尽相同，如图6-3所示。各工作模式功能说明，见表6-2。

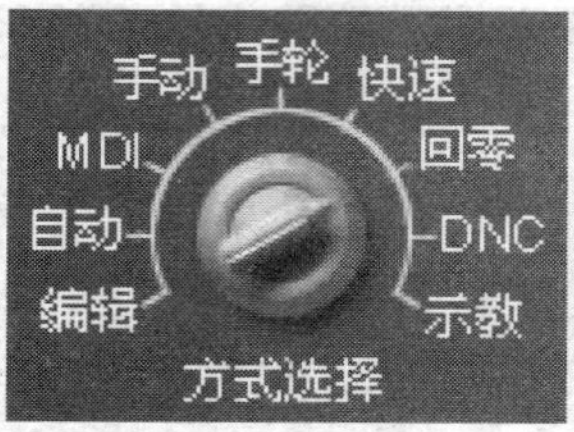

（a）旋钮—汉字提示

（b）旋钮—符号提示

（c）按钮—符号提示

图 6-3　数控机床工作模式选择

表 6-2　　数控机床工作模式选择说明

模式选择按钮提示				名　称	功　能　说　明
编辑		EDIT		编辑	编辑模式，用于直接通过操作面板输入数控程序和编辑程序
自动		MEM AUTO		自动	自动运行加工模式，自动运行一个已存储的加工程序，在自动运行模式下，按下操作面板上各种机床功能开关（如单程序段、选择跳段、选择停止、试运行、机床锁住、辅助功能闭锁），可使该功能起作用
DNC		RMT DNC		DNC	DNC 模式（即 Direct NC），通过 RS-232C 接口接收或发送加工程序
MDI		MDI		MDI	MDI 模式（即 Manual Data Input），手动输入并执行指令。适用于简单的测试操作
手轮		HNDL		手轮	手轮操作方式，使用手轮移动各轴
手动		JOG		手动	手动方式，手动操作机床各轴连续移动
快速		RAPD		快速	手动快速模式
回零		REF HOME		回零	回零模式。手动返回参考点

（三）数控系统控制面板

虽然不同机床生产厂家控制面板不尽相同，但只要选配了同一型号的数控系统，系统自身的控制面板（MDI 面板）是相同的。FANUC 0i MC 数控系统控制面板如图 6-4 所示。数控系统控制面板通常由两个区域组成：左侧是屏幕显示区，右侧是功能键及地址/数字键区。

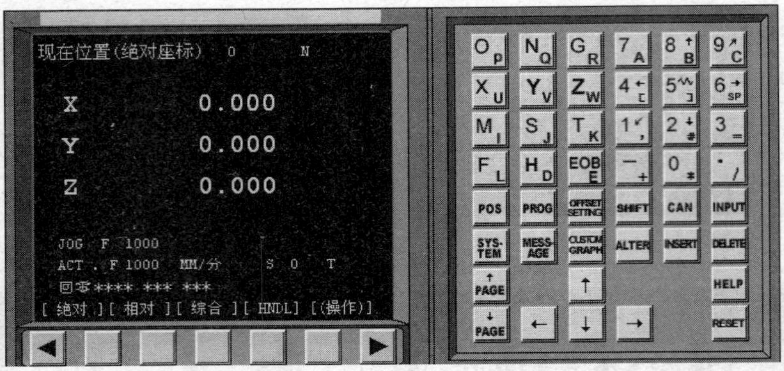

图 6-4 FANUC 0i MC 数控系统控制面板

1. 键盘说明

功能键及地址/数字键区各键图标及功能见表 6-3。

表 6-3 常用按键功能说明

序 号	名 称	功 能 说 明
1	RESET 复位键	按下这个键可以使 CNC 复位或者取消报警等
2	HELP 帮助键	当对 MDI 键的操作不明白时，按下这个键可以获得帮助
3	软键	根据不同的画面，软键有不同的功能。软键功能显示在屏幕的底端
4	O P 地址和数字键	按下这些键可以输入字母，数字或者其他字符
5	SHIFT 切换键	在键盘上的某些键具有 3 个功能。按下 SHIFT 键可以在这两个功能之间进行切换
6	INPUT 输入键	当按下一个字母键或者数字键时，再按该键数据被输入到缓冲区，并且显示在屏幕上。要将输入缓冲区的数据复制到偏置寄存器中等，请按下该键。这个键与软键中的[INPUT]键是等效的
7	CAN 取消键	取消键，用于删除最后一个进入输入缓存区的字符或符号
8	ALTER、INSERT、DELETE 程序功能键	ALTER 键用于替换 INSERT 键用于插入 DELETE 键用于删除
9	POS PROG OFFSET SETTING SYSTEM 功能键 MESSAGE CUSTOM GRAPH	按下这些键，切换不同功能的显示屏幕

续表

序　号	名　称	功能说明
10	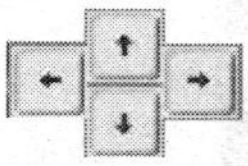 光标移动键	有 4 种不同的光标移动键： →键用于将光标向右或者向前移动 ←键用于将光标向左或者往回移动 ↓键用于将光标向下或者向前移动 ↑键用于将光标向上或者往回移动
11	 翻页键	有 2 个翻页键： PAGE↑键用于将屏幕显示的页面往前翻页 PAGE↓键用于将屏幕显示的页面往后翻页

2. 屏幕显示区

屏幕显示区位于系统操作面板的左侧，包括屏幕和软键 2 部分。

屏幕位于屏幕显示区上方，用来监控加工位置、显示程序内容及各种参数的设定情况。

软键区位于屏幕显示区下方，要显示一个更详细的画面时，可以在按下功能键后按软键。最左侧带有向左箭头的软键为菜单返回键，最右侧带有向右箭头的软键为菜单继续键。根据不同的画面，软键有不同的功能，软键的功能显示在屏幕的底端。按下面板上的功能键之后，属于所选功能的详细内容就立刻显示出来，如图 6-4 所示[绝对]、[相对]、[综合]、[操作]所对应的内容选择软键依次位于屏幕的底端。按下所选的内容选择软键，则所选的内容的屏幕就显示出来。如果有关的一个目标内容在屏幕上没有显示出来，可按下菜单继续键进行查找；当所需的目标内容屏幕显示出来后，按下[操作]所对应的软键，就可以显示要操作的屏幕菜单；如要重新显示前面内容，按下菜单返回键即可。

3. 常用功能键使用

（1）位置键“POS”

按下“POS”按钮后，数控系统会显示机床主轴的位置信息，而机床主轴的位置信息通常会分别用“绝对坐标”、“相对坐标”、“机床坐标”来显示。按下数据显示屏下方与提示对应的软键，可依次显示在 3 个不同坐标系下机床主轴位置的数据。绝对坐标系下机床主轴坐标值如图 6-5 所示。相对坐标系下机床主轴坐标值如图 6-6 所示。按下“综合”软键后，3 个坐标系的坐标值将同时显示如图 6-7 所示。

提示 即便机床主轴在同一位置不变，它在 3 个不同坐标系下的坐标值也可能不尽相同。

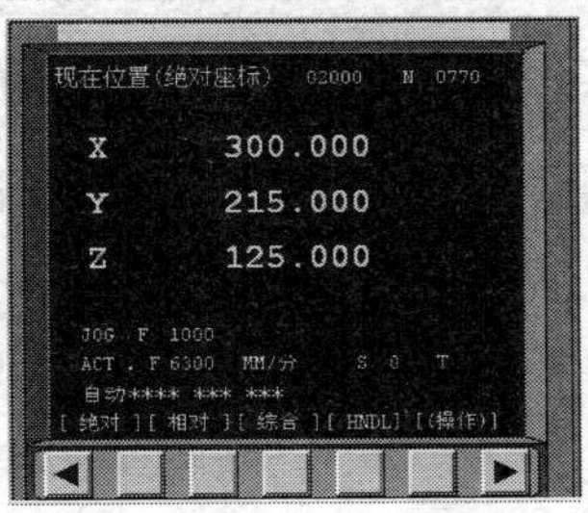

图 6-5　绝对坐标系下机床主轴坐标值

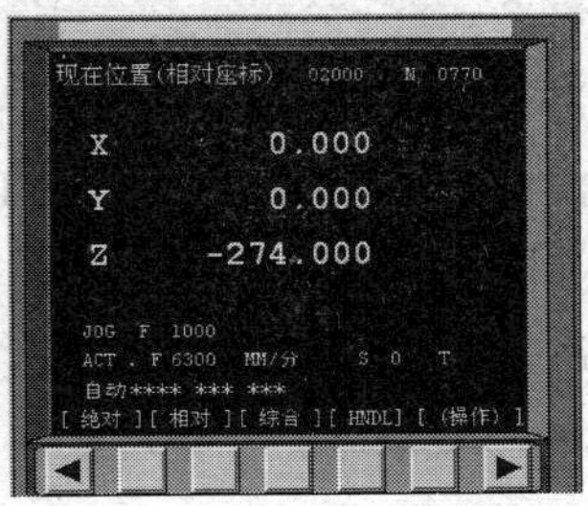

图 6-6　相对坐标系下机床主轴坐标值

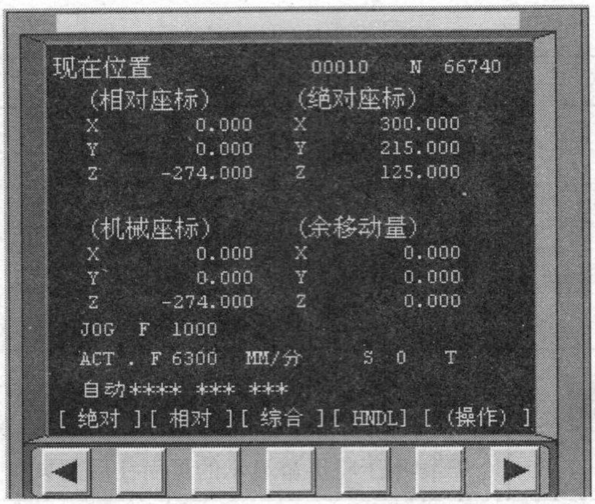

图 6-7 3 个坐标系的坐标值同时显示

提示 FANUC 0i MC 数控系统中将“机床坐标”翻译为“机械坐标”，名称不同，含义一样。

“余移动量”是指机床当前位置与数控程序中指定的目标位置的差值。余移动量为零表示机床已经移动到数控程序中指定的位置。

（2）程序键“ ”

当机床的工作方式为“编辑”状态时，按下程序键 后，数控系统会显示当前程序信息。如图 6-8 所示。

（3）偏置参数键“ ”

第 1 次按下偏置参数键“ ”，数控系统会显示刀具补偿设定界面，如图 6-9 所示。

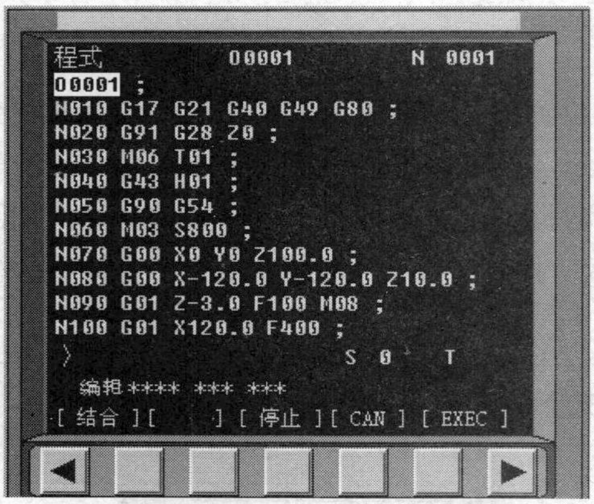

图 6-8 显示当前的程序

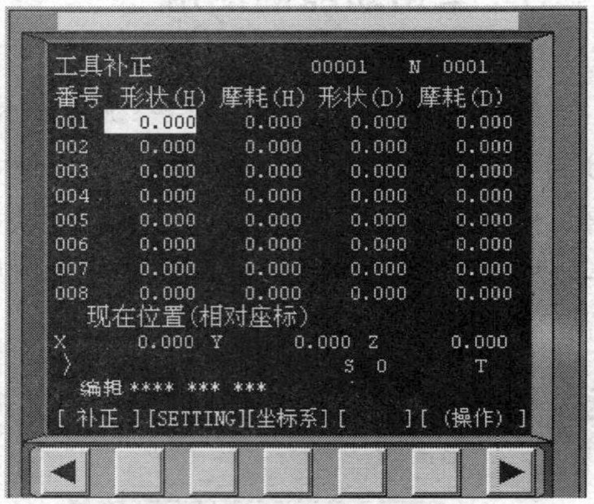

图 6-9 刀具补偿设定界面

第 2 次按下偏置参数键“ ”（或者按软键[SETTING]），数控系统会显示系统设置修改设定界面，如图 6-10 所示。

第 3 次按下偏置参数键“ ”（或者按软键[坐标系]），数控系统会显示程序原点设定界面，即设定 G54 至 G59，如图 6-11 所示。

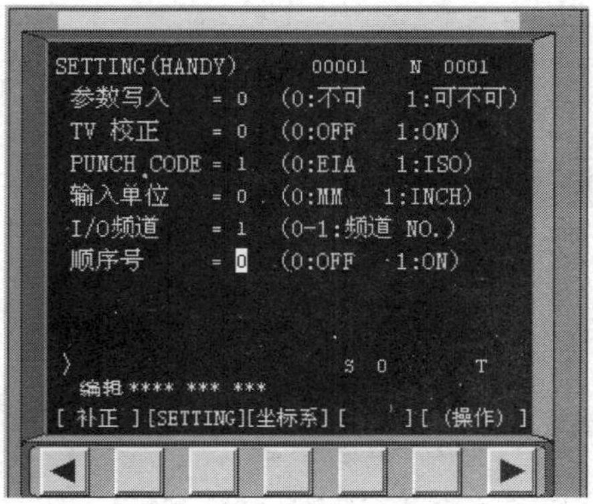

图 6-10　系统修改设定界面

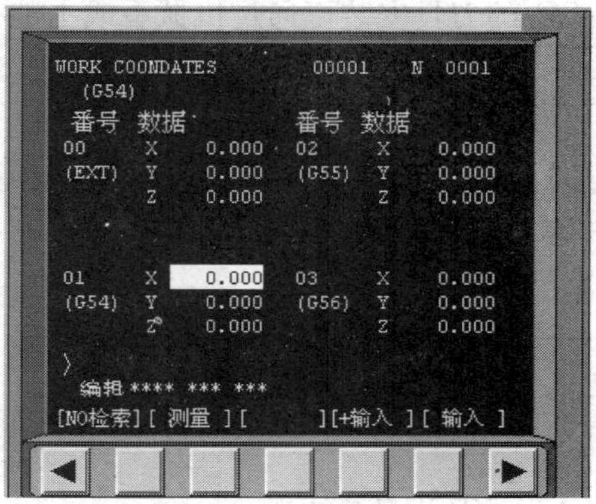

图 6-11　程序原点设定界面

（四）数控铣床（加工中心）操作步骤

数控加工中心操作步骤如下。

（1）开机

① 首先合上机床总电源开关；

② 开稳压器、气源等辅助设备电源开关；

③ 开加工中心控制柜总电源；

④ 开 NC 电源，将紧急停止按钮右旋弹出，直到机床准备不足报警消失，则开机完成。

（2）回原点

① 将机床工作模式选择按钮选为“回零”方式；

② 将快移倍率开关选为合适倍率；

③ 选择各轴依次回原点。

> **注意**　在开机之前要先检查机床状况有无异常，润滑油是否足够等，如一切正常，方可开机；回原点前要确保各轴在运动时不与工作台上的夹具或工件发生干涉；回原点时一定要注意各轴运动的先后顺序，先回 *Z* 轴，再回 *X*、*Y* 轴。回零后的机床坐标值如图 6-12 所示。

（3）安装工件

根据工件的工艺特性的不同采用不同的装夹方式，一般常用的有平口钳和压板，在必要时采用专用夹具。选用夹具的原则是定位可靠和夹紧力要足够。

安装夹具前，一定要先将工作台和夹具清理干净。夹具装在工作台上，要先将夹具通过量表找正找平后，再用螺钉或压板将夹具压紧在工作台上。安装工件时，也要通过量表找正找平工件。

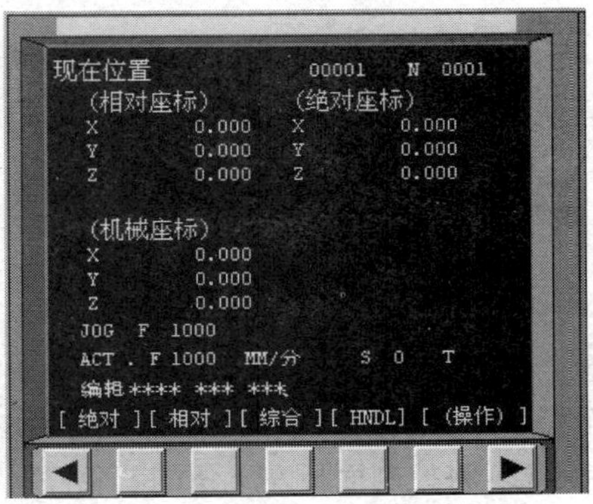

图 6-12　回零后的机床坐标值

（4）安装刀具

根据工件图纸选择合理的刀具进行加工，将刀具装入刀柄中，如图 6-13 所示，然后将刀柄装入主轴，加工中心的刀具安装可通过机械手或主轴将刀具装入刀库。

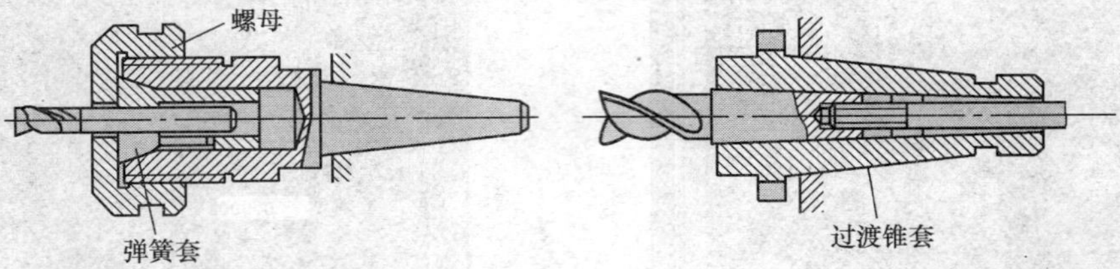

（a）直柄铣刀的安装　（b）锥柄铣刀的安装

图 6-13　带柄铣刀的安装

（5）对刀及刀具补偿

对刀、建立工件坐标系和刀具补偿值设定的具体内容可参见项目七。

（6）输入及检查调试程序

程序的调试可利用机床的程序预演功能或以抬刀运行程序方式进行，依次对每个子程序进行单独调试。详细内容可参见项目八。

（7）程序运行

在程序正式运行之前，要先检查加工前的准备工作是否完全就绪。确认无误后，选择机床自动加工模式，按循环启动键运行程序，对工件进行自动加工，详细内容可参见项目八。

（8）零件检测

将加工好的零件从机床上卸下，根据零件不同尺寸精度、粗糙度、位置度的要求选用不同的检测工具进行检测。

（9）关机

零件加工完成后，清理现场，再按与开机相反的顺序依次关闭电源。

三、项目实施

（一）项目实施内容

以南通机床厂 XH713A 机床为例，进行数控机床的开、关机操作，并手动运行机床各轴。其他型号的机床可以参照此例结合机床的操作说明书实施。

（二）项目实施步骤

1. 机床开机及回原点

① 按下控制面板左上角的“电源开”按钮。“机床电源”、“机床准备好”、“控制器电源”3个指示灯会变亮，如图 6-14（a）所示。

② 将控制面板左下角的“急停”按钮顺时针旋转，使其弹起，如图 6-14（b）所示。

③ 选择机床工作模式为“回零”，如图 6-15 所示。为了安全起见，首先让“Z 轴”进行回零操作。选择“Z 轴”，按下“手动轴选择”下方“+”按钮，如图 6-16 所示，此时 Z

轴抬高，同时数据显示区中 Z 的坐标值迅速跟着变化直至变为“0”值。Z 轴对应的“回零指示灯”变亮。然后分别选择“X”、“Y”轴，当 3 个轴都完成“回零”操作后，数据显示区中 X 轴、Y 轴、Z 轴的坐标值全都为“0”值。他们对应的“回零指示灯”也全都变亮，如图 6-17 所示。

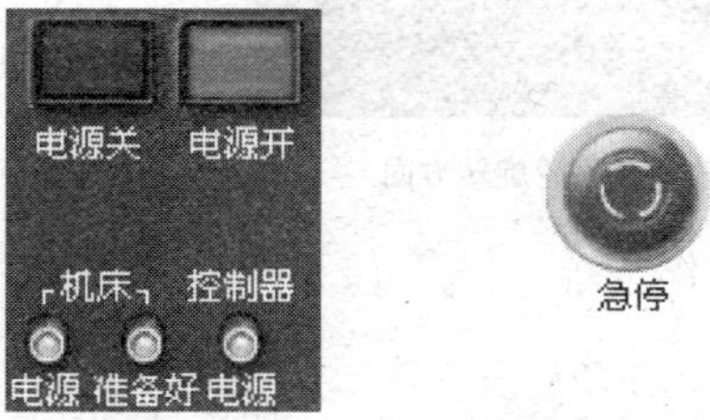

（a）电源指示灯变亮　　（b）“急停”按钮

图 6-14　机床开机

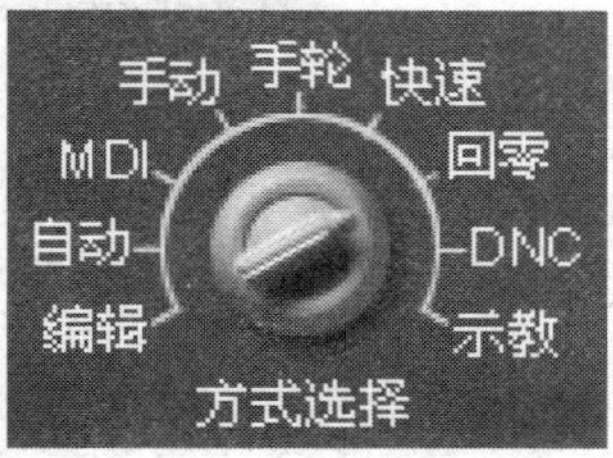

图 6-15　“回零”模式

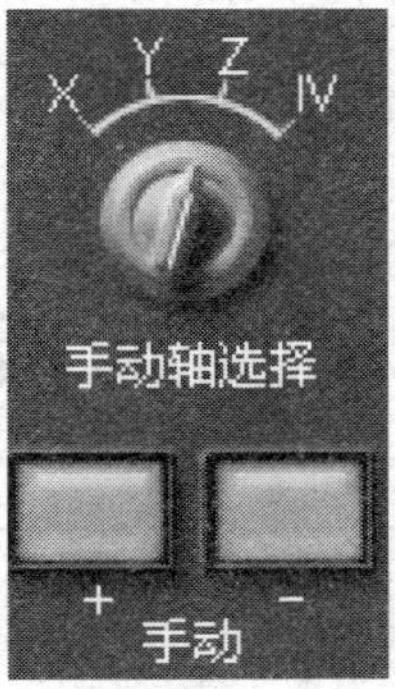

图 6-16　手动轴选择

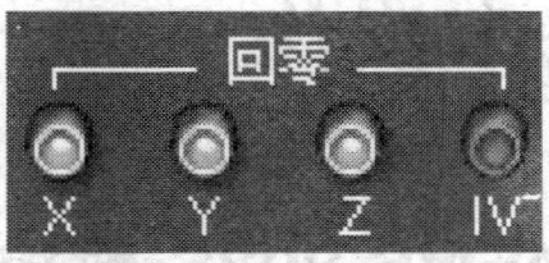

图 6-17　回零操作完成提示

2. 手动移动各轴

（1）手动或快速移动

① 选择机床工作方式为“手动”或“快速”，手动与快速的不同之处是移动速度不同，“快速”移动时不能用于铣削进给，“手动”方式移动时，移动速度可以修调，一般用于工件近距离的移动；

② 通过手动轴选择按钮，选择所需移动的轴，并按手动移动对应的坐标轴“+”“−”按键，刀具或工件移动，松开按键移动停止，如图 6-16 所示。移动时注意先判断清楚移动方向，再按“+”“−”按键，防止发生碰撞。

（2）手轮操作

① 选择机床工作方式为“手轮”；

② 旋转“手轮轴选择”按钮至所需移动的轴，如图 6-18（a）所示；

③ 选择手轮倍率选择旋钮至 1、10 或 100，如图 6-18（b）所示；

④ 旋转手轮，移动各轴。顺时针方向移动，坐标轴向正向移动，逆时针方向移动，坐标向负方向移动，如图 6-18（b）所示。

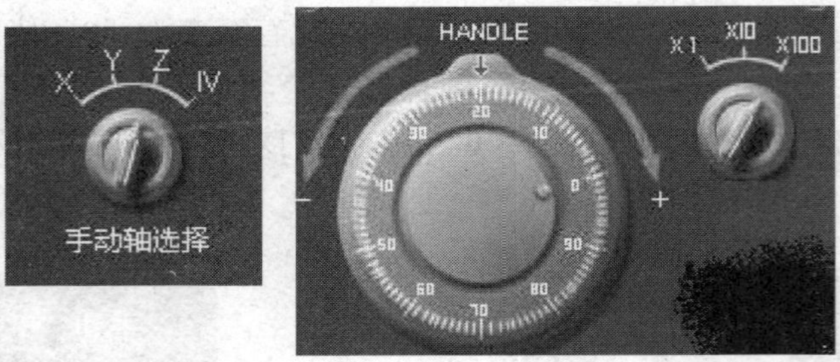

（a）手动轴选择　　（b）手轮倍率及手轮旋转方向

图 6-18　手轮操作

3. 关机

① 手动移动工作台至安全位置（即各轴放到中间位置）。

② 按下急停开关。

③ 关 NC 电源。

④ 关主机电源。

⑤ 关压缩空气阀门。

四、拓展知识——西门子 802S/C 系统面板及基本操作

（一）SIEMENS 802S 数控系统面板介绍

1. 数控系统面板

图 6-19 所示为德国西门子公司的 SIEMENS 802S 数控系统面板。

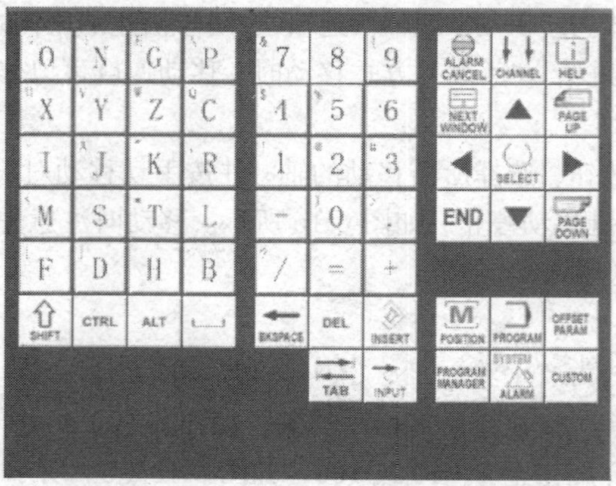

图 6-19　SIEMENS 802S 数控系统面板

在介绍数控操作系统使用方法之前要先熟悉数控系统面板的主要按键的功能，在表 6-4 中介绍了 SIEMENS 802S 系统主要按键的功能。

表 6-4　　按键功能

按　　键	功　　能	按　　键	功　　能
	报警应答键（可取消系统报警）		通道转换键（转换系统频道通道）
	信息键（显示帮助信息）		下一个屏幕显示
	翻页键	END	结束
◀ ▲ ▶ ▼	光标移动键（上下左右移动光标）		选择/转换键
M	加工操作区域键(显示坐标定位及加工信息）		程序操作区域键（外部程序传输及内部程序的调用）
	参数操作区域键(显示工件参数及刀具参数）		程序管理操作区域键（程序的新建、修改、替换、删除）
	报警（显示报警相关信息）		图形显示（显示零件加工图形及刀具轨迹）
0	字母键（上档键转换对应字符）	7	数字键（上档键转换对应字符）
	上档键（字符和符号的切换）		控制键
	替换键（程序段的替换）		空格键
	退格删除键（删除单个字符）		删除键（删除光标所在的程序段）
	插入键（输入程序及参数）		制表键
	回车/输入键（最终确定键）		

2. 机床控制面板

图 6-20 所示为 SIEMENS 802S 系统机床控制面板，表 6-5 中介绍了机床控制面板上各主要按键的功能。

图 6-20　SIEMENS 802S 数控系统机床控制面板

表 6-5　　操作键盘的按键功能

按　　键	功　　能	按　　键	功　　能
	增量选择键（增量方式移动机床工作台）		点动（手动移动机床工作台）
	参考点（开机床回参考点按键）		自动方式（外部或内部程序的自动执行）
	单段（外部或内部程序的自动执行）		MDA 方（手动数据输入）
	主轴正转		主轴反转
	主轴停转	+X -X	X 轴正负方向点动
+Z -Z	Z 轴正负方向点动		快进键（快速叠加）

续表

按　　键	功　　能	按　　键	功　　能
+Y −Y	*Y* 轴正负方向点动		数控停止（程序循环停止）
	RESET（复位键）		数控启动（程序循环启动）
	急停键（遇到紧急情况迅速按下停止机床运转）		进给速度修调（旋转调整工作台进给倍率）
	主轴速度修调（*X* 旋转调整主轴转速倍率）		

3. 屏幕显示区

用户进行操作时显示目前机床所处的状态，如图 6-21 所示。显示屏右侧和下方的灰色方块为菜单软键，按下软键，可以进入软键左侧或上方对应的菜单。有些菜单下有多级子菜单，当进入子菜单后，可以通过点击【返回】软键，返回上一级菜单。

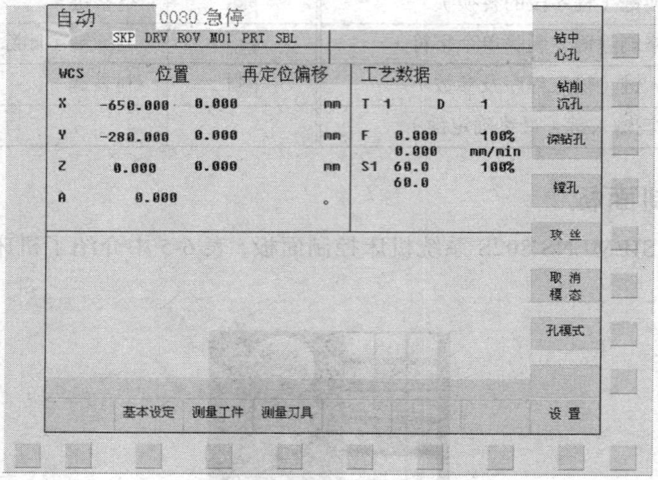

图 6-21　SIEMENS 802S 数控系统屏幕显示区

（二）SIEMENS 802S 数控系统（机床）的基本操作

1. 开机

用钥匙打开机床背部电源开关，接通机床电源；按机床面板下方绿色电源键，开动机床。

2. 回参考点

① 进入系统后，显示屏上方显示文字：0030 急停。逆时针旋转急停键，使急停键弹起。这时该行报警文字消失。

② 按下机床控制面板上的参考点键，这时显示屏上 *X*、*Y*、*Z* 坐标轴后出现空心圆（见图 6-22）。

③ 分别按下 +Z、+X、+Y 键，机床上的坐标轴移动回参考点，同时显示屏上坐标轴后的空心圆变为实心圆（见图 6-23），参考点的机械坐标值（MCS）均变为 0，表明机床回参考点成功。

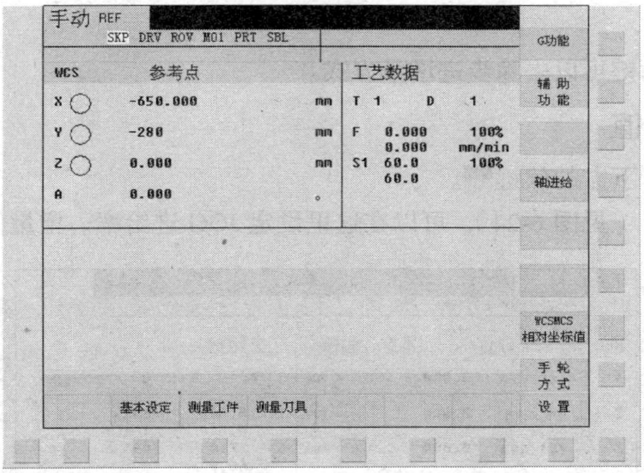

图 6-22　机床参考点回复前屏幕显示

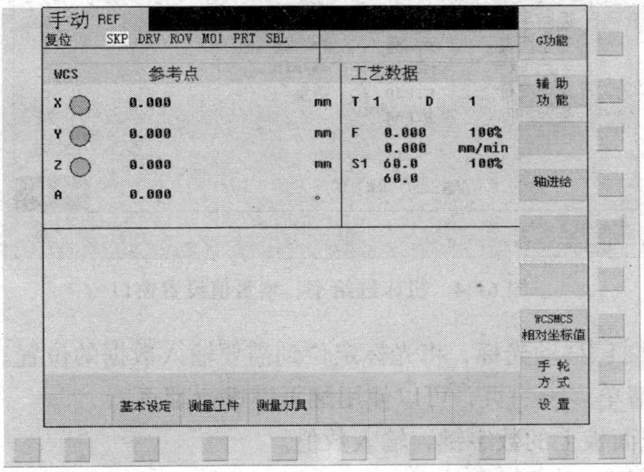

图 6-23　机床参考点回复后屏幕显示

3. JOG 运行方式

① 按下机床控制面板上的点动键。

② 通过进给速度修调旋钮选择进给速度。

③ 按下坐标轴方向键，机床在相应的轴上发生运动。只要按住坐标轴键不放，机床就会以设定的速度连续移动。

4. 快速移动

先按下快进按键，然后再按坐标轴键，则该轴将产生速度叠加，可使坐标轴产生快速运动效果。

5. 增量进给

① 按下机床控制面板上的“增量选择”按键，系统处于增量进给运行方式。

② 设定增量倍率×1、×10、×100（增量基数为 0.001 mm）。

③ 按一下【+X】或【−X】按键，*X* 轴将向正向或负向移动一个增量值。

④ 依同样方法，按下【+Y】、【−Y】、【+Z】、【−Z】按键，使 *Y*、*Z* 轴向正向或负向移动一

个增量值。

⑤ 再按一次点动键可以去除步进增量方式。

6. 设定增量值

① 单击“设置”下方的软键。

② 显示如下窗口（见图 6-24），可以在这里设定 JOG 进给率、增量值等。

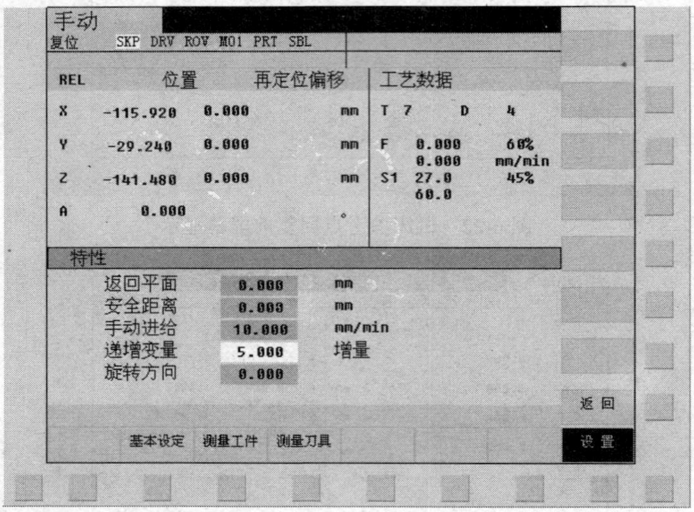

图 6-24　机床进给率、增量值设置窗口

③ 使用光标键◀▶移动光标，将光标定位到需要输入数据的位置。光标所在区域为白色高光显示。如果刀具清单多于一页，可以使用翻页键进行翻页。

④ 单击数控系统面板上的数字键，输入数值。

⑤ 单击输入键确认。

习题

一、选择题（请将正确答案的序号填写在题中的括号中）

1. 机床回零操作时应先让哪个轴回零（　）。

　A. X 轴　　　　B. Z 轴

2. 如果需要加工运行数控程序，应选择机床在（　）工作模式。

　A. 编辑　　　　B. 自动

3. 如果想录入数控程序，数控机床工作应在哪个模式下（　）。

　A. “手动”模式　　　　B. “编辑”模式

4. 加工中心与数控铣床的主要区别是（　）。

　A. 数控系统复杂程度不同　　　　B. 机床精度不同

　C. 有无自动换刀系统

5. 数控机床操作时，每启动一次，只进给一个设定单位的控制称为（　）。

A. 单步进给　　B. 点动进给　　C. 单段操作

二、判断题（请将判断结果填入括号中，正确的填“√”，错误的填“×”）

（　）1. 为了在正式加工前校验数控程序的正确性，程序空运行时不必将“机床锁定”开关打开。

（　）2. 为了在正式加工前校验数控程序的正确性，程序空运行时，正确的操作应将“急停”按钮按下。

（　）3. 在“手动”模式下可以手动录入数控程序。

（　）4. 不同的数控机床可能选用不同的数控系统，但数控加工程序指令都是相同的。

（　）5. 机床参考点是机床坐标系中一个固定不变的位置点，是对机床工作台、滑板与刀具相对运动的测量系统进行标定和控制的点，因此数控机床开机后，必须先进行手动返回参考点操作，才能建立机床坐标系，但不能消除由于种种原因产生的基准偏差。

（　）6. 无论是升速还是降速的齿轮传动，均可以提高输出转矩。

三、实训题

结合本校数控铣床或加工中心，熟悉数控机床的操作面板，并进行数控机床的开、关机操作，手动移动各轴，熟悉坐标轴移动方向。

项目七

数控铣床及加工中心刀具参数输入

【能力目标】

1. 能正确使用寻边器、Z 轴设定器等进行对刀，建立工件坐标系
2. 能正确设定刀具补偿值

【知识目标】

1. 掌握数控铣床及加工中心常用的对刀方法
2. 掌握数控铣床及加工中心刀具的登录及刀具补偿参数的输入方法

一、相关知识

（一）对刀

对刀的目的是通过刀具或对刀工具确定工件坐标系与机床坐标系之间的空间位置关系，并将对刀数据输入到相应的存储位置。它是数控加工中最重要的操作内容，对刀的准确性直接影响零件的加工精度。因此，对刀操作一定要仔细，对刀方法要同零件的加工精度要求相适应。一般可采用试切法对刀、寻边器对刀、机内对刀仪对刀、自动对刀等。其中试切法对刀精度较低，加工中常用寻边器和 Z 轴设定器对刀，效率高，能保证对刀精度。对刀操作分为 X、Y 向对刀和 Z 向对刀。

1. 对刀工具

（1）寻边器

由于铣刀周边为螺旋式切削刃，又有一定的刚性，对于精加工时的对刀采用寻边器代替铣刀确定工件坐标系原点在机床坐标系中的 X、Y 值。

寻边器有偏心式和光电式等类型，如图 7-1 所示。其中以光电式较为常用。光电式寻边器的侧头一般为 10 mm 的钢球，用弹簧拉紧在光电式寻边器的测杆上，碰到工件时可以退让，并将电路导通，发出光信号，通过光电式寻边器的指示和机床坐标位置即可得到被测表面的坐标

位置，具体使用方法见项目实施。

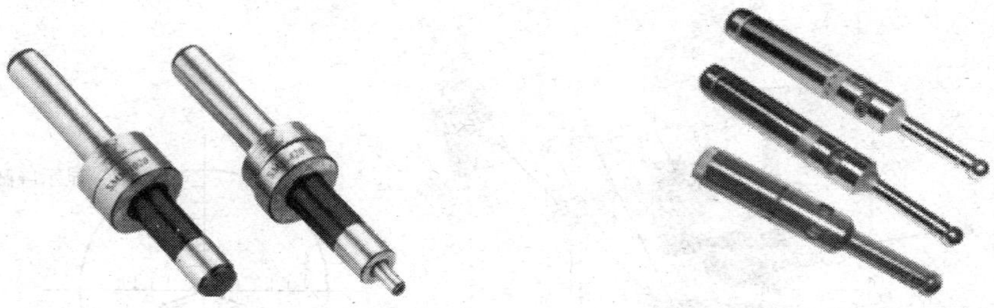

（a）偏心式寻边器　　（b）光电式寻边器

图 7-1　偏心式和光电式寻边器

（2）*Z* 轴设定器

Z 轴设定器主要用于确定工件坐标系原点在机床坐标系的 *Z* 轴坐标，或者说是确定刀具在机床坐标系中的高度。

Z 轴设定器有光电式和指针式等类型，如图 7-2 所示。通过光电式指示或指针，判断刀具与对刀器是否接触，对刀精度一般可达 0.005 mm。*Z* 轴设定器带有磁性座，可以牢固的附着在工件或夹具上，其高度一般为 50 mm 或 100 mm。

图 7-2　*Z* 轴设定器

（3）对刀仪

对刀仪的基本结构如图 7-3（a）所示，对刀仪平台座 7 上有相当于主轴上的刀柄夹持孔 2，用于安装被测量刀具。通过台座上的快速移动单键按钮 4 和微调旋钮 5，可调整刀柄夹持孔 2 在对刀仪平台 7 上的位置。当刀具刀尖移动对准光源发射器 8 时，光源发射器 8 发光，将刀具刀刃放大（一般放大 20 倍）投影在显示屏幕 1 上，通过微调使刀具的刀尖（中心）对准显示屏幕 1 上刻度线的十字中心，如图 7-3（b）所示 ，即可测得（数字显示器 3 显示）刀具在 *X*（径向尺寸）、*Z*（刀柄基准面到刀尖的长度尺寸）方向的尺寸。

2. 对刀操作

数控铣床的对刀内容包括基准刀具的对刀和各个刀具相对偏差的测定 2 个部分。对刀时先从某零件加工所用到的众多刀具中选取一把作为基准刀具，进行对刀操作，再分别测出其他各个刀具与其基准刀具刀位点的位置偏差值，如长度、直径等。这样就不必对每把刀具都去进行对刀操作。如果某零件的加工，仅需一把刀具的话，则只对该刀具进行对刀操作即可。如果所要交换的刀具是加工暂停时临时手工换上的，则该刀具的对刀也只需要测定出它与基准刀具刀位点的相对偏差，再将偏差值存入刀具数据库即可。下面介绍对刀操作。

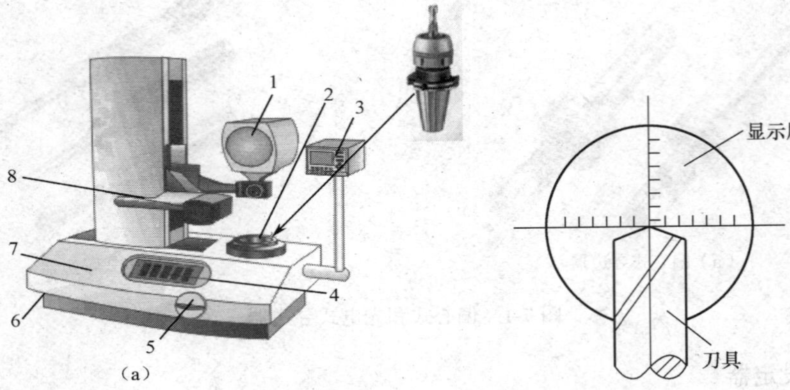

图 7-3 对刀仪

1—显示屏幕 2—刀柄夹持孔 3—数字显示器 4—移动按钮 5—微调旋钮

6—底座 7—平台座 8—光源发射器

（1）*X*、*Y* 轴的对刀

① 以工件孔中心为对刀位置点。

（a）以定心锥轴找小孔中心。如图 7-4（a）所示，根据孔径大小选用相应的定心锥轴，手动操作使锥轴逐渐靠近基准孔的中心，手动移动 *Z* 轴，使其能在孔中上下轻松移动，记下此时机床坐标系中的 *X*、*Y* 坐标值，即为所找孔中心的位置。

（b）用百分表找孔中心。如图 7-4（b）所示，用磁性表将百分表固定在机床主轴端面上，手动或低速转动主轴。然后手动操作使旋转的表头依 *X*、*Y*、*Z* 轴的顺序逐渐靠近被测表面，用步进移动方式，逐渐降低步进增量倍率，调整移动 *X*、*Y* 的位置，使得表头旋转一周时，其指针的跳动量在允许的对刀误差内（如 0.02 mm），记下此时机床坐标系中的 *X*、*Y* 坐标值，即为所找孔中心的位置。

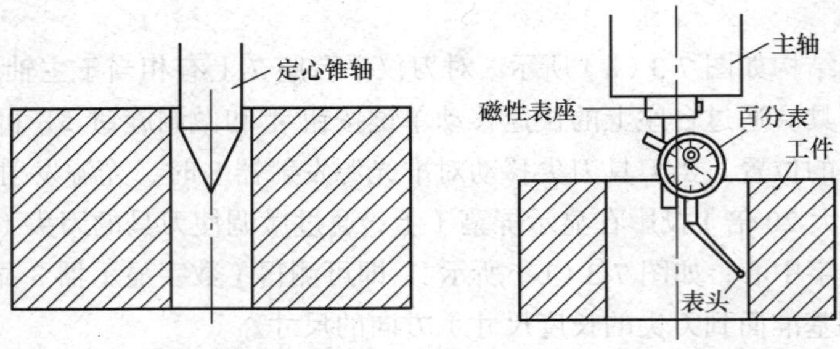

（a）定心锥轴找孔中心　　（b）百分表找中心

图 7-4 以工件孔中心为对刀位置点

② 以工件对称中心为工件坐标系原点。

将寻边器和普通刀具一样装夹在主轴上，其柄部和触头之间有一个固定的电位差，当触头与金属工件接触时，即通过床身形成回路电流，寻边器上的指示灯就被点亮。逐步降低步进增量，使与工件表面处于极限接触（进一步将点亮，退一步则熄灭），此时即认为定位到工件表面的位置处。

（a）如图 7-5 所示，按 X、Y 轴移动方向键，移动寻边器到工件左（或右）侧上方。再让寻边器下行，最后调整移动 X 轴，使寻边器触头接触工件的左（或右）侧面，记下此时寻边器在机床坐标系中 X 坐标 X_1，然后按 X 轴移方向键使刀具离开工件，同样方法测出寻边器在工件 X 方向相对侧面的 X 坐标 X_2，则工件对称中心即工件坐标系原点在机床坐标系中的 X 坐标为：$X=\dfrac{X_1+X_2}{2}$。

（b）以同样的方法用寻边器定位到工件前、后两侧面表面，记下对应的坐标值 Y_1、Y_2，则工件坐标系原点在机床坐标系中的 Y 坐标为：$Y=\dfrac{Y_1+Y_2}{2}$。

（c）进入 G54 工件坐标系，输入 X _；

Y _；

③ 以工件相互垂直的基准边线的交点为工件坐标系原点。

（a）使用寻边器或直接用刀具对刀。按 X、Y 轴移动方向键，移动刀具或寻边器到工件左（或右）侧上方，再让刀具下行，最后调整移动 X 轴，使刀具圆周刃口接触工件的左（或右）侧面，记下此时刀具或寻边器在机床坐标系中 X 坐标 X_a，然后按 X 轴移方向键使刀具离开工件左（或右）侧面，如图 7-6 所示。

（b）用同样的方法调整移动到刀具圆周刃口周围接触工件的前（或后）侧面，记下此时的 Y 坐标 Y_a。最后让刀具离开工件的前（或后）侧面，并将刀具回升到远离工件的位置，如图 7-6 所示。

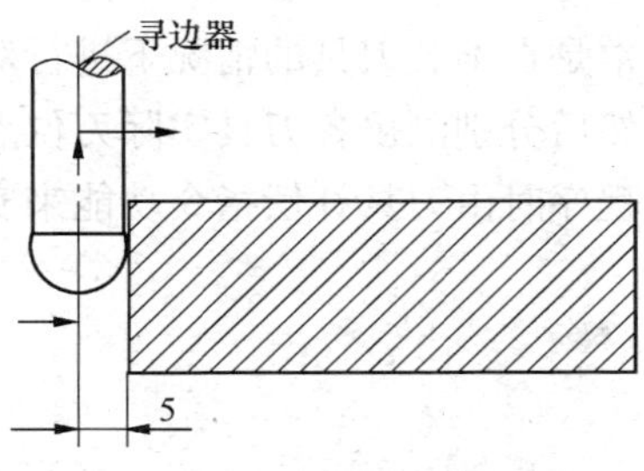

图 7-5　寻边器找对称中心

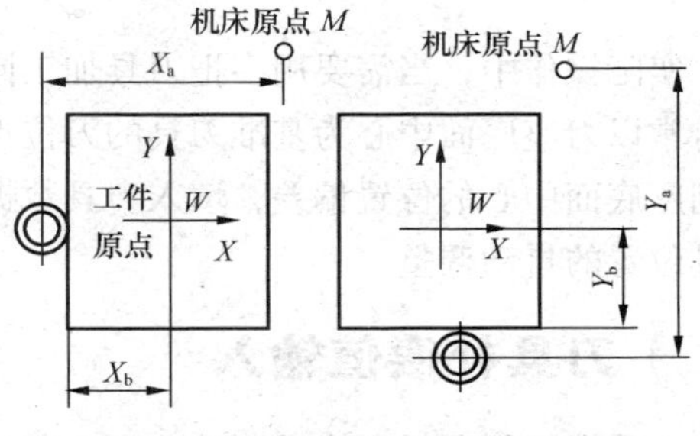

图 7-6　对刀操作时的坐标位置关系

（c）设已知刀具或寻边器的半径为 R，如以工件左侧对刀，则基准线交点处的坐标计算如下：$X=X_a+R$，$Y=Y_a+R$。同理，如以工件右侧对刀，也可以计算出基准线交点的坐标。注意，测得的 X_a，Y_a 均为负值。

④ 设置工作坐标系。

FANUC 数控铣床或加工中心可以使用 G54～G59 同时建立 6 个工件坐标系。只建立 1 个工件坐标系通常设置为 G54。其方法如下。

（a）选择机床为 MDI 工作模式，按偏置/设置键OFFSET SETTING，进入刀具补偿设定界面。

（b）按软键【坐标系】，进入工作坐标系设定界面，移动光标至 01 编号的 G54 坐标系设定处，如图 7-7 所示。

（c）用 MDI 方式在 X、Y、Z 对应位置处分别输入工作坐标系原点在机床坐标系中的坐标值，如上述方法中计算的 *X*、*Y* 坐标，即建立了 G54 的工作坐标系。注意：在程序中需用 G54 指令选定工作坐标系。

（2）刀具 *Z* 向对刀

工件坐标系 *Z* 轴原点通常为工件的上下表面，可利用 *Z* 轴设定器进行精确对刀，其原理与寻边器相同。若以工件上表面为工件坐标系原点，则当刀具下表面与 *Z* 轴设定器接触，指示灯亮时，设 *Z* 轴设定器高度为 100 mm，则当前刀位点在工件坐标系中 *Z* 向的位置为“Z100”，如图 7-8 所示。进入工作坐标系设定界面，在 G54 对应的 Z 框中，键入字符“Z100.0”，按软键“测量”，*Z* 向原点在机床中坐标系中心位置自动输入到 Z 框中，*Z* 向坐标系原点确定。（或将此时机床坐标系的 *Z* 坐标减去寻边器的高度，即为工件上表面在机床坐标系中的 *Z* 坐标，输入 G54 的 Z 框中。）

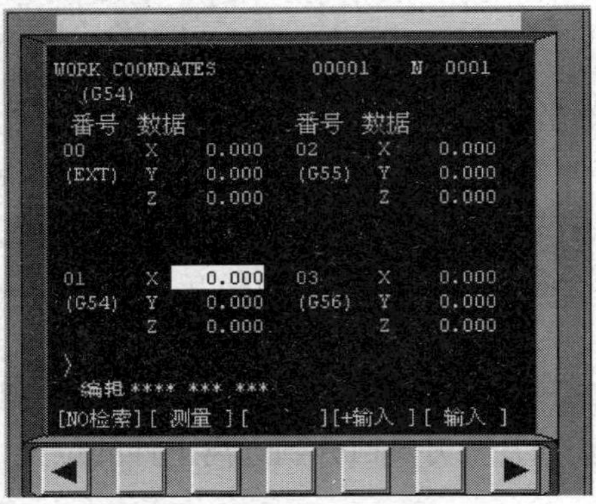

图 7-7　工作坐标系设定

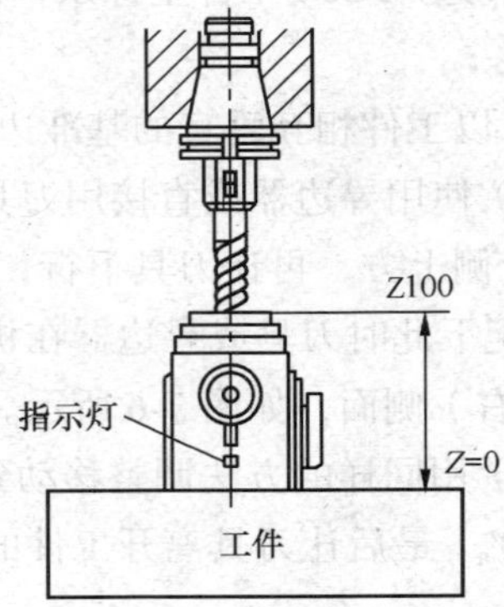

图 7-8　*Z* 向对刀设定

实际操作中，当需要用多把刀具加工同一工件时，常常是在不装刀具的情况下进行对刀。这时常以刀座底面中心为基准刀具的刀位点先进行对刀，然后分别测出各刀具实际刀位点相对于到座底面中心的位置偏差，填入刀具数据库即可，执行程序时由刀具补偿指令功能来实现各刀具位置的自动调整。

（二）刀具补偿值输入

在系统控制面板上按键进入刀具补偿参数输入界面，如图 7-9 所示。

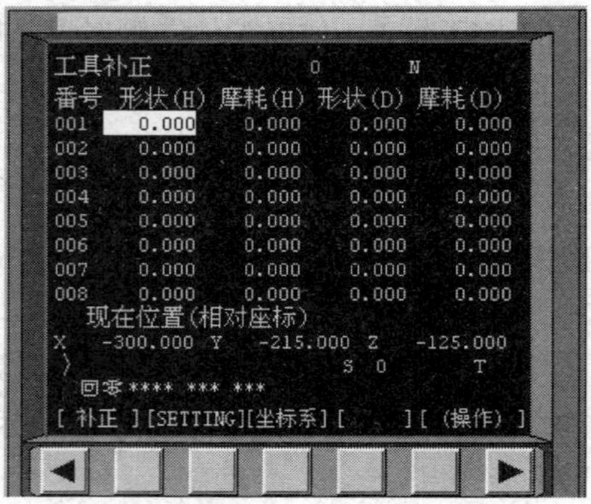

图 7-9　刀具补偿值输入界面

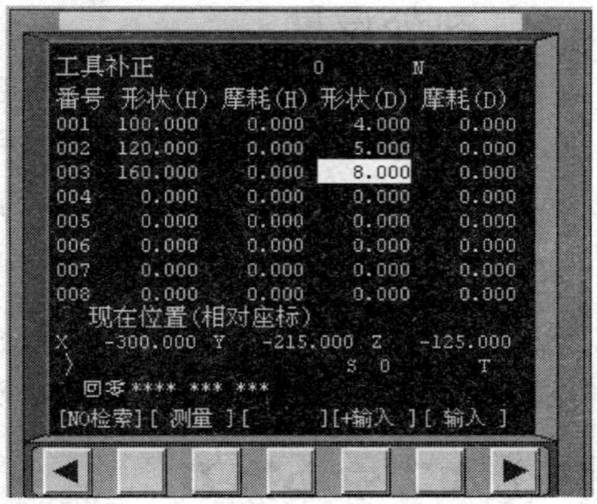

图 7-10 刀具补偿输入示例

其中："番号"：可以对应于每一把刀具的刀具号。

"形状（H）"：表示刀具的长度补偿。

"摩耗（H）"： 表示刀具的长度上磨损量，

刀具的实际长度 = 形状（H）−摩耗（H）。

"形状（D）"： 表示刀具的半径补偿。

"摩耗（D）"： 表示刀具的半径磨损量，

刀具的实际半径 = 形状（D）−摩耗（D）。

例如：1 号刀直径 7 mm，长度 100 mm；2 号刀直径 10 mm，长度 120 mm；3 号刀直径 16 mm，长度 160 mm；将 3 把刀的补偿参数输入系统后如图 7-10 所示。

（三）加工中心对刀

加工中心是在普通数控铣床上配有刀库以及自动换刀装置，所以加工中心加工时使用的刀具很多，每把刀的长度和到 Z 坐标零点的距离都不相同。因此加工中心对刀时要将每把刀的长度都告诉机床否则会出现"过切"或"欠切"的危险。这种操作称为刀具长度补偿设置。

刀具长度补偿设置一般有两种方法。

1. 机内设置

① 将所有刀具放入刀库，利用 Z 向设定器确定每把刀具到工件坐标系 Z 向零点的距离，如图 7-11 所示的 A、B、C，并记录下来。

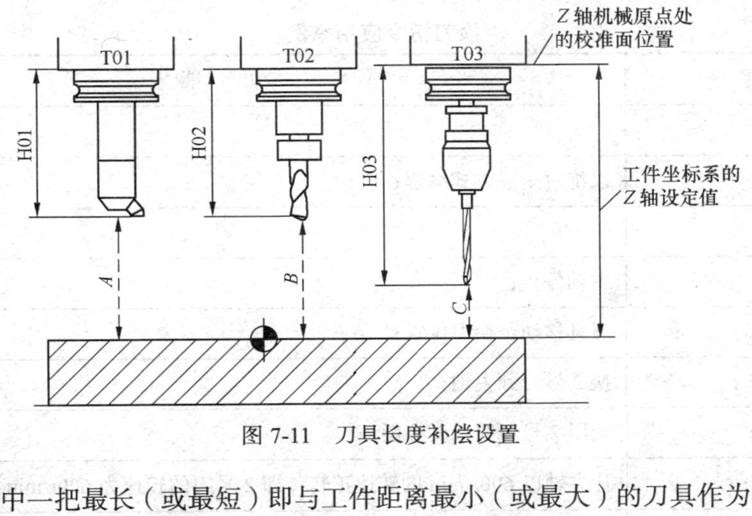

图 7-11 刀具长度补偿设置

② 选择其中一把最长（或最短）即与工件距离最小（或最大）的刀具作为基准刀，如图中的 T03（或 T01），将其对刀值 C（或 A）作为工件坐标系的 Z 值，此时 H03=0。

③ 确定其他刀具相对基准刀的长度补偿值，即 H01=$\pm|C-A|$，H02=$\pm|C-B|$，正负号由程序中的 G43 或 G44 来确定。

④ 将获得的刀具长度补偿值对应刀具和刀具号输入到机床中。

2. 机外设置

① 利用刀具预调仪精确测量每把在刀柄上装夹好的刀具的轴向和径向尺寸。

② 在机床上用其中最长或最短的一把刀具进行 Z 向对刀，设定工件坐标系。

③ 确定每把刀具的长度补偿值，输入机床。

3. 刀具半径补偿设置

进入刀具补偿值的设定页面，移动光标至输入值的位置，根据编程指定的刀具，键入刀具半径补偿值，按 INPUT 键完成刀具半径补偿值的设定。

（四）加工中心换刀

FANUC 0i MC 数控系统中换刀指令格式：

G91G27 Z0；（刀具移动至换刀位置）

M06 T__；（换某刀具到主轴，地址符 T 后数字表示刀具号）

说明如下。

① 换刀时主轴不能转动，必须处于静止状态。

② 换刀后须将刀具的长度补偿告诉机床，否则易出现撞刀的危险。通常情况下调用刀具长度补偿指令为：G43 H__（H 后数字表示刀具补偿号）。

③ 执行“G91 G27 Z0”指令后要将坐标形式改回到原来的形式。即如果原来是 G90 方式，执行“G91G27 Z0”指令后要再执行“G90”。

④ 在某些加工中心上“M06”指令包含“G91 G27 Z0”功能，在这些加工中心上换刀指令仅使用“M06 T__;”具体情况查阅机床使用手册。

FANUC 0i MC 数控系统中换刀指令应用示例，见表 7-1。

表 7-1 换刀指令应用举例

程　序	功　能
……	……
G90；	以绝对坐标方式编程；
……	……
M05；	主轴停止；
G91G27Z0；	刀具移动至换刀位置；
M06T02；	换 2 号刀到主轴；
G43H02；	调用 2 号刀的长度补偿；
M03S600；	让主轴以 600r/min 的转速正转（即 2 号刀的转速为 600r/min）；
G90；	恢复以绝对坐标方式编程；
……	……

二、项目实施

（一）项目实施内容

对刀，建立如图 7-12 所示型腔零件的工件坐标系，已知毛坯高为 30 mm。

（二）项目实施步骤

1. X、Y向对刀

① 将工件通过夹具装在机床工作台上，装夹时，工件的 4 个侧面都应留出寻边器的测量位置；

② 快速移动工作台和主轴，让寻边器测头靠近工件的左侧；

③ 改用微调操作，让测头慢慢接触到工件左侧，直到寻边器发光，记下此时机床坐标系中的 X 坐标值，如−310.300；

④ 抬起寻边器至工件上表面之上，快速移动工作台和主轴，让测头靠近工件右侧；

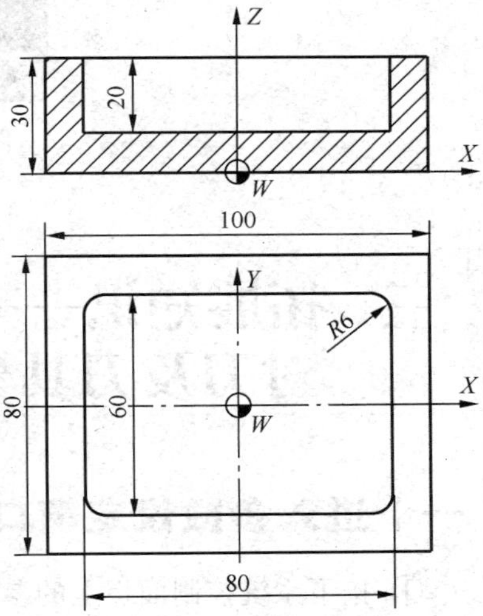

图 7-12　型腔零件图

⑤ 改用微调操作，让测头慢慢接触到工件右侧，直到寻边器发光，记下此时机械坐标系中的 X 坐标值，如−200.300；

⑥ 由图可知，工件坐标系原点为工件底面中心，可得工件坐标系原点 W 在机床坐标系中的 X 坐标值为 $X=\dfrac{-310.300-200.300}{2}=-255.300$；

⑦ 同理可测得工件坐标系原点 W 在机械坐标系中的 Y 坐标值为−213.50。

2. Z向对刀

① 卸下寻边器，将加工所用刀具装上主轴；

② 将 Z 轴设定器（或固定高度的对刀量块，以下同）放置在工件上平面上；

③ 快速移动主轴，让刀具端面靠近 Z 轴设定器上表面；

④ 改用微调操作，让刀具端面慢慢接触到 Z 轴设定器上表面，直到其指针指示到零位；

⑤ 记下此时机床坐标系中的 Z 值，如−250.700；

⑥ 若 Z 轴设定器的高度为 100 mm，则工件坐标系原点 W 在机械坐标系中的 Z 坐标值为−250.700−100−30=−370.700。

3. 设置工作坐标系

进入工作坐标系设定界面，将测得的 X、Y、Z 值输入到机床工件坐标系存储地址 G54 中，如图 7-13 所示。

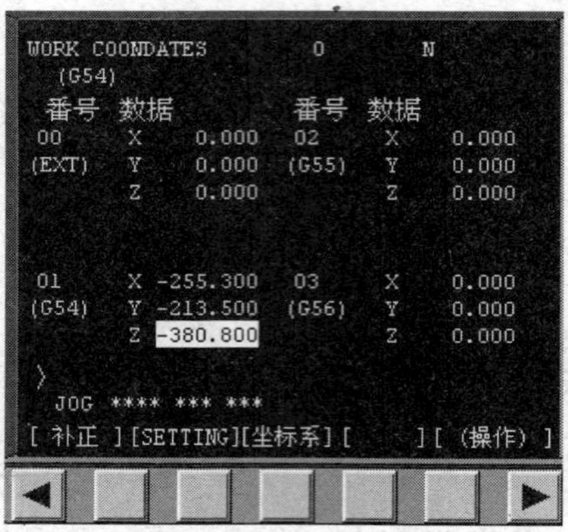

图 7-13　设置型腔零件工作坐标系

三、拓展知识——SIEMENS 802S 数控铣床的对刀及刀具参数设置

（一）进入参数设定窗口

① 按下系统控制面板上的参数操作区域键，显示屏显示参数设定窗口，如图 7-14 所示。

图 7-14　MDA 方式程序显示

② 点击软键，可以进入对应的菜单进行设置。用户可以在这里设定刀具参数、零点偏置等参数。

（二）设置刀具参数及刀补参数

1. 设置刀具参数的基本方法

① 点击“刀具表”下方的软键［刀具表］。

② 打开刀具补偿设置窗口（见图 7-15），该窗口显示所使用的刀具清单。

③ 使用光标键［◀］［▶］移动光标，将光标定位到需要输入数据的位置。光标所在区域为白色高光显示。如果刀具清单多于一页，可以使用翻页键进行翻页。

④ 点击数控系统面板上的数字键，输入数值。

⑤ 点击输入键［INPUT］确认。

2. 系统软键

通过对软键的一级菜单操作，可以得到二级菜单，根据屏幕上的软键提示，可以得到功能的进一步深入和扩展，见表 7-2。

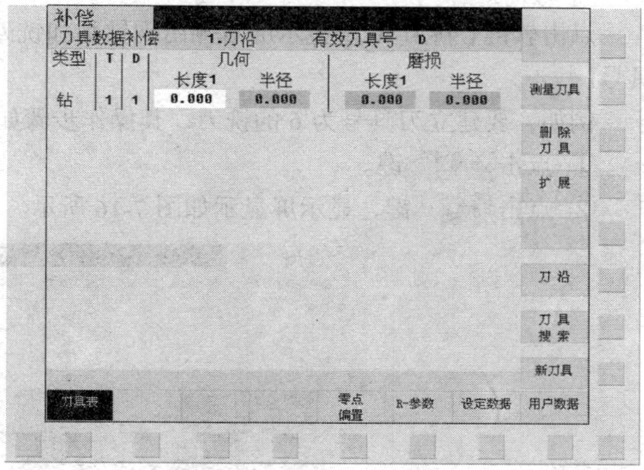

图 7-15 刀具补偿设置窗口

表 7-2 软键的按键功能

一级菜单	二级菜单	功能
测量刀具		手动确定刀具补偿参数
删除刀具		清除刀具所有刀沿的刀具补偿参数
扩展		显示刀具的所有参数
刀沿		点击该键，进入下一级菜单，用于显示和设定其他刀沿
	D>>	选择下一级较高的刀沿号
	<<D	选择下一级较低的刀沿号
	新刀沿	建立一个新刀沿
	复位刀沿	复位刀沿的所有补偿参数
刀具搜索		输入刀具号，搜索特定刀具（暂未开通）

续表

一 级 菜 单	二 级 菜 单	功　　能
新刀具		建立新刀具的刀具补偿
	钻 削	设定钻头刀具号
	铣 刀	设定铣刀刀具号

3. 建立新刀具

点击软键【新刀具】，显示屏右侧出现钻削和铣刀 2 个菜单项，可以设定 2 种类型刀具的刀具号。

例如，要建立刀具号为 6 的铣刀，其操作步骤如下。

① 点击 新刀具 键。

② 点击 铣 刀 键，显示屏显示如图 7-16 所示。

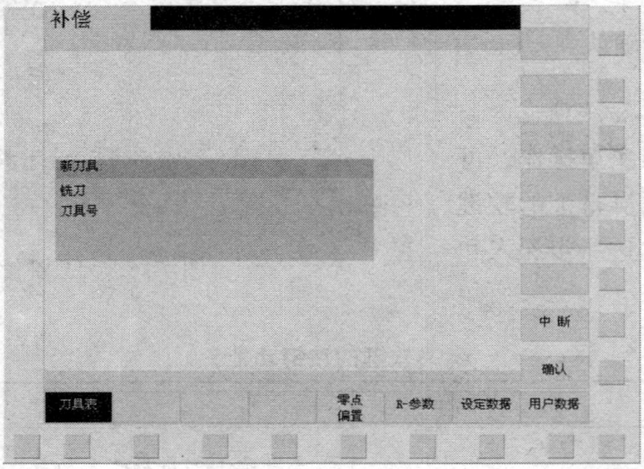

图 7-16　建立新刀具窗口

③ 使用数控系统面板上的数字键，输入数字 6。

④ 点击右下方的【确认】软键，完成建立。这时刀具清单里会出现新建立的刀具，如图 7-17 所示。

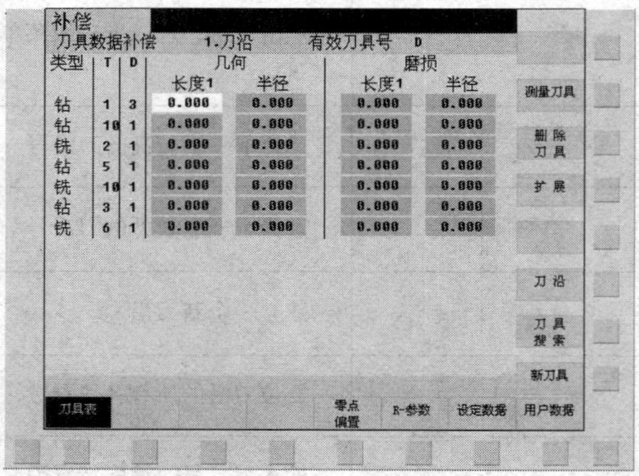

图 7-17　新建立的刀具窗口

（三）设置零点偏置值

① 点击“零点偏置”下方的软键。

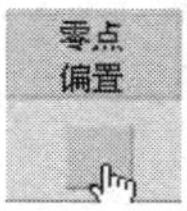

② 屏幕上显示可设定零点偏置的情况，如图 7-18 所示。

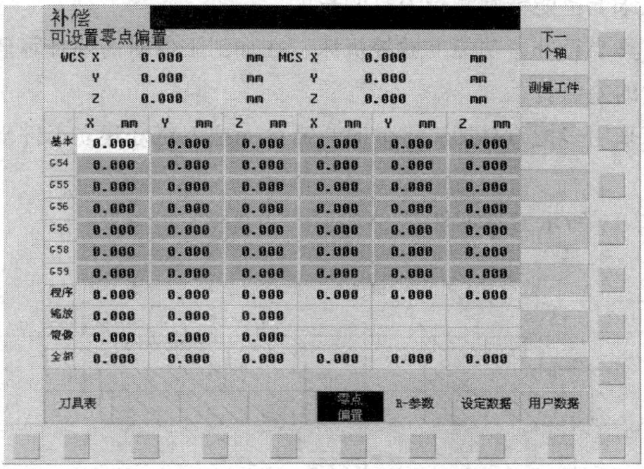

图 7-18 设置零点偏置窗口

③ 使用光标键移动光标，将光标定位到需要输入数据的位置。光标所在区域为白色高光显示。

④ 点击数控系统面板上的数字键，输入数值。

⑤ 点击输入键确认。

习 题

一、选择题（请将正确答案的序号填写在题中的括号中）

1. 按（　）键可以进入刀具补偿参数输入界面。

A. 

B. 

2. 刀具补偿界面中“形状（D）”对应的刀具补偿参数是刀具的（　）。

A. 直径　　B. 半径

3. 刀具补偿界面中“形状（H）”对应的刀具补偿参数是刀具的（　）。

A. 直径　　B. 长度

4. 在数控机床的操作面板上“SPINDLE”表示（　）。

A. 手动进给　　B. 主轴　　C. 回零点　　D. 手轮进给

5. 插补运算程序可以实现数控机床的（　　）。

A. 点位控制　　B. 点位直线控制

C. 轮廓控制　　D. 转位换刀控制

二、判断题（请将判断结果填入括号中，正确的填“√”，错误的填“×”）

（　　）1. 使用寻边器对刀的好处是不在工件表面留下刀痕。

（　　）2. 加工中心与数控铣床是完全不同的两类机床，其数控程序完全不兼容。

（　　）3. 加工中心就是配有刀库的数控铣床，每次换刀需要手工操作。

（　　）4. 在数控机床上也能精确测量刀具的长度。

（　　）5. 不具备刀具半径补偿功能的数控机床，在加工工件时需要计算假想刀尖轨迹或刀具中心轨迹与工件轮廓尺寸的差值。

（　　）6. 数控机床采用多把刀具加工零件时只需第一把刀对好建立工件坐标系即可。

三、项目训练

1. 选择加工如图 7-19 所示刀具零件；

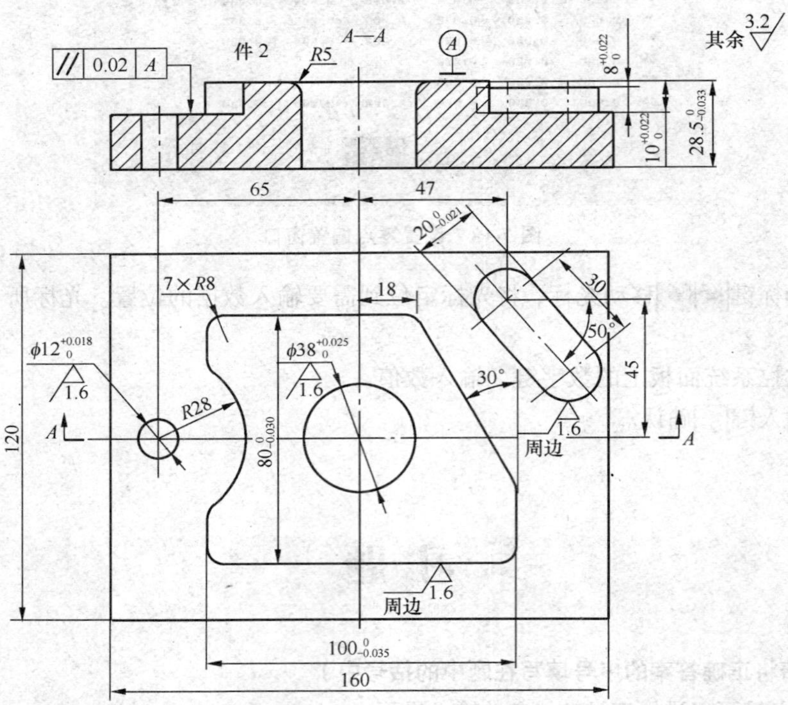

图 7-19　刀具零件

2. 对刀，建立图 7-19 所示零件的工作坐标系，设工件坐标系原点为工件上表面中心，即ϕ37 孔中心；

3. 输入每把刀具的刀具补偿值。

项目八

数控铣床（加工中心）程序编辑、管理与运行

【能力目标】

1. 能熟练、正确地录入数控加工程序，并能进行程序的编辑、管理、调试
2. 能调用程序并使机床程序自动完成加工

【知识目标】

1. 掌握数控铣床（加工中心）录入、编辑、管理程序方法
2. 了解程序运行方式，掌握数控铣床（加工中心）程序自动运行操作方法

一、项目导入

录入已知程序 O0001，并检查无误后，对程序进行调试和试运行，显示运行轨迹。

二、相关知识

（一）创建新程序

① 将数控机床工作方式选择旋钮置于“编辑”模式下，如图 8-1 所示，使系统处于编辑运行方式。

② 按系统控制面板上的程序按钮PROG，显示程序屏幕。

③ 使用字母和数字键输入程序名，例如 O0010，依次按对应的字母、数字键。

④ 检查输入缓存区输入的内容是否正确。

⑤ 按插入INSERT，此时屏幕上显示新建的程序名，如图 8-2 所示。

⑥ 依次输入程序段内容、程序段结束符“EOB E”，按插入键INSERT完成程序输入。

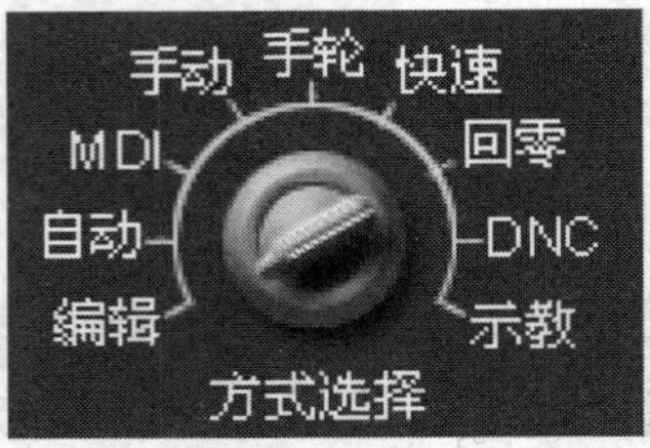

图 8-1　选择机床的工作模式为“编辑”

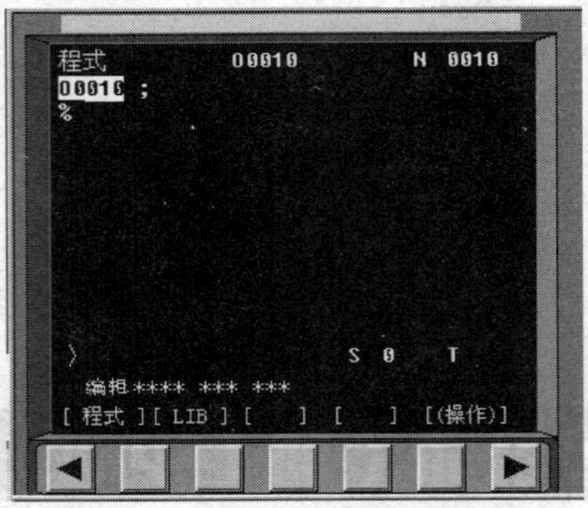

图 8-2　创建新程序 O0010

（二）编辑程序

编辑程序是在编辑状态下、程序界面被打开的情况下进行的。

1. 字的检索

① 按软键【操作】。

② 按最右侧带有向右箭头的菜单继续键▶，直到软键中出现【检索】软键。

③ 输入需要检索的字。例如，要检索 M03，则输入 M03。

④ 按【检索】软键。带向下箭头的检索键为从光标所在位置开始向程序后面检索，带向上箭头的检索键为从光标所在位置开始向程序前面进行检索。可以根据需要选择一个检索键。

⑤ 光标找到目标字后，定位在该字上。

2. 跳到程序头

当光标处于程序中间，而需要将其快速返回到程序头，可适用下列 2 种方法。

方法 1：按下复位键RESET，光标即可返回到程序头。

方法 2：连续按软键最右侧带向右箭头的菜单继续键▶，直到软键中出现【Rewind】键。按下该键，光标即可返回到程序头。

3. 字的插入

① 使用光标移动键，将光标移到需要插入程序字的前一位字符上，如图 8-3 所示。

② 键入要插入的程序字，如 X0。

③ 按插入键INSERT。

④ 光标所在的字符（G54）之后出现新插入的程序字（X0），同时光标移到该程序字上，如图 8-4 所示。

4. 字的替换

① 使用光标移动键，将光标移到需要替换的字符上。

② 键入要替换的程序字。

③ 按下替换键ALTER。

④ 光标所在的字被替换，同时光标移到下一个字符上。

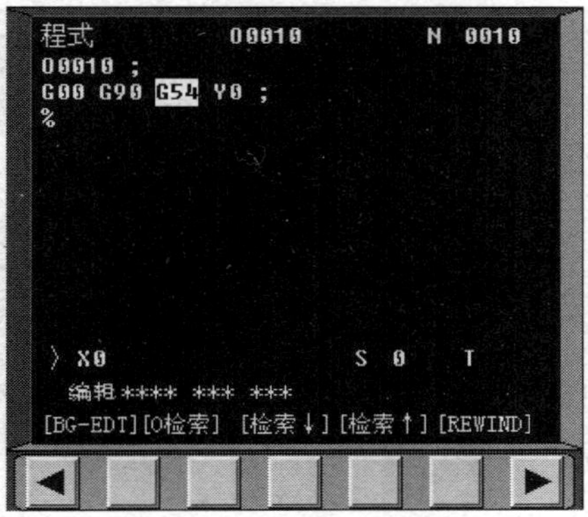

图 8-3　程序字插入窗口显示

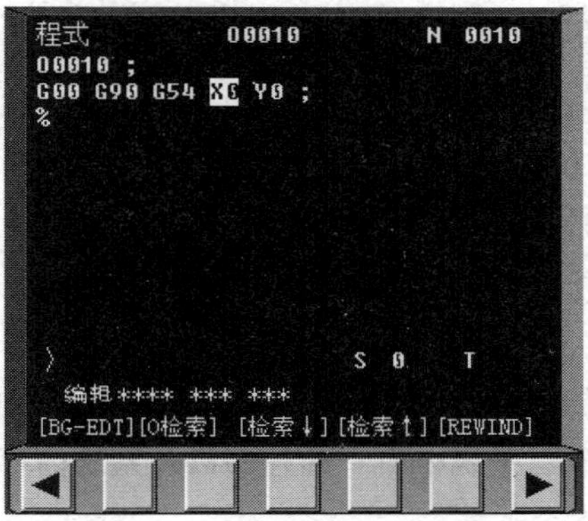

图 8-4　程序字插入显示

5. 字的删除

① 使用光标移动键，将光标移到需要删除的字符上。

② 按删除键DELETE。

③ 光标所在的字符被删除，同时光标移到被删除字符的下一个字符上。

6. 输入过程中的删除

在输入过程中，即字母或数字还在输入缓存区、没有按插入键INSERT的时候，可以使用取消键来进行删除。每按一下CAN，则删除一个字母或数字。

（三）程序导入与导出

1. 程序的传入（PC–CNC）

在计算机上用文本编辑的*TXT 或自动编程软件生成的*NC 程序，可通过机床与计算机的网络连接，用机床配置的传输软件将程序输入到数控系统存储区，步骤如下。

① 选择“编辑”方式，按PROG键，进入屏幕“程式”窗口。

② 按软键【操作】。

③ 按菜单继续软键▶。

④ 键入程序名如：O0020。

⑤ 按软键【READ】，如见菜单自动变换。

⑥ 接着按软键【EXEC】，屏幕显示“标头 SKP”表示接收准备就绪。

⑦ 用与机床相连的计算机上的传输软件，打开所传输的程序，并点击“发送”，程序即传输至数控机床。

2. 程序的传出（CNC–PC）

将数控系统内存中的程序传送到计算机中保存，首先在计算机端做好接收准备，数控系统端操作步骤如下。

① 选择“编辑”方式，按PROG键，进入屏幕“程式”窗口。

② 调出所要传送的程序。

③ 按菜单继续软键▶。

④ 按软键【PUNCH】。

⑤ 按软键【EXEC】，完成传输。

（四）程序的管理

1. 程序查看

① 选择“编辑”方式，按键，进入屏幕“程式”窗口。

② 按数据显示区下方菜单软键【LIB】，数据显示区会显示系统中所有的程序以及系统内存的使用情况。如图 8-5 所示。

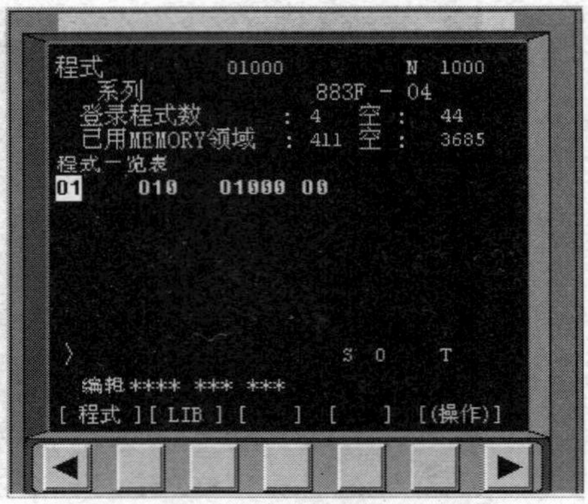

图 8-5 程序管理界面

2. 调用内存中的程序

① 选择“编辑”方式，按键，进入屏幕“程式”窗口。

② 按数字/字母键输入调用程序名“O××××”。

③ 按光标键开始搜索，检索后，程序 “O××××”即显示在屏幕窗口。

3. 删除一个程序

① 选择“编辑”方式，按键，进入屏幕“程式”窗口。

② 按数字/字母键输入调用程序名“O××××”。

③ 按删除键，程序即被删除。

4. 删除全部程序

① 选择“编辑”方式，按键，进入屏幕“程式”窗口。

② 在数字/字母键区依次输入“O-9999”，。

③ 按删除键，系统中全部数控程序即被删除。

（五）程序检查、调试与运行

1. 程序检查、调试与空运行

程序正确与否直接影响产品的加工质量和精度，程序错误还存在撞床的危险，因此在正式运行之前应认真检查、校验程序。FANUC 0i MC 数控系统提供了空运行程序的功能。

① 让数控机床工作在自动模式下。

② 按机床运动锁定按钮。

③ 按系统控制区的键。

④ 按程序“循环启动”按钮。

这样系统执行程序时，机床自身不会运动，只会将程序的运行路径显示在数据显示区。这样空运行程序便于操作者发现数控程序中的问题。

2. MDI 运行操作

MDI 方式也称为键盘操作方式。它在修整工件个别遗留问题或单件加工时经常用到。

首先让机床工作在“MDI”模式下。按键，进入程序编辑界面。录入完程序后，按“循环启动”按钮运行程序。（MDI 方式加工的特点是输入灵活，随时输入指令随时执行，但运行效率较低，且执行完指令以后对指令没有记忆，再次执行时必须重新输入指令，该操作方式一般不用于批量工件的加工。）

3. 程序自动运行（机床自动加工）

机床自动加工也称为存储器方式加工。它是利用加工中心内存储的加工程序，使机床对工件进行连续加工，是加工中心运用得最多的操作方式。加工中心在存储器方式下运行时间越长，其机床利用率也就越高。

操作步骤如下。

① 在“编辑”或“自动”模式下打开要加工的程序。

② 选择机床工作方式为“自动”。

③ 将“进给倍率修调”旋钮调整至较低位置。

④ 根据需要可选择按下“单段”、“跳段”、“选择停”等按钮。

⑤ 确认无误后，按“循环启动”按钮，机床自动执行程序。

在加工运行过程中，可以在系统控制面板中按功能键“POS”、“PROG”、“OFFSET”切换显示界面，还可以根据加工需要选择以下操作。

① 单段运行模式。在自动运行过程中，若按机床操作面板的单步键单步，自动运行由原来的自动连续执行变为每执行完一个程序段后暂停，按 “循环启动”按钮继续执行下一段。这样可以直接观察到每行程序的运行结果，从而便于调试程序。根据需要，单段按钮在自动运行过程中可以随时按下生效或取消。

② 选择停。在自动运行过程中，按下选择停按钮选择停，执行程序中遇 M01 指令时，程序暂停，按“循环启动”，程序继续执行。

③ 跳段执行。在自动运行过程中，按下跳段按钮跳步，执行程序中遇有“/”标志的程序段将跳过，不予执行。

④ 加工暂停。在自动运行过程中，按下进给保持按钮进给保持，程序加工暂停，按“循环启动”，程序继续执行。

⑤ 加工取消。在加工过程中，若想退出，可按下控制面板上的复位键“RESET”，退出程序执行，机床复位。

⑥ 紧急停止。出现误操作等紧急情况时，按下“急停”按钮。

三、项目实施

（一）项目实施内容

创建新程序 O0001，认真检查后运用空运行校验调试程序，程序如下。

```
N010 G40G49;
N020 G91G28Z0;
N030 M06T01;
N040 M03S1600;
N050 G90G54G00X0Y50.0; ;
N060 G43H01Z5.0;
```

```
N080 G01Z-3.0F100M08;
N080 G02X0Y50.0I0J-50.0F500;
N090 G03X0Y0R-25.0;
N100 G02X0Y-50.0R-25.0;
N110 G00100.0M09;
N120 X0Y0M05;
N130 M30;
```

（二）项目实施步骤

1. 输入新建数控程序名 O0001

① 选择“编辑”方式，按PROG键，进入屏幕“程式”窗口。

② 按数字/字母键区录入程序名“O0001”。

③ 检查输入缓存区输入的内容是否正确，按插入键INSERT，如图 8-6 所示。

④ 输入程序段结束符EOB键，按INSERT键，将输入缓存区的内容输入到程序中，如图 8-7 所示。

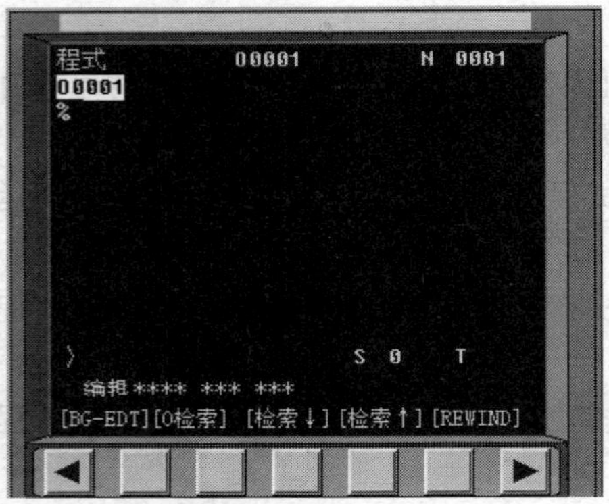

图 8-6 新建程序名

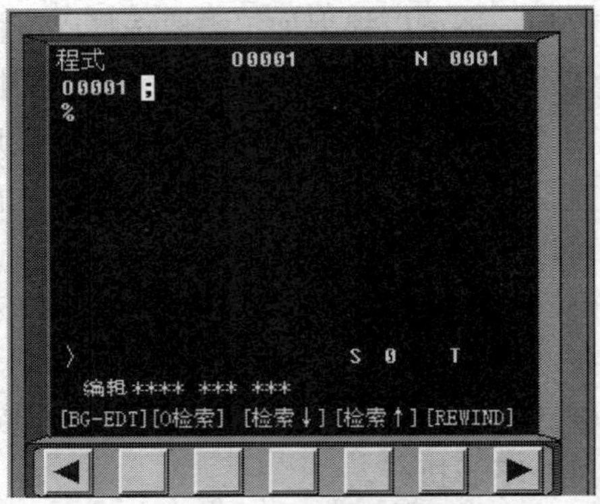

图 8-7 新建程序结束

2. 录入数控程序

① 依次按下“N010 G40G49”所对应的数字/字母键和程序段结束符EOB，检查程序录入无误后，按INSERT键完成一行程序的录入，如图 8-8 所示。

② 依照上述方法，将全部程序录入到系统中，如图 8-9 所示。

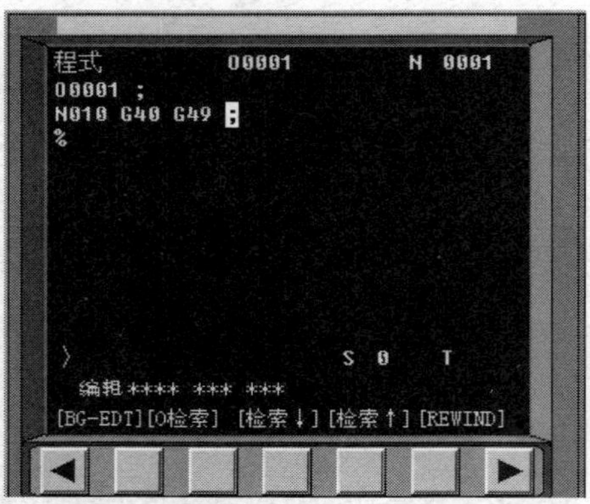

图 8-8 完成一行程序的录入

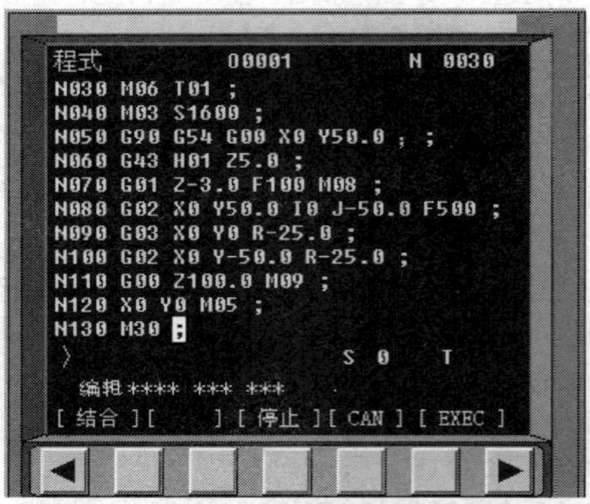

图 8-9 完成全部程序的录入

3. 校验程序

① 选择机床的工作模式为“自动”。

② 分别按机床运动锁定按钮和空运行按钮。

③ 按系统控制区图形显示键。

④ 按程序“循环启动”按钮，数据显示区即显示当前程序的运动轨迹，如图 8-10 所示。

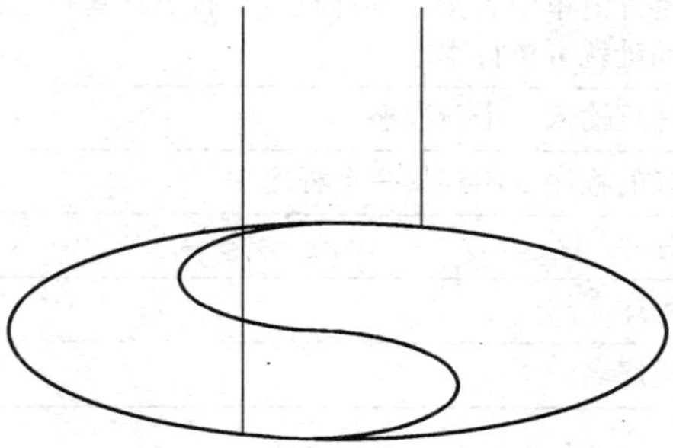

图 8-10　刀具轨迹验证

四、拓展知识——SIEMENS 802S 系统数控铣床程序编辑、调试与运行

（一）进入程序管理方式

① 点击程序管理操作区域键。

② 点击程序下方的软键。

③ 显示屏显示零件程序列表，如图 8-11 所示。

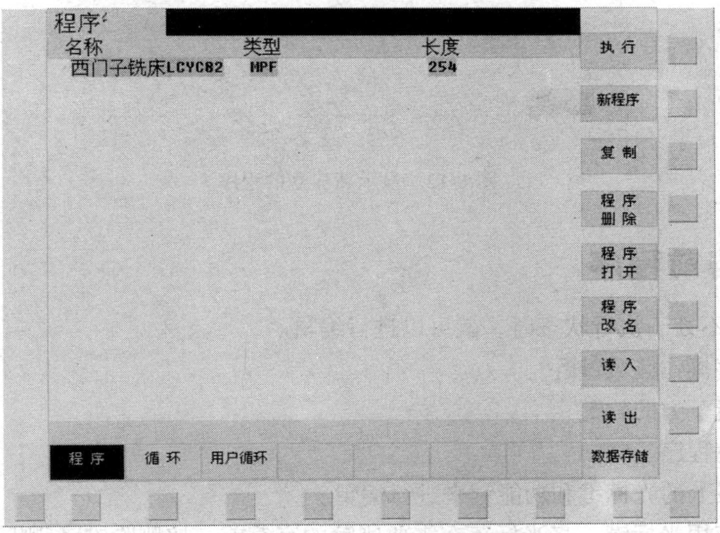

图 8-11　零件程序列表窗口

（二）系统软键应用

系统软键的按键功能，见表 8-1。

表 8-1　　软键的按键功能

软　键	功　能
执行	如果零件清单中有多个零件程序，按下该键可以选定待执行的零件程序，再按下数控启动键就可执行程序
新程序	创建并且输入一个新程序
复制	把选择的程序复制到另一个程序中
程序删除	删除程序
程序打开	打开程序
程序改名	更改程序名

（三）输入新程序

① 按下 新程序 键。

② 使用字母键，输入程序名。例如，输入字母 JI。

③ 按【确认】软键。如果按“中断”软键，则刚才输入的程序名无效。

④ 这时零件程序清单中显示新建立的程序，如图 8-12 所示。

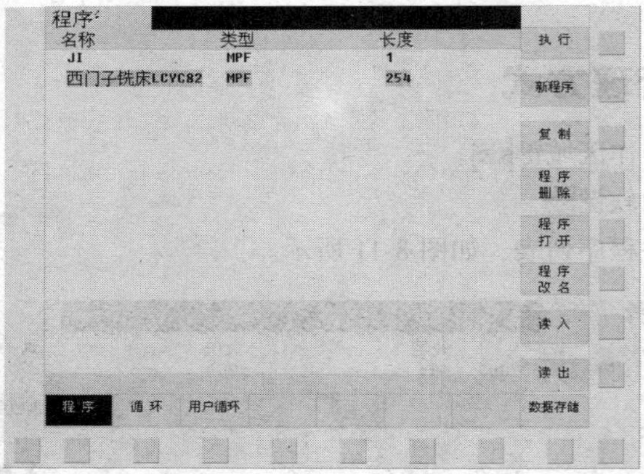

图 8-12　显示新建立的程序

（四）编辑当前程序

当零件程序不处于执行状态时，就可以进行编辑。

① 单击程序操作区域键 PROGRAM。

② 单击编辑下方的软键。

③ 打开当前程序。

④ 使用面板上的光标键和功能键来进行编辑。

⑤ 删除：使用光标键，将光标落在需要删除的字符前，按删除键 DEL 删除错误的内容。或者将光标落在需要删除的字符后，按退格删除键 BKSPACE 进行删除。

（五）程序运行

1. MDA 运行方式

① 按下机床控制面板上的 MDA 键，系统进入 MDA 运行方式，在此方式下，可以运行一段或几段简单的程序。

② 使用数控系统面板上的字母、数字键输入程序段。例如，单击字母键、数字键，依次输入：G00X0Y0Z0。屏幕上显示输入的数据，如图 8-13 所示。

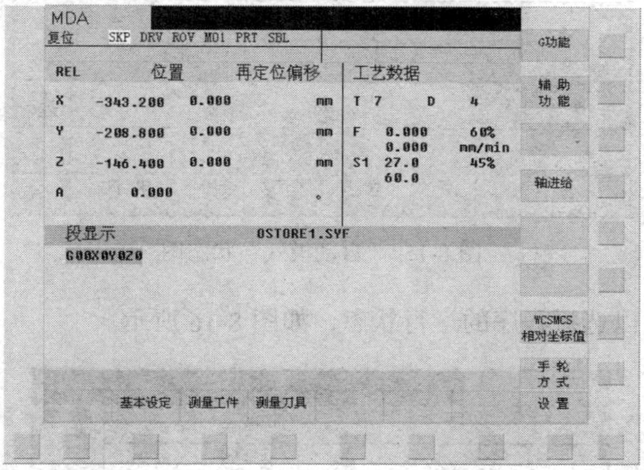

图 8-13　MAD 方式程序显示

③ 按数控启动键，系统执行输入的指令。

2. 自动运行操作

① 按键选择自动模式。

② 按程序键 程序 打开“程序目录窗口”，如图 8-14 所示。

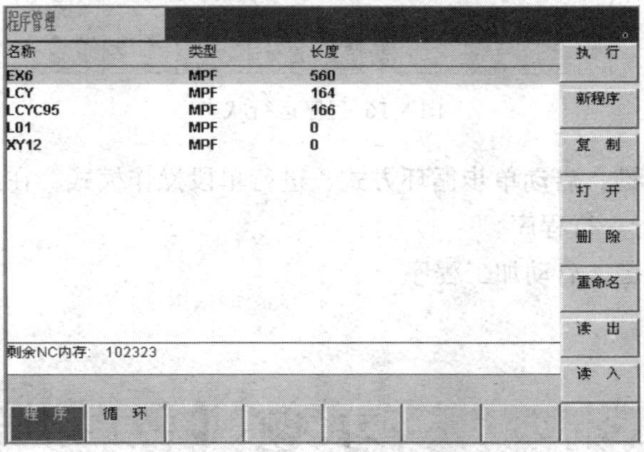

图 8-14　程序目录

③ 在第一次选择“程序”操作区时会自动显示“零件程序和子程序目录”。用光标键 ▲ ▼ 把光标定位到所选的程序上。

④ 按 执行 键选择待加工的程序，被选择的程序名称显示在屏幕区“程序名”下。

3. 自动运行模式

① 按Auto键选择自动模式，显示屏显示，如图 8-15 所示。

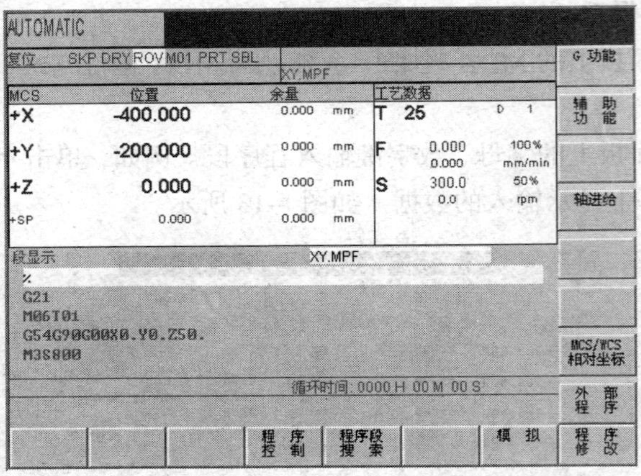

图 8-15 “自动模式”状态图

② 按程序控制键，可以选择程序的运行状态，如图 8-16 所示。

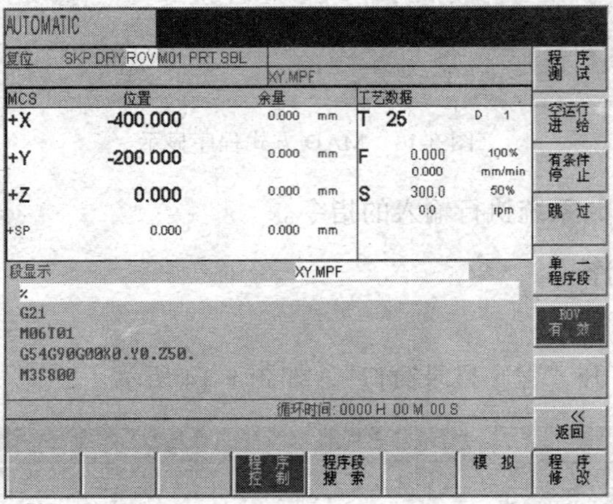

图 8-16 程序运行状态

③ 按单步循环键，启动单步循环方式，进行单段操作模式，在此模式下，每按循环启动键一次，系统执行一行程序。

④ 按循环启动键，启动加工程序。

习 题

一、选择题（请将正确答案的序号填写在题中的括号中）

1. 数控系统已经工作在“编辑”模式下，如果查看程序，应按下数控系统面板上的哪个键？（ ）

A. PROG　　B. POS

2. 一行程序录入完后，应按下数控系统面板上的哪个键？（　）

A. EOB E　　B. ↓

3. 如果想删除数控程序中的字符，应按下数控系统面板上的哪个键？（　）

A. CAN　　B. DELETE

4. 在一个程序段中，（　）应采用 M 代码。

A. 点位控制　　B. 直点控制　　C. 圆弧控制　　D. 主轴旋转控制

5. G91 G01 X12.0　Y16.0 F100 执行后，刀具移动了（　）MM。

A. 20　　B. 25　　C. $\sqrt{20}$　　D. 28

二、判断题（请将判断结果填入括号中，正确的填"√"，错误的填"×"）

（　）1. 按INSERT键，把输入缓存区的内容插入到光标所在代码前面。

（　）2. 按ALTER键，把输入缓存区的内容替代光标所在的代码。

（　）3. 依次按下软键：O P　- +　9 C　9 C　9 C　9 C　DELETE会把系统中所有程序删除。

（　）4. 加工零件在数控编程时，首先应确定数控机床，然后分析加工零件的工艺特性。

（　）5. 编制数控加工程序时一般以机床坐标系作为编程的坐标系。

（　）6. 数控加工程序的顺序段号必须顺序排列。

（　）7. 在首次执行数控程序时，为了便于发现问题，可以选择"单段运行模式"。

（　）8. 数控机床在"自动"模式和"MDI"模式下都可以执行数控程序。

（　）9. 一旦发现机床的运行状态出现异常，应及时按下"急停"按钮。

（　）10. 数控机床操作面板上有倍率修调开关，操作人员加工时可随意调节主轴或进给的倍率。

三、项目训练

编写图 8-17 所示零件的加工程序，并输入机床、进行程序调试与加工。

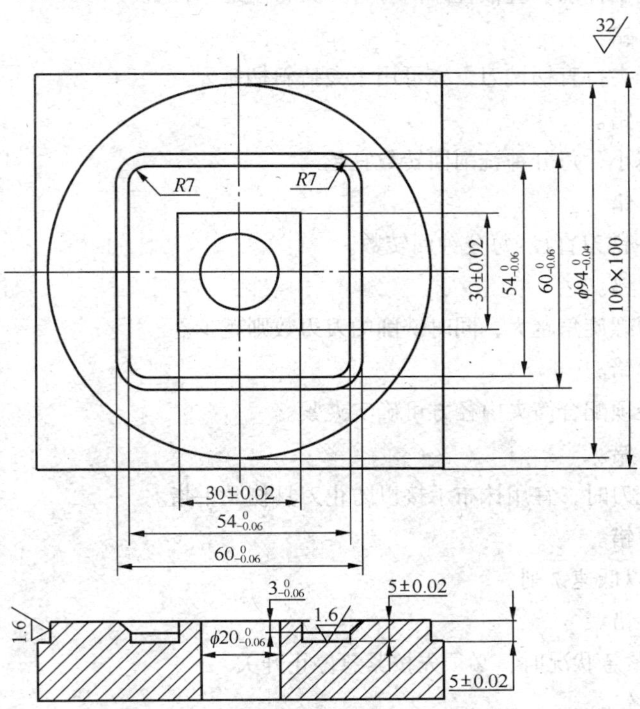

图 8-17　零件图样

附录1 职业技能鉴定试题（中级）

数控铣床/加工中心操作工（中级）理论知识考核部分（Ⅰ）

一、判断题（第1～30题，满分30.0分）

1. 数控铣床属于直线控制系统。

（　）对，（　）错。

2. 在卧式铣床上加工表面有硬皮的毛坯零件时，应采用逆铣切削。

（　）对，（　）错。

3. 执行程序铣削工件前，宜依程序内容将刀具移至适当位置。

（　）对，（　）错。

4. 弹簧筒夹用于夹持直柄铣刀，亦可用于夹持斜柄铣刀。

（　）对，（　）错。

5. 端铣刀直径越小，每分钟铣削回转数宜越高。

（　）对，（　）错。

6. 铣削速度＝π×铣刀直径×每分钟回转数。

（　）对，（　）错。

7. 平铣刀的刀刃螺旋角越大，同时铣削的刀刃数则越少。

（　）对，（　）错。

8. 端铣刀之柄径须配合筒夹内径方可确实夹紧。

（　）对，（　）错。

9. 安装或拆卸铣刀时，宜用抹布承接以防止刀具伤及手指。

（　）对，（　）错。

10. 较硬工件宜以低速铣削。

（　）对，（　）错。

11. 铣削中发生紧急状况时，必须先按紧急停止开关。

（　）对，（　）错。

12. 使用螺旋铣刀可减少切削阻力，且较不易产生震动。
（ ）对，（ ）错。
13. 在可能情况下，铣削平面宜尽量采用较大直径铣刀。
（ ）对，（ ）错。
14. 球形端铣刀适用于重铣削。
（ ）对，（ ）错。
15. 面铣刀的切除率多大于端铣刀。
（ ）对，（ ）错。
16. 端铣刀可以铣削盲孔。
（ ）对，（ ）错。
17. T 型槽铣刀在铣削时，只有圆外围的刃口与工件接触。
（ ）对，（ ）错。
18. 端铣刀可采较大铣削深度，较小进给方式进行铣削。
（ ）对，（ ）错。
19. 端铣刀不仅可用端面刀刃铣削，亦可用柱面刀刃铣削。
（ ）对，（ ）错。
20. 铣刀材质一般常用高速钢或碳钢。
（ ）对，（ ）错。
21. 铸铁工件宜采用逆铣削。
（ ）对，（ ）错。
22. 顺铣削时铣刀回转方向和工件移动方向相同。
（ ）对，（ ）错。
23. 铣刀直径 100 mm，以 25 m/min 速度铣削，其每分钟转数为 40。
（ ）对，（ ）错。
24. 铣刀直径 50 mm，以 30 m/min 切削速度铣削，其每分钟回转数为 80。
（ ）对，（ ）错。
25. 刃之面铣刀，以 80r/min 铣削，如每一刀刃进刀为 0.2 mm，则进给率为每分钟 96 mm。
（ ）对，（ ）错。
26. 切削液之主要目的为冷却与润滑。
（ ）对，（ ）错。
27. 精铣削时，在不考虑螺杆背隙情况下，顺铣削法较不易产生震动。
（ ）对，（ ）错。
28. 铣刀寿命与每刃进给量无关。
（ ）对，（ ）错。
29. 逆铣削法较易得到良好的加工表面。
（ ）对，（ ）错。
30. 铣刀的材质优劣是影响铣削效率的主要因素之一。
（ ）对，（ ）错。

二、单项选择题（第 31～100 题，满分 70.0 分）

31. 选择加工表面的设计基准作为定位基准称为（ ）。

A. 基准统一原则　　B. 互为基准原则

C. 基准重合原则　　D. 自为基准原则

32. 有些高速钢铣刀或硬质合金铣刀的表面涂敷一层 Tie 或 Tin 等物质，其目的是（ ）。

A. 使刀具更美观　　B. 提高刀具的耐磨性

C. 切削时降低刀具的温度　　D. 抗冲击

33. 材料是钢，欲加工一个尺寸为 6F8 深度为 3 mm 的键槽，键槽侧面表面粗糙度为 R_a1.6，最好采用（ ）。

A. ϕ6 键槽铣刀一次加工完成

B. ϕ6 键槽铣刀分粗精加工两遍完成

C. ϕ5 键槽铣刀沿中线直一刀然后精加工两侧面

D. ϕ5 键槽铣刀顺铣一圈一次完成

34. 铣削外轮廓，为避免切入/切出产生刀痕，最好采用（ ）。

A. 法向切入/切出　　B. 切向切入/切出

C. 斜向切入/切出　　D. 直线切入/切出

35. 主轴转速 n(r/min)与切削速度 v(m/min)的关系表达式是（ ）。

A. $n=\pi vD/1\,000$　　B. $n=1\,000\pi vD$

C. $v=\pi nD/1\,000$　　D. $v=1\,000\pi nD$

36. 用球刀加工比较平滑的曲面时，表面粗糙度的质量不会很高。这是因为（ ）造成的。

A. 行距不够密　　B. 步距太小

C. 球刀刀刃不太锋利　　D. 球刀尖部的切削速度几乎为零

37. 在立式铣床上利用回转工作台铣削工件的圆弧面时，当找正圆弧面中心与回转工作台中心重合时，应转动（ ）。

A. 工作台　　B. 主轴　　C. 回转工作台　　D. 纵向手轮

38. 在数控铣刀的（ ）内设有自动拉退装置，能在数秒钟内完成装刀，卸刀，使换刀显得较方便。

A. 主轴套筒　　B. 主轴　　C. 套筒　　D. 刀架

39. 在数控加工中，刀具补偿功能除对刀具半径进行补偿外在用同一把刀进行粗、精加工时，还可进行加工余量的补偿，设刀具半径为 r，精加工时半径方向的余量为Δ，则最后一次粗、精加工走刀的半径补偿量为（ ）。

A. $r+\Delta$　　B. r　　C. Δ　　D. $2r+\Delta$

40. 数控机床切削精度检验（ ），对机床几何精度和定位精度的一项综合检验。

A. 又称静态精度检验，是在切削加工条件下

B. 又称动态精度检验，是在空载条件下

C. 又称动态精度检验，是在切削加工条件下

D. 又称静态精度检验，是在空载条件下

41. 回零操作就是使运动部件回到（ ）。

A. 机床坐标系原点　　B. 机床的机械零点　　C. 工件坐标的原点

42. 数控机床与普通机床的主机最大不同是数控机床的主机采用（　）。

A. 数控装置　B. 滚动导轨　C. 滚珠丝杠

43. 刀具长度正补偿是（　）指令，负补偿是（　）指令。

A. G43　B. G44　C. G49　D. G96

44. 进给率即（　）。

A. 每转进给量×每分钟转数　B. 每转进给量/每分钟转数

C. 切深×每分钟转数　D. 切深/每分钟转数

45. 标准麻花钻的锋角为（　）。

A. 118°　B. 120°　C. 50°～55°　D. 35°～40°

46. 切削的三要素有进给量、切削深度和（　）。

A. 切削厚度　B. 切削速度　C. 进给速度　D. 切削宽度

47. 选择刀具起刀点时应考虑（　）。

A. 防止与工件或夹具干涉碰撞　B. 方便工件安装与测量

C. 每把刀具刀尖在起始点重合　D. 必须选择工件外侧

48. 以直径 12 mm 的钻头钻削 5 mm 深的孔，结果孔径为 12.55 mm，其主要原因是（　）。

A. 工件松动　B. 刀具松动　C. 虎钳松动　D. 刀具夹头的中心偏置

49. 铰刀的直径越小，则选用的每分钟转数（　）。

A. 越高　B. 越低　C. 一样　D. 呈周期性递减

50. 闭环伺服系统工程使用的执行元件是（　）。

A. 直流伺服电动机　B. 交流伺服电动机

C. 步进电动机　D. 电液脉冲电动机

51. 数控机床 CNC 系统是（　）。

A. 轮廓控制系统　B. 动作顺序控制系统

C. 位置控制系统　D. 速度控制系统

52. 切削用量中，对切削刀具磨损影响最大的是（　）。

A. 切削深度　B. 进给量　C. 切削速度

53. 根据剖切范围来分，（　）不属于剖视图的范畴。

A. 全剖视图　B. 半剖视图

C. 局部剖视图　D. 部分剖视图

54. 刀具材料中，制造各种结构复杂的刀具应选用（　）。

A. 碳素工具钢　B. 合金工具钢　C. 高速工具钢　D. 硬质合金

55. 增大刀具的前角，切屑（　）。

A. 变形大　B. 变形小　C. 很小

56. 能改善材料的加工性能的措施是（　）。

A. 增大刀具前角　B. 适当的热处理　C. 减小切削用量

57. ⊥ 是表示（　）。

A. 对称度　B. 平行度　C. 垂直度　D. 倾斜度

58. 轴类零件用双中心孔定位，能消除（　）个自由度。

A. 6　B. 5　C. 4　D. 3

59. 图样中标注锥度时，其锥度符号应配置在（ ）。

A. 基准线上 B. 引出线上 C. 轴线上 D. 基准线或引出线上

60. 公差带的位置由（ ）来决定。

A. 基本偏差 B. 标准公差 C. 上偏差 D. 下偏差

61. 切削热主要是通过切屑和（ ）进行传导的。

A. 工件 B. 刀具 C. 周围介质 D. 切削液

62. 由主切削刃直接切成的表面叫（ ）。

A. 切削平面 B. 切削表面 C. 已加工面 D. 待加工面

63. 工件在装夹时，必须使余量层（ ）钳口。

A. 稍高于 B. 稍低于 C. 大量高出

64. 工件在机床上或在夹具中装夹时，用来确定加工表面相对于刀具切削位置的面叫（ ）。

A. 测量基准 B. 装配基准 C. 工艺基准 D. 定位基准

65. 准备功能 G90 表示的功能是（ ）。

A. 预置功能 B. 固定循环 C. 绝对尺寸 D. 增量尺寸

66. 量测工件之斜角角度，可用（ ）量具。

A. 游标卡尺 B. 角度规 C. 分厘卡 D. 直角规

67. 目前机床导轨中应用最普遍的导轨型式是（ ）。

A. 静压导轨 B. 滚动导轨 C. 滑动导轨

68. 使用光标卡尺量测孔径时，同一位置之量测值应为数次读取值中的（ ）。

A. 最小值 B. 最大值 C. 平均值 D. 任意值

69. （ ）的主要作用是减少后刀面与切削表面之间的摩擦。

A. 前角 B. 后角 C. 螺旋角 D. 刃倾角

70. 在下列条件中，（ ）是单件生产的工艺特征。

A. 广泛使用专用设备 B. 有详细的工艺文件

C. 广泛采用夹具进行安装定位 D. 使用通用刀具和万能量具

71. 机床上的卡盘，中心架等属于（ ）夹具。

A. 通用 B. 专用 C. 组合

72. 铰孔时对孔的（ ）的纠正能力较差。

A. 表面粗糙度 B. 尺寸精度 C. 形状精度 D. 位置精度

73. 麻花钻头的顶角影响主切削刃上切削抗力的大小，顶角（ ）则轴向抗力越小。

A. 越大 B. 越小

74. 数控系统常用的两种插补功能是（ ）。

A. 直线插补和圆弧插补 B. 直线插补和抛物线插补

C. 圆弧插补和抛物线插补 D. 螺旋线插补和抛物线插补

75. G41 指令的含义是（ ）。

A. 直线插补 B. 圆弧插补

C. 刀具半径右补偿 D. 刀具半径左补偿

76. G91 G00 X50.0 Y-20.0 表示（ ）。

A. 刀具按进给速度移至机床坐标系 X=50 mm，Y=−20 mm 点

B. 刀具快速移至机床坐标系 X=50 mm，Y=−20 mm 点

C. 刀具快速向 X 正方向移动 50 mm，Y 负方向移动 20 mm

D. 编程错误

77. 数控机床的坐标系采用（　）判定 X、Y、Z 的正方向，根据 ISO 标准，在编程时采用（　）的规则。

A. 右手法则、刀具相对静止而工件运动

B. 右手法则、工件相对静止而刀具运动

C. 左手法则、工件随工作台运动

D. 左手法则、刀具随主轴移动

78. 数控机床的 T 指令是指（　）。

A. 主轴功能　　B. 辅助功能　　C. 进给功能　　D. 刀具功能

79. 在开环的 CNC 系统中（　）。

A. 不需要位置反馈环节　　B. 可要也可不要位置反馈环节

C. 需要位置反馈环节　　D. 除要位置反馈外，还要速度反馈

80. 加工箱体类零件平面时，应选择的数控机床是（　）。

A. 数控车床　　B. 数控铣床　　C. 数控钻床　　D. 数控镗床

81. 选择定位基准应力求基准重合原则，即（　）统一。

A. 设计基准，粗基准和精基准　　B. 设计基准，粗基准，工艺基准

C. 设计基准，工艺基准和编程原点　　D. 设计基准，精基准和编程原点

82. 闭环进给伺服系统与半闭环进给伺服系统主要区别在于（　）。

A. 采用的伺服电机不同　　B. 采用的传感器不同

C. 伺服电动机安装位置不同　　D. 传感器安装位置不同

83. 通常情况下，平行于机床主轴的坐标轴是（　）。

A. X 轴　　B. Z 轴　　C. Y 轴　　D. 不确定

84. 程序原点是编程员在数控编程过程中定义在工件上的几何基准点——称为工件原点，加工开始时要以当前主轴位置为参照点设置工件坐标系，所用的 G 指令是（　）。

A. G92　　B. G90　　C. G91　　D. G93

85. 数控铣床对铣刀的基本要求是（　）。

A. 铣刀的刚性要好　　B. 铣刀的耐用性要高

C. 根据切削用量选择铣刀　　D. A、B 两项

86. 用数控铣床加工较大平面时，应选择（　）。

A. 立铣刀　　B. 面铣刀

C. 圆锥形立铣刀　　D. 鼓形铣刀

87. 指令 G40 的含义是（　）。

A. 刀具半径右补偿　　B. 刀具补偿功能取消

C. 刀具长度补偿功能取消　　D. 刀具长度正补偿

88. 用于主轴旋转速度控制的代码是（　）。

A. T　　B. G　　C. S　　D. F

89. 在切断、加工深孔或用高速钢刀具加工时，宜选择（　）的进给速度。

A. 较高　　B. 较低

C. 数控系统设定的最低　　D. 数控系统设定的最高

90. 程序编制中首件试切的作用是（　）。

A. 检验零件图样的正确性　　B. 检验零件工艺方案的正确性

C. 检验程序单或控制介质的正确性，并检验是否满足加工精度要求

D. 仅检验数控穿孔带的正确

91. 编程员在数控编程过程中，定义在工件上的几何基准点称为（　）。

A. 机床原点　　B. 绝对原点　　C. 工件原点　　D. 装夹原点

92. 在数控机床上设置限位开关起的作用是（　）。

A. 线路开关　　B. 过载保护　　C. 欠压保护　　D. 位移控制

93. 在数控机床的加工过程中，要进行测量刀具和工件的尺寸、工件调头、手动变速等固定的手工操作时，需要运行（　）指令。

A. M00　　B. M98　　C. M02　　D. M03

94. 下列指令中，属于非模态代码的指令是（　）。

A. G90　　B. G91　　C. G04　　D. G54

95. 加工中心与其他数控机床的主要区别是（　）。

A. 有刀库和自动换刀装置　　B. 机床转速高

C. 机床刚性好　　D. 进刀速度高

96. 在数控机床上，下列划分工序的方法中错误的是（　）。

A. 按所用刀具划分工序　　B. 以加工部位划分工序

C. 按粗、精加工划分工序　　D. 按不同的加工时间划分工序

97. 下列确定加工路线的原则中正确的说法是（　）。

A. 加工路线最短

B. 使数值计算简单

C. 加工路线应保证被加工零件的精度及表面粗糙度

D. A、B、C 同时兼顾

98. 数控机床长期不使用时（　）。

A. 应断电并保持清洁

B. 应每周通电 1～2 次，每次空运转 1 h

C. 应清洗过滤器、油箱并更换润滑油

D. 应放松所有预紧装置

99. 精加工时应首先考虑（　）。

A. 零件的加工精度和表面质量　　B. 刀具的耐用度

C. 生产效率　　D. 机床的功率

100. 违反安全操作规程的是（　）。

A. 严格遵守生产纪律　　B. 遵守安全操作规程

C. 执行国家劳动保护政策　　D. 可使用不熟悉的数控机床操作加工

数控铣床/加工中心操作工（中级）机床实操考核部分（Ⅰ）

一、考核零件图样

① 本题分值：100 分；

② 考核时间：240 分钟；

③ 具体考核要求：按工件图样完成加工操作。

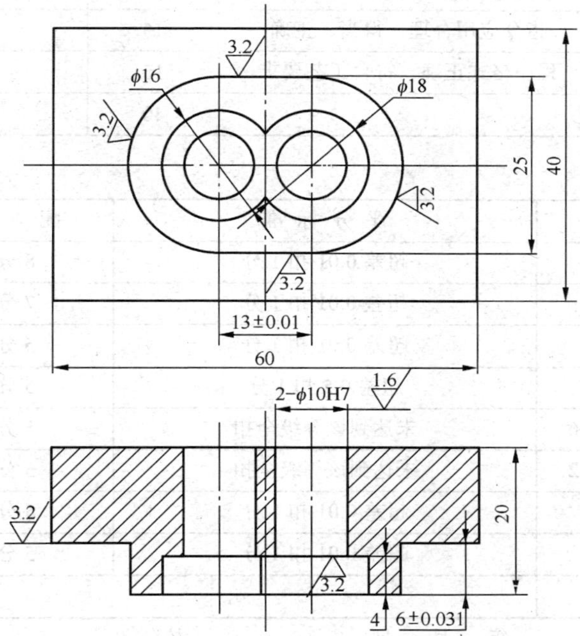

已知材料：45号钢　　　　毛坯规格：60×40（mm）

二、评分标准

（1）铣工（数控铣削）中级机床操作技能考核总成绩表

序　号	项 目 名 称	配　分	得　分	备　注
1	现场操作规范	10		
2	工序制定及编程	40		
3	工件质量	50		
合　计		100		

（2）现场操作规范评分表

序　号	项　目	考 核 内 容	配　分	考 场 表 现	得　分
1	现场操作规范	工具的正确使用	2		

续表

序　号	项　目	考 核 内 容	配　分	考 场 表 现	得　　分
2	现场操作规范	量具的正确使用	2		
3		刀具的合理使用	2		
4		设备正确操作和维护保养	4		
合计			10		

（3）工序制定及编程评分表

序　号	项　目	考核内容	配　分	实 际 情 况	得　　分
1	工序制定	工序制定合理,选择刀具正确	10		
2	指令应用	指令应用合理、得当、正确	15		
3	程序格式	程序格式正确，符合工艺要求	15		
合计			40		

（4）工件质量

序　号	项　目	评 分 标 准	配　　分	得　　分	
1	2−ϕ10H7	超差 0.01 扣 1 分	8 分		
2	6±0.031	超差 0.01 扣 1 分	7 分		
3	13±0.01	超差 0.01 扣 1 分	5 分		
4	槽深 4	超差 0.5 扣 1 分	5 分		
5	粗糙度 R_a1.6	未达到该等级全扣	5 分		
6	粗糙度 R_a3.2	未达到该等级全扣	5 分		
7	ϕ16	超差 0.01 扣 1 分	5 分		
8	ϕ18	超差 0.01 扣 1 分	5 分		
考评员签字				总分	

评分人：　　　　　　　　年　月　日　　　　　　核分人：　　　　　　　　年　月　日

数控铣床/加工中心操作工（中级）理论知识考核部分（Ⅱ）

一、判断题（第 1～30 题，满分 30.0 分）

1. 铣削中产生震动，其可能原因为虎钳或工件未固定好。

（　）对，（　）错。

2. 在卧式铣床上加工表面有硬皮的毛坯零件时，应采用逆铣切削。

（　）对，（　）错。

3. 铣削铸铁宜采用 K 类碳化物刀具。

（　）对，（　）错。

4. 各种铣削刀具在装于主轴前，宜做好刀具预校工作。

（　）对，（　）错。

5. 选用面铣刀的切削条件时，必须考虑工件的材质及硬度。
（ ）对，（ ）错。
6. 欲得较佳的加工表面时，宜选用刃数多的铣刀。
（ ）对，（ ）错。
7. 平铣刀的刀刃螺旋角愈大，同时铣削的刀刃数则愈少。
（ ）对，（ ）错。
8. 铣削常用之进给率用 mm/rev 表示。
（ ）对，（ ）错。
9. 安装或拆卸铣刀时，宜用抹布承接以防刀具伤及手指。
（ ）对，（ ）错。
10. 铣削常用之进给率可以用 mm/min 表示。
（ ）对，（ ）错。
11. 铣削平面如有异常振动时，减少进给量可以改善。
（ ）对，（ ）错。
12. 使用螺旋铣刀可减少切削阻力，且较不易产生震动。
（ ）对，（ ）错。
13. 在可能情况下，铣削平面宜尽量采用较大直径铣刀。
（ ）对，（ ）错。
14. 铣削鸠尾槽须先在工件上以端铣刀铣出直槽，再用鸠尾铣刀铣削。
（ ）对，（ ）错。
15. 粗铣一般采用逆铣削为佳。
（ ）对，（ ）错。
16. 铣床上钻小孔宜先钻中心孔为佳。
（ ）对，（ ）错。
17. T 槽铣刀在铣削时，只有圆外围的刃口与工件接触。
（ ）对，（ ）错。
18. 端铣刀可采用较大铣削深度，较小进给方式进行铣削。
（ ）对，（ ）错。
19. 零件图未注出公差的尺寸，可以认为是没有公差要求的尺寸。
（ ）对，（ ）错。
20. 刃倾角是在主截面内测量的主切削刃与基面间的夹角。
（ ）对，（ ）错。
21. 铸铁工件宜采用逆铣削。
（ ）对，（ ）错。
22. 顺铣削时铣刀回转方向和工件移动方向相同。
（ ）对，（ ）错。
23. 零件图的内容包括视图、尺寸、技术要求和标题栏等。
（ ）对，（ ）错。
24. 铰削完成时，必须逆转退刀，以免伤及铰刀刀刃。

( )对，( )错。

25. 减小前角，可以减少切削变形和切削力。

( )对，( )错。

26. 切削液之主要目的为冷却与润滑。

( )对，( )错。

27. 精铣削时，在不考虑螺杆背隙情况下，顺铣削法较不易产生震动。

( )对，( )错。

28. 数控闭环系统比开环系统具有更高的稳定性。

( )对，( )错。

29. 逆铣削法较易得到良好的加工表面。

( )对，( )错。

30. 数控机床坐标系采用的是右手笛卡儿坐标系。

( )对，( )错。

二、单项选择题（第 31～100 题，满分 70.0 分）

31. 数控机床装夹工件时应考虑( )。

A. 尽量采用组合夹具　　B. 夹紧力靠近主要支承点

C. 夹紧力始终不变　　D. 尽量采用专用夹具

32. 数控机床能成为当前制造业最重要的加工设备是因为( )。

A. 自动化程度高　　B. 对工人技术水平要求低

C. 劳动强度低　　D. 适应性强、加工效率高和工序集中

33. 铣削平面零件的外表面轮廓时，常采用沿零件轮廓曲线的延长线切向切入和切出零件表面，以便于( )。

A. 提高效率　　B. 减少刀具磨损　C. 提高精度　　D. 保证零件轮廓光滑

34. 铣削外轮廓，为避免切入/切出产生刀痕，最好采用( )。

A. 法向切入/切出　　B. 切向切入/切出

C. 斜向切入/切出　　D. 直线切入/切出

35. 程序编制中首件试切的作用是( )。

A. 检验零件图设计的正确性

B. 检验零件工艺方案的正确性

C. 检验程序单的正确性，综合检验所加工的零件是否符合图纸要求

D. 仅检验程序单的正确性

36. GCr15SiMn 是( )。

A. 高速钢　　B. 中碳钢　　C. 轴承钢　　D. 不锈钢

37. 对于不同的数控系统，各个地址字及编程规则应( )。

A. 不能有任何相同之处　　B. 完全相同

C. 可相同也可不同　　D. 除准备功能外，其余相同

38. 精基准是用( )作为定位基准面。

A. 未加工面　　B. 复杂表面

C. 切削量小的表面　　D. 加工后的表面

39. 在数控加工中，刀具补偿功能除对刀具半径进行补偿外，在用同一把刀进行粗、精加工时，还可进行加工余量的补偿，设刀具半径为 r，精加工时半径方向的余量为 Δ，则最后一次粗、精加工走刀的半径补偿量为（　）。

A. $r+\Delta$　　B. r　　C. Δ　　D. $2r+\Delta$

40. 用硬质合金 YG3 和 YG30 制造的刀具适用于（　）。

A. 粗加工　　B. 半精加工　　C. 精加工　　D. 不能确定

41. 螺纹有 5 个基本要素，它们是（　）。

A. 牙型、公称直径、螺距、线数和旋向

B. 牙型、公称直径、螺距、旋向和旋合长度

C. 牙型、公称直径、螺距、导程和线数

D. 牙型、公称直径、螺距、线数和旋合长度

42. 切削刀主切削刃太宽，切削时容易产生（　）。

A. 弯曲　　B. 扭转　　C. 刀痕　　D. 振动

43. 切削铸铁等脆性材料时，一般（　）。

A. 不加切削液　　B. 选用相应切削液

C. 选用乳化液　　D. 水

44. 皮带轮转动中，皮带包角一般应（　）120°。

A. 大于　　B. 小于　　C. 等于　　D. 无要求

45. 通常所说的数控系统是指（　）。

A. 结构复杂　　B. 准停时间更短

C. 可靠性增加　　D. 完全定位

46. 选用液压油时，应（　）。

A. 尽量选择密度高的　　B. 尽量选择低饱和度

C. 尽量选择质量较重的　　D. 应根据液压系统的液压元件种类进行选择

47. 主轴噪声增加的原因分析主要包括（　）。

A. 机械手转位是否准确　　B. 主轴部件松动或脱开

C. 变压器有无问题　　D. 速度控制单元有无故障

48. 电动机转速超过设定值的原因分析不包括（　）。

A. 主轴电动机电枢部分故障　　B. 主轴控制板故障

C. 机床参数设定错误　　D. 伺服电动机故障

49. 传动比大而且准确的是（　）。

A. 带传动　　B. 链传动

C. 齿轮传动　　D. 蜗杆传动

50. 闭环伺服系统工程使用的执行元件是（　）。

A. 直流伺服电动机　　B. 交流伺服电动机

C. 步进电动机　　D. 电液脉冲电动机

51. 数控机床 CNC 系统是（　）。

A. 轮廓控制系统　　B. 动作顺序控制系统

C. 位置控制系统　　D. 速度控制系统

52. 数控系统所规定的最小设定单位是（　）。
A. 数控机床的运动精度　B. 机床的加工精度
C. 脉冲当量　D. 数控机床的传动精度

53. 数控系统软件中前台程序又称为（　），完成实时控制任务。
A. 系统程序　B. 中断服务程序　C. 应用程序　D. 背景程序

54. 滚珠丝杆预紧的目的是（　）。
A. 增加阻尼比，提高抗振性　B. 提高运动平稳性
C. 消除轴向间隙和提高传动刚度　D. 加大摩擦力，使系统自锁

55. 公差原则分为相关原则和（　）。
A. 包容原则　B. 最大实体原则　C. 独立原则　D. 实效原则

56. 机械零件的真实大小是以图样上的（　）为依据。
A. 比例　B. 公差范围　C. 技术要求　D. 尺寸数值

57. 要求执行机构运动速度平稳，应选用（　）。
A. 节流阀　B. 减压阀　C. 调速阀　D. 溢流阀

58. 数控系统中大多有子程序功能，并且子程序（　）嵌套。
A. 只能有一层　B. 可以有有限层　C. 可以有无限层　D. 不能

59. H7/h6 的孔轴配合，此配合为（　）。
A. 间隙配合　B. 过渡配合　C. 过盈配合　D. 间隙或过渡配合

60. 曲柄滑块机构是（　）机构的一种演化形式。
A. 曲轴蜗杆　B. 螺杆滑块　C. 曲柄摇杆　D. 曲柄螺母

61. 尺寸链按功能分为设计尺寸链和（　）。
A. 平面尺寸链　B. 装配尺寸链　C. 零件尺寸链　D. 工艺尺寸链

62. 在下列条件中，（　）是单件生产的工艺特征。
A. 广泛使用专用设备　B. 有详细的工艺文件
C. 广泛采用夹具进行安装定位　D. 使用通用刀具和万能量具

63. 数控系统常用的两种插补功能是（　）。
A. 直线插补和圆弧插补　B. 直线插补和抛物线插补
C. 圆弧插补和抛物线插补　D. 螺旋线插补和抛物线插补

64. 工件在机床上或在夹具中装夹时，用来确定加工表面相对于刀具切削位置的面叫做（　）。
A. 测量基准　B. 装配基准　C. 工艺基准　D. 定位基准

65. 准备功能 G91 表示的功能是（　）。
A. 预置功能　B. 固定循环　C. 绝对尺寸　D. 增量尺寸

66. 检测工具的精度必须比所测的几何精度(　　)个等级。
A. 高 1　B. 低 7　C. 低 3　D. 低 4

67. 在使用（　）灭火器时，要防止冻伤。
A. 二氧化碳　B. 化学　C. 机械泡沫　D. 干粉

68. 使用光标卡尺量测孔径时，同一位置之量测值应为数次读取值中的（　）。
A. 最小值　B. 最大值　C. 平均值　D. 任意值

69. 数控铣床对铣刀的基本要求是（　）。

A. 铣刀的刚性要好　　B. 铣刀的耐用性要高
C. 根据切削用量选择铣刀　　D. A、B 两项

70. 在立式铣床上利用回转工作台铣削工件的圆弧面时，当找正圆弧面中心与回转工作台中心重合时，应转动（　）。
A. 工作台　　B. 主轴
C. 回转工作台　　D. 纵向手轮

71. 数控铣床的刀具补偿功能，分为（　）和刀尖圆弧半径补偿
A. 刀具直径补偿　　B. 刀具长度补偿
C. 刀具软件补偿　　D. 刀具硬件补偿

72. 铣刀直径选得大些可（　）。
A. 提高效率　　B. 降低加工表面粗糙度
C. 容易发生振动　　D. 不影响

73. 数控铣床对铣刀的基本要求是（　）。
A. 铣刀的刚性要好　　B. 铣刀的耐用性要高
C. 根据切削用量选择铣刀　　D. A、B 两项

74. 用数控铣床加工较大平面时，应选择（　）。
A. 立铣刀　　B. 面铣刀
C. 圆锥形立铣刀　　D. 鼓形铣刀

75. 数控机床的 M 指令是指（　）。
A. 主轴功能　　B. 辅助功能　　C. 进给功能　　D. 刀具功能

76. 在闭环的数控系统中（　）。
A. 不需要位置反馈环节　　B. 可要也可不要位置反馈环节
C. 需要位置反馈环节　　D. 除要位置反馈外，还要速度反馈

77. 闭环进给伺服系统与半闭环进给伺服系统主要区别在于（　）。
A. 采用的伺服电机不同　　B. 采用的传感器不同
C. 伺服电动机安装位置不同　　D. 传感器安装位置不同

78. 编程员在数控编程过程中，定义在工件上的几何基准点称为（　）。
A. 机床原点　　B. 绝对原点　　C. 工件原点　　D. 装夹原点

79. 封闭环的最大极限尺寸等于各增环的最大极限尺寸（　）各减环的最小极限尺寸之和。
A. 之差乘以　　B. 之差除以　　C. 之和减去　　D. 除以

80. 加工盘套类零件平面时，应选择的数控机床是（　）。
A. 数控车床　　B. 数控铣床　　C. 数控钻床　　D. 数控镗床

81. 在数控机床上设置限位开关起的作用是（　）。
A. 线路开关　　B. 过载保护　　C. 欠压保护　　D. 位移控制

82. 将钢加热到适当温度，保持一定时间，然后缓慢冷却的热处理工艺叫（　）。
A. 退火　　B. 回火　　C. 正火　　D. 调质

83. 制造一个零件或一台产品必须的一切费用总和称为（　）。
A. 可变成本　　B. 不变成本　　C. 生产成本　　D. 工艺成本

84. 普通螺纹的配合精度取决于（　）。

A. 公差等级与基本偏差　　B. 基本偏差与旋合长度
C. 公差等级、基本偏差和旋合长度　　D. 公差等级与旋合长度

85. 精加工时应首先考虑（　）。
A. 零件的加工精度和表面质量　　B. 刀具的耐用度
C. 生产效率　　D. 机床的功率

86. 步进电机按原理可分为下列哪一类（　）。
A. 伺服式、功率式　　B. 轴向式、径向式
C. 反应式、励磁式　　D. 反应式、混合式

87. CAD/CAM 系统中，（　）是自动设计和图形处理的基础。
A. 任务处理　B. 交互软件　C. 几何建模　D. 数据库

88. 在全闭环数控系统中，用于位置反馈的元件是（　）
A. 光栅尺　B. 圆光栅　C. 旋转变压器　D. 圆感应同步器

89. 在切断、加工深孔或用高速钢刀具加工时，宜选择（　）的进给速度。
A. 较高　　B. 较低
C. 数控系统设定的最低　　D. 数控系统设定的最高

90. 跳动公差属于（　）。
A. 形状公差　B. 定向公差　C. 定位公差　D. 位置公差

91. 将原材料转变为产品的全过程称为（　）。
A. 生产服务　B. 生产　C. 生产工艺　D. 产品装配

92. 加工中心与其他数控机床的主要区别是（　）。
A. 有刀库和自动换刀装置　　B. 机床转速高
C. 机床刚性好　　D. 进刀速度高

93. 在数控机床上，下列划分工序的方法中错误的是（　）。
A. 按所用刀具划分工序　　B. 以加工部位划分工序
C. 按粗、精加工划分工序　　D. 按不同的加工时间划分工序

94. 数控机床进给系统中不能用链传动是因为（　）。
A. 平均传动比不准确　　B. 瞬时传动比是变化的
C. 噪声大　　D. 运动有冲击

95. 故障维修的一般原则（　）。
A. 先动后静　B. 先内部后外部　C. 先电气后机械　D. 先一般后特殊

96. 机械图样所采用的投影法为（　）。
A. 中心投影法　　B. 斜投影法
C. 正投影法　　D. 正投影法、中心投影法、斜投影法均可采用

97. 间隙补偿不能用来改善（　）间隙而产生的误差。
A. 进给滚珠丝杠副　　B. 进给导轨副
C. 刀架定位端齿盘　　D. 丝杠联轴器

98. 码盘在数控机床中的作用是（　）。
A. 测主轴速度　B. 限位　C. 测工作台位移　D. 测主轴电机转角

99. 加工零件时影响表面粗糙度的主要原因是（　）。

A. 刀具装夹误差　　B. 机床的几何精度
C. 进给不均匀　　D. 刀痕和震动

100. 常见的程序段格式为（　）。

A. 字—地址格式　　B. 分隔符程序段格式
C. 固定程序段格式　　D. 字母—数字格式

数控铣床/加工中心操作工（中级）机床实操考核部分（Ⅱ）

一、考核零件图样

（1）本题分值：100 分；

（2）考核时间：240 分钟；

（3）具体考核要求：按工件图样完成加工操作。

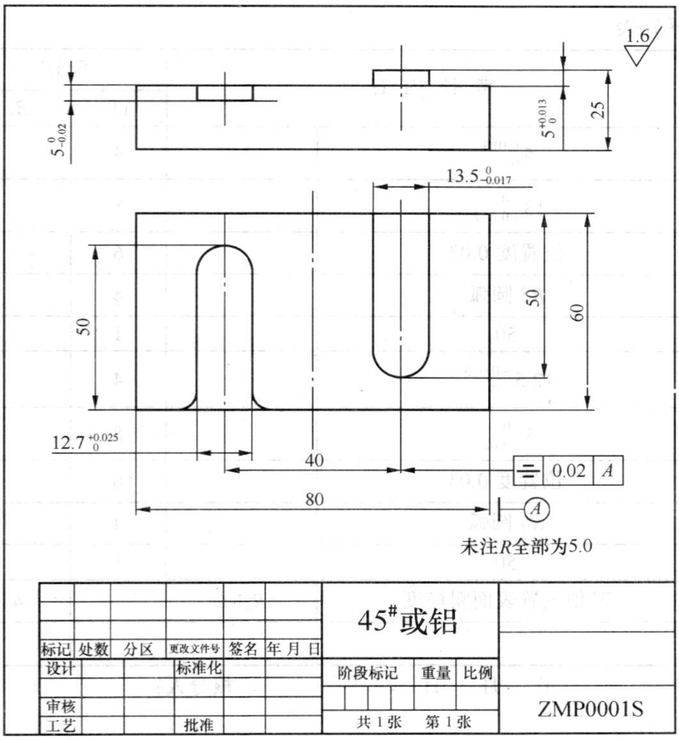

二、评分标准

（1）铣工（数控铣削）中级机床操作技能考核总成绩表

序　号	项 目 名 称	配　分	得　分	备　注
1	现场操作规范	10		
2	工序制定及编程	40		
3	工件质量	50		
合　计		100		

12. TiN 涂层处理层厚度为 11 μm。

(   ) 对，(   ) 错。

13. 工艺系统的刚度不影响切削力变形误差的大小。

(   ) 对，(   ) 错。

14. 基准不重合误差由前后设计基准不同而引起。

(   ) 对，(   ) 错。

15. 组合夹具由于是由各种元件组装而成，因此可以多次重复使用。

(   ) 对，(   ) 错。

16. 圆形基础板属于导向件。

(   ) 对，(   ) 错。

17. 基础角铁和叉形压板属于辅助件。

(   ) 对，(   ) 错。

18. 刀具磨损的最常见形式是雾化磨损。

(   ) 对，(   ) 错。

19. 剧烈磨损阶段是刀具磨损过程的开始阶段。

(   ) 对，(   ) 错。

20. 主轴噪声增加的原因分析主要包括主轴载荷是否过大。

(   ) 对，(   ) 错。

21. 产生加工硬化主要是由于刀尖圆弧半径太大造成的。

(   ) 对，(   ) 错。

22. 圆周铣削时的切削厚度是随时变化的，而端铣时切削厚度不变。

(   ) 对，(   ) 错。

23. 一般在精加工时，对加工表面质量要求高时，刀尖圆弧半径宜取较小值。

(   ) 对，(   ) 错。

24. 在立式铣床上铣削曲线轮廓时，立铣刀的直径应大于工件上最小凹圆弧的直径。

(   ) 对，(   ) 错。

25. 在轮廓铣削加工中，若采用刀具半径补偿指令编程，刀补的建立与取消应在轮廓上进行，这样的程序才能保证零件的加工精度。

(   ) 对，(   ) 错。

26. 光栅尺是一种能够间接检测直线位移或面位移的伺服系统反馈元件。

(   ) 对，(   ) 错。

27. 盲孔铰刀端部沉头孔的作用是容纳切屑。

(   ) 对，(   ) 错。

28. 对于同一 G 代码而言，不同的数控系统所代表的含义不完全一样，但对于同一功能指令（如公制/英制尺寸转换，直线/旋转进给转换等）则与数控系统无关。

(   ) 对，(   ) 错。

29. 尺寸公差，形状和位置公差是零件的几何要素。

(   ) 对，(   ) 错。

30. 磨削加工可以获得较高的精度和较细的表面粗糙度。

（ ）对，（ ）错。

二、单项选择题（第 31～160 题。每题 0.5 分，满分 80 分）

31. 在市场经济条件下，职业道德具有（ ）的社会功能。
A. 鼓励人们自由选择职业　　B. 遏制牟利最大化
C. 促进人们的行为规范化　　D. 最大限度地克服人们受利益驱动

32. 在企业的经营活动中，下列选项中的（ ）不是职业道德功能的表现。
A. 激励作用　　B. 决策能力
C. 规范行为　　D. 遵纪守法

33. 为了促进企业的规范化发展，需要发挥企业文化的（ ）功能。
A. 娱乐　　B. 主导
C. 决策　　D. 自律

34. 职业道德对企业起到（ ）的作用。
A. 决定经济效益　　B. 促进决策科学化
C. 增强竞争力　　D. 树立员工守业意识

35. 在商业活动中，不符合待人热情要求的是（ ）。
A. 严肃待客，表情冷漠　　B. 主动服务，细致周到
C. 微笑大方，不厌其烦　　D. 亲切友好，宾至如归

36. 对待职业和岗位，（ ）并不是爱岗敬业所要求的。
A. 树立职业理想　　B. 干一行爱一行专一行
C. 遵守企业的规章制度　　D. 一职定终身，不改行

37. （ ）是企业诚实守信的内在要求。
A. 维护企业信誉　　B. 增加职工福利
C. 注重经济效益　　D. 开展员工培训

38. 下列关于勤劳节俭的论述中，正确的选项是（ ）。
A. 勤劳一定能使人致富　　B. 勤劳节俭有利于企业持续发展
C. 新时代需要巧干，不需要勤劳　　D. 新时代需要创造，不需要节俭

39. （ ）不属于压入硬度试验法。
A. 布氏硬度　　B. 洛氏硬度　　C. 莫氏硬度　　D. 维氏硬度

40. 奥氏体冷却到（ ）开始析出珠光体。
A. PSK 线　　B. ES 线　　C. GS 线　　D. ACD 线

41. 低合金工具钢多用于制造（ ）。
A. 板牙　　B. 车刀　　C. 铣刀　　D. 高速切削刀具

42. 灰铸铁中的碳主要是以（ ）形式存在。
A. 渗碳体　　B. 片状石墨
C. 渗碳体或球状石墨　　D. 渗碳体或团絮状石墨

43. 黑色金属测疲劳极限时，应力循环周次应为（ ）次。
A. 1015　　B. 1016　　C. 1013　　D. 107

44. 奥氏体是碳溶解在（ ）的间隙固溶体。

A. P—Fe　　B. P　　C. Si　　D. γ—Fe

45. 感应加热淬火时，若频率为 200～300 kHz，则淬硬层深度为（ ）。

A. 11.5～20 mm　　B. 0.5～2 mm　　C. 20～25 mm　　D. 9.5～10.5 mm

46. 加工中心按照功能特征分类，可分为复合、（ ）和钻削加工中心。

A. 刀库+主轴换刀　　B. 卧式

C. 镗铣　　D. 三轴

47. 不属于加工中心的特点的是（ ）。

A. 工序分散、不集中　　B. 加工精度高

C. 加工生产率高　　D. 经济效益高

48. 加工中心执行顺序控制动作和控制加工过程的中心是（ ）。

A. 数控系统　　B. 主轴部件

C. KLC　　D. 自动换刀装置

49. 加工中心的刀具由（ ）管理。

A. DOV　　B. 主轴　　C. 可编程控制器　　D. 机械手

50. 端面多齿盘齿数为 72，则分度最小单位为（ ）。

A. 72°　　B. 64°　　C. 55°　　D. 5°

51. 按主轴的种类分类，加工中心可分为单轴、双轴、（ ）加工中心。

A. 不可换主轴箱　　B. 三轴、五面

C. 复合、四轴　　D. 三轴、可换主轴箱

52. 转塔头加工中心的主轴数一般为（ ）个。

A. 3～5　　B. 24　　C. 28　　D. 6～12

53. 逐点比较法圆弧插补的判别式函数为（ ）。

A. F=XeYi+Ye　　B. F= Ye+XeYi　　C. F=Xi2+Yi2-R2　　D. F= XeYe+Yi

54. 某系统在电动机轴端拾取反馈信息，该系统属于（ ）。

A. 开环伺服系统　　B. 联动环或闭环伺服系统

C. 半闭环伺服系统　　D. 联动环或定环伺服系统

55. 直流小惯量伺服电动机在 1 s 内可承受的最大转距为额定转距的（ ）。

A. 开环伺服系统　　B. 10 倍　　C. 闭环伺服系统　　D. 定环伺服系统

56. 机床通电后应首先检查（ ）是否正常。

A. 各开关按钮和键　　B. 加工路线、气压

C. 工件质量　　D. 电压、工件精度

57. 为了使机床达到热平衡状态必须使机床运转（ ）。

A. 8 min 以内　　B. 15 min 以上

C. 3 min 以内　　D. 10 min

58. 工件加工完毕后，应将刀具从刀库中卸下，按（ ）清理编号入库。

A. 刀具序号　　B. 调整卡或程序　　C. 任意顺序　　D. 所夹刀具名称

59. 读零件图首先看（ ）。

A. 剖视图　　B. 主视图和尺寸　　C. 标题栏　　D. 主视图

60. 分析零件图的视图时，根据视图布局，首先找出（ ）。

A. 主视图　B. 左视图
C. 前视图和后视图　D. 右视图

61. 卧式加工中心编程零点在 *XZ* 平面内的投影与工作台回转中心之间 *X*、*Z* 向距离应为（ ）。

A. 19　B. 22　C. 3　D. 零

62. 在机械加工时，机床、夹具、刀具和工件构成了一个完整的系统称为（ ）。

A. 工艺系统　B. 设计系统　C. 加工系统　D. 编程系统

63. 毛坯的形状误差对下一工序的影响表现为（ ）复映。

A. 计算　B. 公差　C. 误差　D. 运算

64.（ ）是由于采用了近似的加工运动或者近似的刀具轮廓而产生的。

A. 原理误差　B. 加工误差　C. 工艺误差　D. 计算误差

65. 基准位移误差在当前工序中产生，一般受（ ）的影响。

A. 水平仪　B. 夹具和量具　C. 夹具　D. 开关

66.（ ）不属于零件毛坯工艺性分析内容。

A. 锻件质量　B. 材质和机械性能
C. 加工余量　D. 形状误差和机械性能

67. 氧化处理的 Fe_3O_4 氧化厚度为（ ）μm。

A. 1～3　B. 5　C. 6　D. 7

68. 氮化处理的处理层厚度为（ ）μm。

A. 4～9　B. 30～50　C. 6～8　D. 11

69. TiCN 处理层厚度为（ ）μm。

A. 14～19　B. 5～6　C. 6～18　D. 11

70. 夹紧力通过工件传至（ ）造成工件变形和定位基准位移。

A. 外圆　B. 支承元件　C. 内圆　D. 横面

71. 异形体刚性较差，一般都要装夹（ ）。

A. 2 次以上　B. 22 次　C. 1 次　D. 0 次

72. 箱体类零件一般是指（ ）孔系，内部有一定型腔，在长、宽、高方向有一定比例的零件。

A. 至少具有 7 个　B. 至多具有 1 个
C. 具有 1 个以上　D. 至少具有 4 个

73. 在对曲线拟合计算、插值时，把计算精度控制在工件公差的（ ），一般能保证工件精度。

A. 1/5 之内　B. 4/5 之内　C. 3/4　D. 3/2

74. 铸造内应力是灰铸铁在（ ）℃从塑性向弹性状态转变时，由于壁厚不均、冷却收缩不匀而造成的。

A. 100～220　B. 700～800　C. 620～400　D. 170

75. 跨距大箱体的同轴孔加工，尽量采取（ ）加工方法。

A. 调头　B. 一夹一顶　C. 两顶尖　D. 联动

76. 工艺系统内的（　）刚度是影响系统工作的决定性因素。

A. 接触　　B. 内部和外部　　C. 计算和分离　　D. 系统和条件

77. 工艺系统刚度定义为被加工表面法线上作用的削分力与该方向刀具、工件的相对（　）的比值。

A. 距离　　B. 角速度　　C. 质量和体积　　D. 位移

78. 减少毛坯误差的办法是（　）。

A. 减小毛坯的形状误差，减少毛坯的余量

B. 增大毛坯的形状误差

C. 粗化毛坯，增加毛坯的余量，增大毛坯的形状误差

D. 增加毛坯的余量

79. 为消除粗加工的内应力，精加工常在（　）进行。

A. 兑火处理后　　B. 冷火处理后

C. 淬火处理后　　D. 回火处理后

80. 数控机床中的精密多齿分度盘，其分度精度可达（　）。

A. ±0.1″　　B. ±0.65″　　C. ±0.74″　　D. ±0.85″

81. 拼装夹具具有（　）的优点。

A. 专用夹具　　B. 可调夹具　　C. 成组夹具　　D. 组合夹具

82.（　）夹具一般是针对一组工艺特征相似、工艺相似、尺寸相似和相近零件而设计。

A. 成组　　B. 一组

C. 单个　　D. 两个

83. 与成组夹具相比，可调夹具的（　）。

A. 适用性更窄　　B. 适用性更宽

C. 适用性更差，制造成本更高　　D. 制造成本更高

84.（　）不属于定位件。

A. T 形键和定位盘　　B. 圆形基础板

C. 定位销和 T 形键　　D. 平键和定位销

85.（　）属于夹紧件。

A. T 形键和定位销　　B. 叉形压板

C. 定位盘和定位销　　D. 平键和基础角铁

86.（　）属于紧固件。

A. 螺母　　B. 定位盘和圆形基础板

C. 定位销　　D. 平键

87. 通常依据（　）的磨损尺寸来制定刀具允许磨损的最大限度。

A. 前刀面　　B. 后刀面

C. 主切削刃　　D. 副切削刃

88. 影响刀具扩散磨损、扩散速度的最主要原因是切削（　）。

A. 材料　　B. 速度　　C. 温度　　D. 角度

89. Ti 元素的扩散速度（　）。

A. 远远低于钨　　B. 高于碳　　C. 与碳一样　　D. 与钴一样

90. 刀具进入正常磨损阶段后磨损速度（　）。

A. 骤增　　B. 下降

C. 无法确定　　D. 趋于不稳定

91. 在程序中使用变量，通过对变量进行赋值及处理使程序具有特殊功能，这种程序叫(　)。

A. 宏程序　　B. 主程序　　C. 子程序　　D. 小程序

92. 宏程序的模态调用用（　）取消。

A. G65　　B. G66　　C. G67　　D. G00

93. 在加工界面内计算刀具中心轨迹时，其刀具半径是 r 值，r 与球头刀半径 R 的关系为（　）。

A. $r=R\sin\phi$　　B. $r=R4\sin\phi$

C. $r=R\tan\phi$　　D. $r=4R2\cos\phi$

94. 宏程序的（　）起到控制程序流向作用。

A. 控制指令　　B. 程序字

C. 运算指令　　D. 赋值

95. 加工曲面时，3 坐标同时联动的加工方法称（　）加工。

A. 3 维　　B. 2.5 维　　C. 7.5 维　　D. 0.5 维

96. 加工精度的高低是用（　）的大小来表示的。

A. 摩擦误差　　B. 加工误差

C. 整理误差　　D. 密度误差

97. 加工精度是指零件加工后实际几何参数与（　）的几何参数的符合程度。

A. 成品件或导轨槽　　B. 理想零件

C. 待加工零件　　D. 刀具和样品

98. （　）是用来分析加工误差的方法之一。

A. 矫正法　　B. 统计分析法

C. 水平法　　D. 单一测量法

99. 原理误差是由于采用了近似的加工运动或近似的（　）而产生的。

A. 零件轮廓　　B. 刀具轮廓

C. 机床　　D. 电压

100. 零件表面形状是由（　）与工件之间的相对运动而获得的。

A. 滚轴　　B. 刀具　　C. 附轴　　D. 夹盘

数控铣床/加工中心操作工（高级）机床操作考核部分

一、考核零件图样

（1）本题分值：100 分

（2）考核时间：240 分钟

（3）具体考核要求：按工件图样完成加工操作

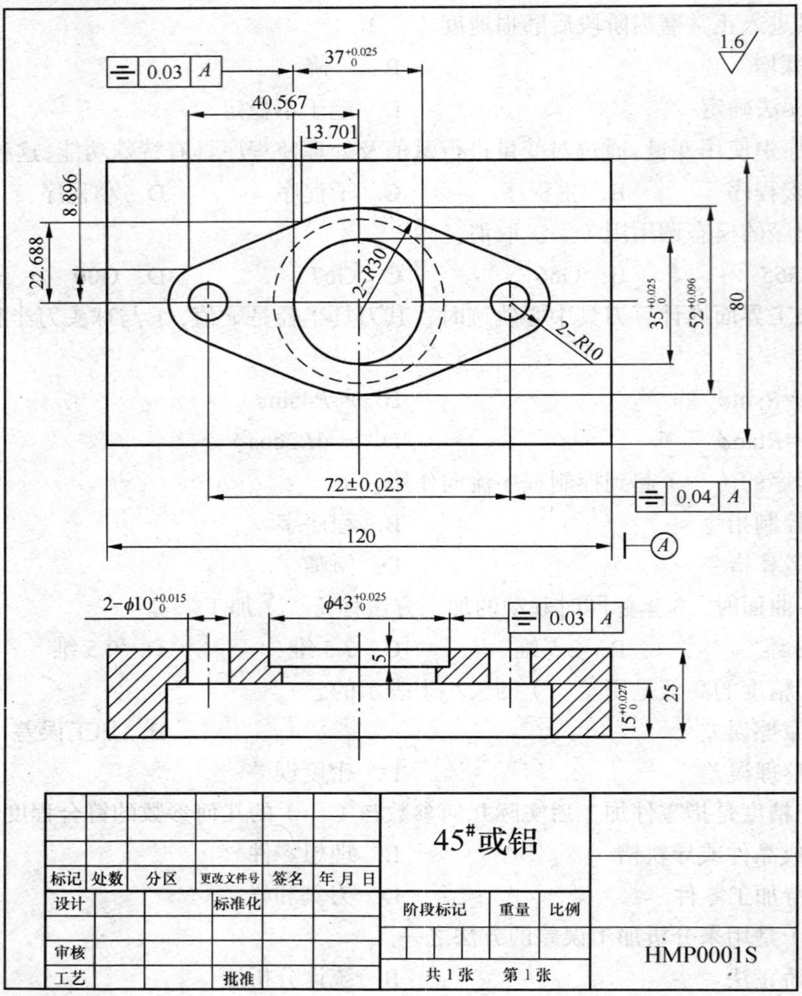

二、评分标准

（1）铣工（数控铣削）高级机床操作技能考核总成绩表

序　　号	项 目 名 称	配　　分	得　　分	备　　注
1	现场操作规范	10		
2	工序制定及编程	40		
3	工件质量	50		
合　　计		100		

（2）现场操作规范评分表

序号	项目	考 核 内 容	配分	考 场 表 现	得　　分
1	现场操作规范	工具的正确使用	2		
2		量具的正确使用	2		
3		刀具的合理使用	2		
4		设备正确操作和维护保养	4		
合计			10		

（3）工序制定及编程评分表

序号	项　　目	考 核 内 容	配分	实 际 情 况	得　　分
1	工序制定	工序制定合理,选择刀具正确	10		
2	指令应用	指令应用合理、得当、正确	15		
3	程序格式	程序格式正确，符合工艺要求	15		
合计			40		

（4）工件质量评分表

序号	项　　目	考 核 内 容		配分		检测结果	得分
				IT	R_a		
1	圆孔	$\phi 37^{+0.025}_{0}$		4			
2		$\phi 43^{+0.025}_{0}$		6			
3		5.0		2			
4		ϕ43 孔位置度 0.03		4			
5	椭圆	$52^{+0.096}_{0}$		4			
6		$92^{\pm 0.023}$		6			
8		$15^{+0.027}_{0}$	R_a1.6	4	2		
9	2ϕ10 孔	$\phi 10^{+0.015}_{0}$		4			
10		位置度 0.03		4			
11		表面粗糙度		4			
合计							

评分人：　　　　　　　　　　年　月　日　　　　　核分人：　　　　　　　　　　年　月　日

附录3 数控铣工国家职业标准

中级工要求

职业功能	工作内容	技能要求	相关知识
一、加工准备	（一）读图与绘图	1. 能够读懂中等复杂程度（如凸轮、壳体、板状、支架）的零件图 2. 能够绘制有沟槽、台阶、斜面、曲面的简单零件图 3. 能够读懂分度头尾架、弹簧夹头套筒、可转位铣刀结构等简单机构装配图	1. 复杂零件的表达方法 2. 简单零件图的画法 3. 零件三视图、局部视图和剖视图的画法
	（二）制定加工工艺	1. 能够读懂复杂零件的铣削加工工艺文件 2. 能编制由直线、圆弧等构成的二维轮廓零件的铣削加工工艺文件	1. 数控加工工艺知识 2. 数控加工工艺文件的制定方法
	（三）零件定位与装夹	1. 能够使用铣削加工常用夹具（如压板、虎钳、平口钳等）装夹零件 2. 能够选择定位基准，并找正零件	1. 常用夹具的使用方法 2. 定位与夹紧的原理和方法 3. 零件找正的方法
	（四）刀具准备	1. 能够根据数控加工工艺文件选择、安装和调整数控铣床常用刀具 2. 能够根据数控铣床特性、零件材料、加工精度、工作效率等选择刀具和刀具几何参数，并确定数控加工需要的切削参数和切削用量 3. 能够利用数控铣床的功能，借助通用量具或对刀仪测量刀具的半径及长度 4. 能够选择、安装和使用刀柄 5. 能够刃磨常用刀具	1. 金属切削与刀具磨损知识 2. 数控铣床常用刀具的种类、结构、材料和特点 3. 数控铣床、零件材料、加工精度和工作效率对刀具的要求 4. 刀具长度补偿、半径补偿等刀具参数的设置知识 5. 刀柄的分类和使用方法 6. 刀具刃磨的方法

续表

职业功能	工作内容	技能要求	相关知识
二、数控编程	(一)手工编程	1. 能编制由直线、圆弧组成的二维轮廓数控加工程序 2. 能够运用固定循环、子程序进行零件的加工程序编制	1. 数控编程知识 2. 直线插补和圆弧插补的原理 3. 节点的计算方法
	(二)计算机辅助编程	1. 能够使用CAD/CAM软件绘制简单零件图 2. 能够利用CAD/CAM软件完成简单平面轮廓的铣削程序	1. CAD/CAM软件的使用方法 2. 平面轮廓的绘图与加工代码生成方法
三、数控铣床操作	(一)操作面板	1. 能够按照操作规程启动及停止机床 2. 能使用操作面板上的常用功能键(如回零、手动、MDI、修调等)	1. 数控铣床操作说明书 2. 数控铣床操作面板的使用方法
	(二)程序输入与编辑	1. 能够通过各种途径(如DNC、网络)输入加工程序 2. 能够通过操作面板输入和编辑加工程序	1. 数控加工程序的输入方法 2. 数控加工程序的编辑方法
	(三)对刀	1. 能进行对刀并确定相关坐标系 2. 能设置刀具参数	1. 对刀的方法 2. 坐标系的知识 3. 建立刀具参数表或文件的方法
	(四)程序调试与运行	能够进行程序检验、单步执行、空运行,并完成零件试切	程序调试的方法
	(五)参数设置	能够通过操作面板输入有关参数	数控系统中相关参数的输入方法
四、零件加工	(一)平面加工	能够运用数控加工程序进行平面、垂直面、斜面、阶梯面等的铣削加工,并达到如下要求 (1)尺寸公差等级达IT7级 (2)形位公差等级达IT8级 (3)表面粗糙度达R_a3.2 μm	1. 平面铣削的基本知识 2. 刀具端刃的切削特点
	(二)轮廓加工	能够运用数控加工程序进行由直线、圆弧组成的平面轮廓铣削加工,并达到如下要求 (1)尺寸公差等级达IT8 (2)形位公差等级达IT8级 (3)表面粗糙度达R_a3.2 μm	1. 平面轮廓铣削的基本知识 2. 刀具侧刃的切削特点
	(三)曲面加工	能够运用数控加工程序进行圆锥面、圆柱面等简单曲面的铣削加工,并达到如下要求 (1)尺寸公差等级达IT8 (2)形位公差等级达IT8级 (3)表面粗糙度达R_a3.2 μm	1. 曲面铣削的基本知识 2. 球头刀具的切削特点

续表

职业功能	工作内容	技 能 要 求	相 关 知 识
四、零件加工	（四）孔类加工	能够运用数控加工程序进行孔加工，并达到如下要求 （1）尺寸公差等级达 IT7 （2）形位公差等级达 IT8 级 （3）表面粗糙度达 R_a3.2 μm	麻花钻、扩孔钻、丝锥、镗刀及铰刀的加工方法
	（五）槽类加工	能够运用数控加工程序进行槽、键槽的加工，并达到如下要求 （1）尺寸公差等级达 IT8 （2）形位公差等级达 IT8 级 （3）表面粗糙度达 R_a3.2 μm	槽、键槽的加工方法
	（六）精度检验	能够使用常用量具进行零件的精度检验	1. 常用量具的使用方法 2. 零件精度检验及测量方法
五、维护与故障诊断	（一）机床日常维护	能够根据说明书完成数控铣床的定期及不定期维护保养，包括：机械、电、气、液压、数控系统检查和日常保养等	1. 数控铣床说明书 2. 数控铣床日常保养方法 3. 数控铣床操作规程 4. 数控系统（进口、国产数控系统）说明书
	（二）机床故障诊断	1. 能够读懂数控系统的报警信息 2. 能够发现数控铣床的一般故障	1. 数控系统的报警信息 2. 机床的故障诊断方法
	（三）机床精度检查	能够进行机床水平的检查	1. 水平仪的使用方法 2. 机床垫铁的调整方法

高级工要求

职业功能	工作内容	技 能 要 求	相 关 知 识
一、加工准备	（一）读图与绘图	1. 能够读懂装配图并拆画零件图 2. 能够测绘零件 3. 能够读懂数控铣床主轴系统、进给系统的机构装配图	1. 根据装配图拆画零件图的方法 2. 零件的测绘方法 3. 数控铣床主轴与进给系统基本构造知识
	（二）制定加工工艺	能够编制二维、简单三维曲面零件的铣削加工工艺文件	复杂零件数控加工工艺的制定
	（三）零件定位与装夹	1. 能够选择和使用组合夹具和专用夹具 2. 能够选择和使用专用夹具装夹异型零件 3. 能够分析并计算夹具的定位误差 4. 能够设计与自制装夹辅具（如轴套、定位件等）	1. 数控铣床组合夹具和专用夹具的使用、调整方法 2. 专用夹具的使用方法 3. 夹具定位误差的分析与计算方法 4. 装夹辅具的设计与制造方法

续表

职业功能	工作内容	技能要求	相关知识
一、加工准备	（四）刀具准备	1. 能够选用专用工具（刀具和其他） 2. 能够根据难加工材料的特点，选择刀具的材料、结构和几何参数	1. 专用刀具的种类、用途、特点和刃磨方法 2. 切削难加工材料时的刀具材料和几何参数的确定方法
二、数控编程	（一）手工编程	1. 能够编制较复杂的二维轮廓铣削程序 2. 能够根据加工要求编制二次曲面的铣削程序 3. 能够运用固定循环、子程序进行零件的加工程序编制 4. 能够进行变量编程	1. 较复杂二维节点的计算方法 2. 二次曲面几何体外轮廓节点计算 3. 固定循环和子程序的编程方法 4. 变量编程的规则和方法
	（二）计算机辅助编程	1. 能够利用CAD/CAM软件进行中等复杂程度的实体造型（含曲面造型） 2. 能够生成平面轮廓、平面区域、三维曲面、曲面轮廓、曲面区域、曲线的刀具轨迹 3. 能够进行刀具参数的设定 4. 能够进行加工参数的设置 5. 能够确定刀具的切入切出位置与轨迹 6. 能够编辑刀具轨迹 7. 能够根据不同的数控系统生成G代码	1. 实体造型的方法 2. 曲面造型的方法 3. 刀具参数的设置方法 4. 刀具轨迹生成的方法 5. 各种材料切削用量的数据 6. 有关刀具切入切出的方法对加工质量影响的知识 7. 轨迹编辑的方法 8. 后置处理程序的设置和使用方法
	（三）数控加工仿真	能够利用数控加工仿真软件实施加工过程仿真、加工代码检查与干涉检查	数控加工仿真软件的使用方法
三、数控铣床操作	（一）程序调试与运行	能够在机床中断加工后正确恢复加工	程序的中断与恢复加工的方法
	（二）参数设置	能够依据零件特点设置相关参数进行加工	数控系统参数设置方法
四、零件加工	（一）平面铣削	能够编制数控加工程序铣削平面、垂直面、斜面、阶梯面等，并达到如下要求 （1）尺寸公差等级达IT7 （2）形位公差等级达IT8级 （3）表面粗糙度达R_a3.2 μm	1. 平面铣削精度控制方法 2. 刀具端刃几何形状的选择方法
	（二）轮廓加工	能够编制数控加工程序铣削较复杂的（如凸轮等）平面轮廓，并达到如下要求 （1）尺寸公差等级达IT8 （2）形位公差等级达IT8级 （3）表面粗糙度达R_a3.2 μm	1. 平面轮廓铣削的精度控制方法 2. 刀具侧刃几何形状的选择方法
	（三）曲面加工	能够编制数控加工程序铣削二次曲面，并达到如下要求 （1）尺寸公差等级达IT8 （2）形位公差等级达IT8级 （3）表面粗糙度达R_a3.2 μm	1. 二次曲面的计算方法 2. 刀具影响曲面加工精度的因素以及控制方法

续表

职业功能	工作内容	技能要求	相关知识
四、零件加工	（四）孔系加工	能够编制数控加工程序对孔系进行切削加工，并达到如下要求 （1）尺寸公差等级达IT7 （2）形位公差等级达IT8级 （3）表面粗糙度达R_a3.2 μm	麻花钻、扩孔钻、丝锥、镗刀及铰刀的加工方法
	（五）深槽加工	能够编制数控加工程序进行深槽、三维槽的加工，并达到如下要求 （1）尺寸公差等级达IT8 （2）形位公差等级达IT8级 （3）表面粗糙度达R_a3.2 μm	深槽、三维槽的加工方法
	（六）配合件加工	能够编制数控加工程序进行配合件加工，尺寸配合公差等级达IT8	1. 配合件的加工方法 2. 尺寸链换算的方法
	（七）精度检验	1. 能够利用数控系统的功能使用百（千）分表测量零件的精度 2. 能够对复杂、异形零件进行精度检验 3. 能够根据测量结果分析产生误差的原因 4. 能够通过修正刀具补偿值和修正程序来减少加工误差	1. 复杂、异形零件的精度检验方法 2. 产生加工误差的主要原因及其消除方法
五、维护与故障诊断	（一）日常维护	能够完成数控铣床的定期维护	数控铣床定期维护手册
	（二）故障诊断	能够排除数控铣床的常见机械故障	机床的常见机械故障诊断方法
	（三）机床精度检验	能够协助检验机床的各种出厂精度	机床精度的基本知识

附录4 加工中心操作工国家职业标准

中级工要求

职业功能	工作内容	技 能 要 求	相 关 知 识
一、加工准备	（一）读图与绘图	1. 能够读懂中等复杂程度（如凸轮、箱体、多面体）的零件图 2. 能够绘制有沟槽、台阶、斜面的简单零件图 3. 能够读懂分度头尾架、弹簧夹头套筒、可转位铣刀结构等简单机构装配图	1. 复杂零件的表达方法 2. 简单零件图的画法 3. 零件三视图、局部视图和剖视图的画法
	（二）制定加工工艺	1. 能够读懂复杂零件的数控加工工艺文件 2. 能够编制直线、圆弧面、孔系等简单零件的数控加工工艺文件	1. 数控加工工艺文件的制定方法 2. 数控加工工艺知识
	（三）零件定位与装夹	1. 能够使用加工中心常用夹具（如压板、虎钳、平口钳等）装夹零件 2. 能够选择定位基准，并找正零件	1. 加工中心常用夹具的使用方法 2. 定位、装夹的原理和方法 3. 零件找正的方法
	（四）刀具准备	1. 能够根据数控加工工艺卡选择、安装和调整加工中心常用刀具 2. 能够根据加工中心特性、零件材料、加工精度和工作效率等选择刀具和刀具几何参数，并确定数控加工需要的切削参数和切削用量 3. 能够使用刀具预调仪或者在机内测量工具的半径及长度 4. 能够选择、安装、使用刀柄 5. 能够刃磨常用刀具	1. 金属切削与刀具磨损知识 2. 加工中心常用刀具的种类、结构和特点 3. 加工中心、零件材料、加工精度和工作效率对刀具的要求 4. 刀具预调仪的使用方法 5. 刀具长度补偿、半径补偿与刀具参数的设置知识 6. 刀柄的分类和使用方法 7. 刀具刃磨的方法

续表

职业功能	工作内容	技能要求	相关知识
二、数控编程	（一）手工编程	1. 能够编制钻、扩、铰、镗等孔类加工程序 2. 能够编制平面铣削程序 3. 能够编制含直线插补、圆弧插补二维轮廓的加工程序	1. 数控编程知识 2. 直线插补和圆弧插补的原理 3. 坐标点的计算方法 4. 刀具补偿的作用和计算方法
	（二）计算机辅助编程	能够利用CAD/CAM软件完成简单平面轮廓的铣削程序	1. CAD/CAM软件的使用方法 2. 平面轮廓的绘图与加工代码生成方法
三、加工中心操作	（一）操作面板	1. 能够按照操作规程启动及停止机床 2. 能使用操作面板上的常用功能键（如回零、手动、MDI、修调等）	1. 加工中心操作说明书 2. 加工中心操作面板的使用方法
	（二）程序输入与编辑	1. 能够通过各种途径（如DNC、网络）输入加工程序 2. 能够通过操作面板输入和编辑加工程序	1. 数控加工程序的输入方法 2. 数控加工程序的编辑方法
	（三）对刀	1. 能进行对刀并确定相关坐标系 2. 能设置刀具参数	1. 对刀的方法 2. 坐标系的知识 3. 建立刀具参数表或文件的方法
	（四）程序调试与运行	1. 能够进行程序检验、单步执行、空运行，并完成零件试切 2. 能够使用交换工作台	1. 程序调试的方法 2. 工作台交换的方法
	（五）刀具管理	1. 能够使用自动换刀装置 2. 能够在刀库中设置和选择刀具 3. 能够通过操作面板输入有关参数	1. 刀库的知识 2. 刀库的使用方法 3. 刀具信息的设置方法与刀具选择 4. 数控系统中加工参数的输入方法
四、零件加工	（一）平面加工	能够运用数控加工程序进行平面、垂直面、斜面、阶梯面等铣削加工，并达到如下要求 （1）尺寸公差等级达IT7级 （2）形位公差等级达IT8级 （3）表面粗糙度达R_a3.2 μm	1. 平面铣削的基本知识 2. 刀具端刃的切削特点
	（二）型腔加工	1. 能够运用数控加工程序进行直线、圆弧组成的平面轮廓零件铣削加工，并达到如下要求 （1）尺寸公差等级达IT8级 （2）形位公差等级达IT8级 （3）表面粗糙度达R_a3.2 μm 2. 能够运用数控加工程序进行复杂零件的型腔加工，并达到如下要求 （1）尺寸公差等级达IT8级 （2）形位公差等级达IT8级 （3）表面粗糙度达R_a3.2 μm	1. 平面轮廓铣削的基本知识 2. 刀具侧刃的切削特点

续表

职业功能	工作内容	技能要求	相关知识
四、零件加工	（三）曲面加工	能够运用数控加工程序铣削圆锥面、圆柱面等简单曲面，并达到如下要求 （1）尺寸公差等级达 IT8 级 （2）形位公差等级达 IT8 级 （3）表面粗糙度达 R_a3.2 μm	1. 曲面铣削的基本知识 2. 球头刀具的切削特点
	（四）孔系加工	能够运用数控加工程序进行孔系加工，并达到如下要求 （1）尺寸公差等级达 IT7 级 （2）形位公差等级达 IT8 级 （3）表面粗糙度达 R_a3.2 μm	麻花钻、扩孔钻、丝锥、镗刀及铰刀的加工方法
	（五）槽类加工	能够运用数控加工程序进行槽、键槽的加工，并达到如下要求 （1）尺寸公差等级达 IT8 级 （2）形位公差等级达 IT8 级 （3）表面粗糙度达 R_a3.2 μm	槽、键槽的加工方法
	（六）精度检验	能够使用常用量具进行零件的精度检验	1. 常用量具的使用方法 2. 零件精度检验及测量方法
五、维护与故障诊断	（一）加工中心日常维护	能够根据说明书完成加工中心的定期及不定期维护保养，包括：机械、电、气、液压、数控系统检查和日常保养等	1. 加工中心说明书 2. 加工中心日常保养方法 3. 加工中心操作规程 4. 数控系统（进口、国产数控系统）说明书
	（二）加工中心故障诊断	1. 能够读懂数控系统的报警信息 2. 能够发现加工中心的一般故障	1. 数控系统的报警信息 2. 机床的故障诊断方法
	（三）机床精度检查	能够进行机床水平的检查	1. 水平仪的使用方法 2. 机床垫铁的调整方法

高级工要求

职业功能	工作内容	技能要求	相关知识
一、加工准备	（一）读图与绘图	1. 能够读懂装配图并拆画零件图 2. 能够测绘零件 3. 能够读懂加工中心主轴系统、进给系统的机构装配图	1. 根据装配图拆画零件图的方法 2. 零件的测绘方法 3. 加工中心主轴与进给系统基本构造知识
	（二）制定加工工艺	能够编制箱体类零件的加工中心加工工艺文件	箱体类零件数控加工工艺文件的制定

续表

职业功能	工作内容	技能要求	相关知识
一、加工准备	（三）零件定位与装夹	1．能根据零件的装夹要求正确选择和使用组合夹具和专用夹具 2．能选择和使用专用夹具装夹异型零件 3．能分析并计算加工中心夹具的定位误差 4．能够设计与自制装夹辅具（如轴套、定位件等）	1．加工中心组合夹具和专用夹具的使用、调整方法 2．专用夹具的使用方法 3．夹具定位误差的分析与计算方法 4．装夹辅具的设计与制造方法
	（四）刀具准备	1．能够选用专用工具 2．能够根据难加工材料的特点，选择刀具的材料、结构和几何参数	1．专用刀具的种类、用途、特点和刃磨方法 2．切削难加工材料时的刀具材料和几何参数的确定方法
二、数控编程	（一）手工编程	1．能够编制较复杂的二维轮廓铣削程序 2．能够运用固定循环、子程序进行零件的加工程序编制 3．能够运用变量编程	1．较复杂二维节点的计算方法 2．球、锥、台等几何体外轮廓节点计算 3．固定循环和子程序的编程方法 4．变量编程的规则和方法
	（二）计算机辅助编程	1．能够利用CAD/CAM软件进行中等复杂程度的实体造型（含曲面造型） 2．能够生成平面轮廓、平面区域、三维曲面、曲面轮廓、曲面区域、曲线的刀具轨迹 3．能进行刀具参数的设定 4．能进行加工参数的设置 5．能确定刀具的切入切出位置与轨迹 6．能够编辑刀具轨迹 7. 能够根据不同的数控系统生成G代码	1．实体造型的方法 2．曲面造型的方法 3．刀具参数的设置方法 4．刀具轨迹生成的方法 5．各种材料切削用量的数据 6．有关刀具切入切出的方法对加工质量影响的知识 7．轨迹编辑的方法 8．后置处理程序的设置和使用方法
	（三）数控加工仿真	能利用数控加工仿真软件实施加工过程仿真、加工代码检查与干涉检查	数控加工仿真软件的使用方法
三、加工中心操作	（一）程序调试与运行	能够在机床中断加工后正确恢复加工	加工中心的中断与恢复加工的方法
	（二）在线加工	能够使用在线加工功能，运行大型加工程序	加工中心的在线加工方法
四、零件加工	（一）平面加工	能够编制数控加工程序进行平面、垂直面、斜面、阶梯面等铣削加工，并达到如下要求 （1）尺寸公差等级达IT7级 （2）形位公差等级达IT8级 （3）表面粗糙度达R_a3.2 μm	平面铣削的加工方法
	（二）型腔加工	能够编制数控加工程序进行模具型腔加工，并达到如下要求 （1）尺寸公差等级达IT8级 （2）形位公差等级达IT8级 （3）表面粗糙度达R_a3.2 μm	模具型腔的加工方法

续表

职业功能	工作内容	技 能 要 求	相 关 知 识
四、零件加工	（三）曲面加工	能够使用加工中心进行多轴铣削加工叶轮、叶片，并达到如下要求 （1）尺寸公差等级达IT8级 （2）形位公差等级达IT8级 （3）表面粗糙度达R_a3.2 μm	叶轮、叶片的加工方法
	（四）孔类加工	1. 能够编制数控加工程序相贯孔加工，并达到如下要求 （1）尺寸公差等级达IT8级 （2）形位公差等级达IT8级 （3）表面粗糙度达R_a3.2 μm 2. 能进行调头镗孔，并达到如下要求 （1）尺寸公差等级达IT7级 （2）形位公差等级达IT8级 （3）表面粗糙度达R_a3.2 μm 3. 能够编制数控加工程序进行刚性攻丝，并达到如下要求 （1）尺寸公差等级达IT8级 （2）形位公差等级达IT8级 （3）表面粗糙度达R_a3.2 μm	相贯孔加工、调头镗孔、刚性攻丝的方法
	（五）沟槽加工	1. 能够编制数控加工程序进行深槽、特形沟槽的加工，并达到如下要求 （1）尺寸公差等级达IT8级 （2）形位公差等级达IT8级 （3）表面粗糙度达R_a3.2 μm 2. 能够编制数控加工程序进行螺旋槽、柱面凸轮的铣削加工，并达到如下要求 （1）尺寸公差等级达IT8级 （2）形位公差等级达IT8级 （3）表面粗糙度达R_a3.2 μm	深槽、特形沟槽、螺旋槽、柱面凸轮的加工方法
	（六）配合件加工	能够够编制数控加工程序进行配合件加工，尺寸配合公差等级达IT8	1. 配合件的加工方法 2. 尺寸链换算的方法
	（七）精度检验	1. 能够对复杂、异形零件进行精度检验 2. 能够根据测量结果分析产生误差的原因 3. 能够通过修正刀具补偿值和修正程序来减少加工误差	1. 复杂、异形零件的精度检验方法 2. 产生加工误差的主要原因及其消除方法
五、维护与故障诊断	（一）日常维护	能够完成加工中心的定期维护保养	加工中心的定期维护手册
	（二）故障诊断	能够发现加工中心的一般机械故障	加工中心机械故障和排除方法 加工中心液压原理和常用液压元件
	（三）机床精度检验	能够进行机床几何精度和切削精度检验	机床几何精度和切削精度检验内容及方法

参考文献

[1] 霍苏萍. 数控加工编程与操作. 北京：人民邮电出版社，2007

[2] 顾京. 数控加工编程及操作. 北京：高等教育出版社，2003

[3] 张超英. 数控机床加工工艺、编程及操作实训. 北京：高等教育出版社，2003

[4] 罗学科. 数控铣削加工. 北京：化学工业出版社，2008

[5] 朱明松. 数控铣床编程与操作项目教程. 北京：机械工业出版社，2007

[6] 赵刚. 数控铣削编程与加工. 北京：化学工业出版社，2007

[7] 胡如祥. 数控加工编程与操作. 大连：大连理工大学出版社，2006

[8] 荣瑞芳. 数控加工工艺与编程. 西安：西安电子科技大学出版社，2006

[9] 李体仁. 数控加工中心编程实例教程. 北京：机械工业出版社，2006

[10] 华茂发. 数控机床加工工艺. 北京：机械工业出版社，2000

[11] 张丽华. 数控编程与加工技术. 大连：大连理工大学出版社，2006

[12] 贾建军. 数控加工与编程技术. 大连：大连理工大学出版社，2004

[13] 翟瑞波. 数控机床编程与操作. 北京：中国劳动和社会保障出版社，2004

[14] 黄康美. 数控加工编程. 上海：上海交大出版社，2004

[15] 张英伟. 数控铣削编程与加工技术. 北京：电子工业出版社，2006

[16] 刘战术. 数控机床操作与加工实训. 北京：人民邮电出版社，2006

[17] 胡育辉. 数控铣床与加工中心. 沈阳：辽宁科学技术出版社，2005

[18] 娄海滨. 数控铣床和加工中心技术实训. 北京：人民邮电出版社，2006

[19] 孙德茂. 数控机床加工直接编程. 北京：机械工业出版社，2007

[20] 刘岩. 数控铣削加工技术. 北京：北京航空航天大学出版社，2008

[21] 上海宇龙软件工程有限公司数控教材编写组. 数控技术应用教程—数控铣床和加工中心. 北京：电子工业出版社，2008

[22] FANUC Series Oi MC 操作编程说明书. 北京发那科机电有限公司